力学、電磁気、波動、熱、原子が
この1冊でいっきにわかる

もう一度 高校物理

Kazuhiko Tamechika

為近和彦

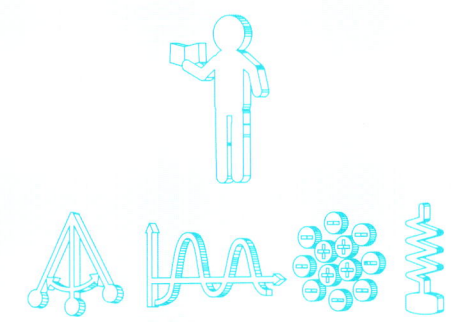

日本実業出版社

はじめに

　読者の皆さんが、高校生のとき、物理を選択した理由、または物理を選択しなかった理由は何ですか？

　最近の高校生で、物理を選択した理由で最も多いのが「覚えることが少ないから」というものです。逆にいえば、生物や化学は、覚えることが多くて面倒な科目に思えたからという"消去法"で、物理を選択したケースがよくあるということです。
　たしかにそういった一面はあります。しかし、消去法で選択した人には、大きな壁が立ちはだかります。
　それは高校課程の物理で最も重要であり、かつ根幹でもある**「物理は現象を捉え、理想化して、数式で表わす」**ということが、思うようにできなくなることです。

　覚えるのが面倒だからといって、すべてを数式で表わすことができるわけではありません。それを目指すと、かなりの高等数学（ベクトル解析や線形代数、偏微分方程式など）を必要としてしまいます。
　言葉は悪いですが、数式では「ほどほどの理解」が大切であるということも、物理を学ぶ途中では必要なことなのです。
　たとえば、もしニュートンが「なぜ重力は働くのか？」という理由を、数式で理論的に考えてしまったら、物理学の進歩はずいぶん遅れてしまったでしょう。現代の物理学をもってしても、まだこの理由ははっきりしていないからです。
　物理学では**「受け入れる現象は素直に受け入れる」**という姿勢が大切なのです。

　本書では、実験で得られた式、高校課程で理由づけが困難な式も受け入

れてもらいます。その代わり、その式が何を表わしているのかを、時には数式を"和訳"することで、誰でもわかるように明確化していきます。

　物理の数式は、同値を表わすこともあれば、因果関係を表わすこともあります。また、保存則を表わすこともあります。

　登場する数式に臆することなく、和訳することによって、どんな現象を表わしているのかが明確になるので、物理はきっと楽しくなるはずです。

　物理は理解できてしまえば、**「美しい科目」**だと私は思います。この本は、物理で苦しむのではなく、物理をエンジョイしていただきたいという願いから執筆しました。肩の力を抜いて、でも真剣に読み進めてください。

　読み終わった後には、身の回りのものを物理的に見ることができるはずです。そのとき、皆さんはすっかり物理の虜(とりこ)になってしまうでしょう。

　なお、本書は「新課程」（2003年4月以降に高校生になった人が対象）、「旧課程」（それ以前に高校生になった人が対象）にこだわらず、高校生が本来学ぶべき範囲を考えて執筆しました。新課程では、「熱力学」（第4章）と「原子物理学」（第5章）は選択科目になっていますが、いずれも詳しく説明してあります。

　「現在、物理を学んでいて壁にぶつかっている人」「昔、物理をあきらめた人」「社会人になって物理が必要になった人」など、多くの人に本書を役立てていただければ幸いです。

　　2011年7月　　　　　　　　　　　　　　　　　　　為近　和彦

もう一度 高校物理
CONTENTS

はじめに
物理を学ぶ意味 ············· 007

第1章　力学

第1講	物体に働く力 ············· 010
第2講	力のつり合いと慣性の法則 ············· 018
第3講	力のモーメントのつり合い ············· 026
第4講	運動方程式 ············· 034
第5講	慣性力 ············· 041
第6講	等速度運動と等加速度運動 ············· 049
第7講	落体の運動 ············· 057
第8講	仕事とエネルギーの関係 ············· 066
第9講	エネルギー保存則 ············· 075
第10講	力積と運動量 ············· 084
第11講	衝突と運動量保存則 ············· 092
第12講	円運動 ············· 099
第13講	引力と天体の運動 ············· 107
第14講	単振動 ············· 116

第 2 章　電 磁 気 学

第 1 講	クーロンの法則	126
第 2 講	電場と電位	133
第 3 講	ガウスの法則	141
第 4 講	コンデンサー	149
第 5 講	コンデンサーのエネルギー・回路	157
第 6 講	オーム抵抗と非オーム抵抗	166
第 7 講	ジュール熱と抵抗回路	173
第 8 講	電流と磁場	181
第 9 講	ファラデーの電磁誘導の法則	188
第 10 講	荷電粒子の運動	196
第 11 講	交流回路	203
第 12 講	電気振動	210

第3章　波動学

第1講	反射と屈折	· ·	218
第2講	レンズ光学	· ·	227
第3講	波のグラフと式	· ·	236
第4講	弦や気柱の共鳴	· ·	245
第5講	ドップラー効果	· ·	252
第6講	波の干渉	· ·	260

第4章　熱力学

第1講	温度と熱	· ·	270
第2講	ボイル・シャルルの法則	· · · · · · · · · · · · · · · ·	278
第3講	気体の分子運動論	· ·	286
第4講	熱力学の第一法則	· ·	294
第5講	熱サイクルと熱効率	· ·	303

第5章　原子物理学

- **第1講**　光電効果　……………………………………… 312
- **第2講**　X線とコンプトン効果　………………………… 321
- **第3講**　電子線回折　……………………………………… 329
- **第4講**　原子の構造　……………………………………… 335
- **第5講**　原子核崩壊と原子核反応　……………………… 343

さくいん　………………………………………………… 348

装　　丁／モウリ・マサト
ＤＴＰ／㈱エヌ・オフィス
イラスト／本谷あかり

物理を学ぶ意味

いきなりですが問題です。

問い：走っている車を止めるにはどうすればよいですか？
答え：ブレーキを踏めばよい！

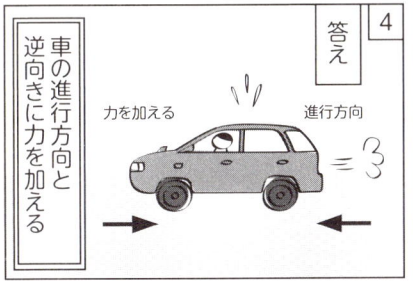

この答えは間違っています。どうしてでしょう？

摩擦のない水平面では、ブレーキを踏んでも車は止まらないからです。

物理では、1つでも反例があれば、それは間違いなのです（摩擦がないところでは、車を発進させることもできませんが……）。

この問いに対する答えは、とてもむずかしいのです。動いている物を停止させるには、進行方向に対して逆向きの力が必要なのです。すなわち、

答え：車の進行方向と逆向きに力を加える

これが正解になります。

一般には、路面とタイヤの間の摩擦力がこの力になっているのです。

　物理を学ぶのに理由なんていりません。
　古代ギリシャ時代の科学者は、地球の大きさ、太陽の大きさ、太陽までの距離などを測定しようとしました。
　しかし、彼らが毎日生活するうえで、それらがどうしても必要だったとは、とても思えません。彼らは、そこに地球があり、太陽があったから、それらの正しい姿を見ようとしただけなのです。
　物理なんて、そんなものなのです。
　しかし、そのような探究心が、人工衛星の打ち上げや宇宙ステーションの建設などの基礎になっていることも確かな事実です。
　何の役に立つかが問題ではありません。遠い未来に何かの役に立つかもしれないし、立たないかもしれないことを必死で追求し続けるのが物理なのです。
　だから、物理はおもしろいのです。
　本書を手にした皆さんには、物理で、身の回りの現象を見ることの楽しさを味わっていただきたいと思います。
　そんなにむずかしいことではありません。ちょっとした"意識改革"ができるかどうかなのです。
　どうですか？
　冒頭の例題で、意識改革のヒントがつかめたでしょうか。
　本書を読み終えるころにはきっとできるようになっていますよ！

さあ、物理学を存分に楽しみましょう!!

第1章

力学

　高校物理で扱う「力」とは？　本章を理解するためには、この疑問に的確に答えられることが必要です。さらに、

・モーメントとは？
・仕事とは？
・エネルギーとは？
・力積とは？
・運動量とは？

……このように、物理用語と日常生活で用いる言葉には大きな隔たりがあります。たとえば、「力」「仕事」「エネルギー」などの言葉は、日常生活でもよく用いられます。しかし、物理学においては特別な意味を持つ大切な用語です。
　「じっくり」「ゆっくり」解説していきましょう。

第1講	物体に働く力	第8講	仕事とエネルギーの関係
第2講	力のつり合いと慣性の法則	第9講	エネルギー保存則
第3講	力のモーメントのつり合い	第10講	力積と運動量
第4講	運動方程式	第11講	衝突と運動量保存則
第5講	慣性力	第12講	円運動
第6講	等速度運動と等加速度運動	第13講	引力と天体の運動
第7講	落体の運動	第14講	単振動

第1講 物体に働く力
場の力、接触力、慣性力

 まずは、「力」の定義から入りましょう。もちろん、高校課程の力学の範囲内からは逸脱しないように、ニュートンが築き上げた量子力学以前の物理学、古典物理学の範囲でお話しします。

■ 力とは何か？

力とは、

> 物体の運動状態を変化させる働きがあるもの
> 物体そのものを変形させる働きがあるもの

と考えます。

簡単にいうとこうなります。

前者は、**静止している物体を動かそうとすれば「力」が必要であり、逆に運動している物体を、より速く動かそうとしたり、静止させようとしたりするときにも「力」が必要である**ということです。

また後者は、たとえば工作用の粘土を変形させるときには必ず「力」がいるということなのです。

当たり前といえば当たり前のことなのですが、「力」とは何？ と聞かれると、なかなか答えられないですよね。

物理で重要なのは、

> まずは、言葉で説明する

ということです。

もちろん、後に出てくる数式も大切です。しかし、言葉で説明できないことは数式でも説明できませんから、あせらずゆっくりと読み進めてくだ

さい。

■ 力には3つの種類がある

前述のとおり、力とは「物体の運動状態を変化させる働きがあるもの」という考えに従って、どんな種類の力があるかを考えてみましょう。

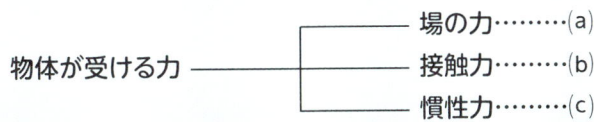

(a) 場の力

なんだかむずかしい言葉ですが、たいしたことはありません。重力のことです。「重力場による力」などと言ったりするので、場の力と呼ばれます。

物体の運動状態を変えるのに最も手っ取り早い方法は、持っていた物体を手から放して落下運動させることです。これは重力によるものです。

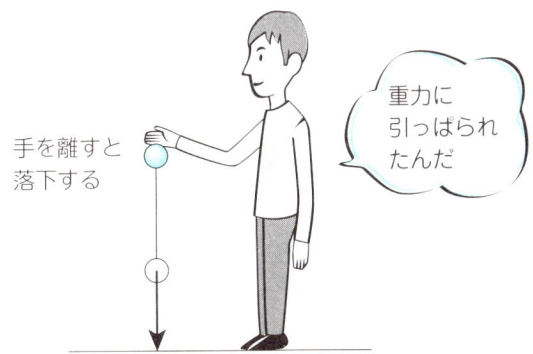

場の力にはほかに、磁場による力（磁力）、電場による力（静電気力）などがあります（磁場は181ページ、電場は133ページを参照）。

すべての共通点は、着目している物体が他の物体と離れていても、受ける力が存在することです。

たとえば、リンゴと地球は互いに引き合っていますが、リンゴと地球は必ずしも接触している必要はありません。

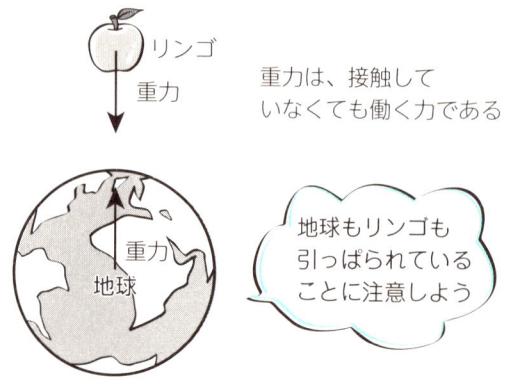

(b) 接触力

前述の(a)がわかれば簡単ですね。着目している物体に他の物体が接触することで受ける力が接触力です。

たとえば、重力（場の力）を用いずに物体の運動状態を変化させるには、その物体を手で直接押すとか、糸をつけて引っ張るなど、**物体に何らかのもの（手や糸）が接触する必要があります。**

接触力には、弾性力、摩擦力、張力などがあります（14ページ参照）。

(c) 慣性力

前述の(a)(b)以外の力を考えましょう。着目している物体について、重力でもなく、接触力でもない力によって運動状態を変えることは可能でしょうか？

物体にさわっては駄目ですよ。重力の力を借りても駄目ですよ。

1つだけありますね。

電車やバスに立って乗っているとき、急発進したとします。皆さんは当然よろけますね。この力は、重力でもなければ、誰かに押されたわけ（接触力）でもありません。

この力のことを慣性力というのです。

慣性力は、**加速度運動するものに乗っているときだけ観測される力**で、遠心力（102ページ参照）などもその一例です。

■ 力はこうして描く

力には、当然のことですが、「向き」と「大きさ」が存在します。

簡単にいえば、力を描く際には「どこからどの向きに、どのくらいの大きさの力が働いているか」を表現する必要があります。

ここまで説明すればもう簡単ですね。

力を描くときは、必ずベクトル（簡単にいうと矢印→）を用います。

物体が力を受けている点（作用点）から、ベクトルを描き、その向きが力の向きであり、その長さを力の大きさと考えます。

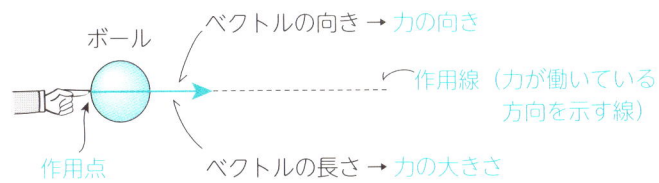

■ 接触力の種類

代表的な接触力と、よく用いられる記号は以下の表のとおりです。

種類	概要	記号
張力	糸やロープを物体に取り付け、引っ張ったとき、この糸が引く力を糸の張力という	T、S
弾性力	ばねを伸ばしたり、縮めたりしたとき、ばねが元に戻ろうとして物体に及ぼす力のこと	F
抗力（垂直抗力、摩擦力）	物体が面から受ける力のこと。抗力のうち、面に垂直な成分を垂直抗力、面に平行な成分を摩擦力という	N、R f、f'
浮力	液体などの中に物体を入れたとき、物体がこの液体などから受ける力のこと	F

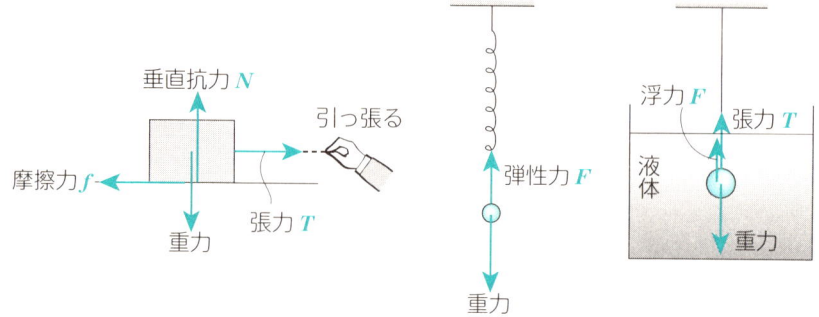

■ 静止摩擦力・最大摩擦力・動摩擦力

物体にロープを付けて引っ張るときのことを考えてください。

弱い力ではなかなか物体が動かないとします。これは、物体に働く摩擦力のせいです。この力のことを静止摩擦力といいます。

だんだんと引く力を大きくしていくと、物体が動き出す瞬間があります。このとき、静止摩擦力は最大となり、この摩擦力のことを最大摩擦力といいます。

物体が動き出した後でも、物体には当然摩擦力が働いています。この摩擦力のことを動摩擦力といいます。

この3つの摩擦力はしっかりと区別しておいてください。

実験によると、最大摩擦力、動摩擦力は、物体に働く垂直抗力 N に比例し、以下のように書くことができます。

最大摩擦力　$f = \mu N$　（μ；静止摩擦係数）
動摩擦力　$f' = \mu' N$　（μ'；動摩擦係数）

例題 1

次ページに示した実線で描かれた物体に働く力をベクトルで描きなさい。なお、ベクトルの長さは適当でよいものとする。

次に、描いたベクトルの力の名称と記号を書き込みなさい。ただし、重力の記号は W とし、それ以外の力は 14 ページの表中の記号を用いなさい。

①
2本の糸で物体をつるす

②
テーブルの上に置かれた物体をばねで引っ張って移動させる

③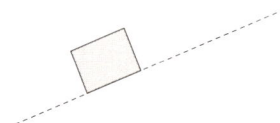
斜面上に物体が静止している

④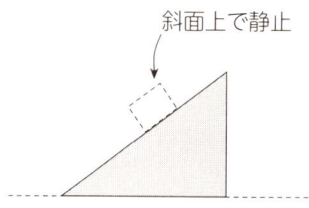
床上に三角台が静止している

|注意|
　面との接触では必ず垂直抗力と摩擦力を考えます。摩擦力は状況に応じて、静止摩擦力か動摩擦力かを考えましょう。
　④では、三角台の床からの摩擦力は0であることに注意！　この三角台はどちらにも動こうとはしないですからね。

> 着目している物体に接触しているものは何かを考えよう

解 答

① 張力 T_2、張力 T_1、重力 W

② 垂直抗力 N、弾性力 F、動摩擦力 f'、重力 W

③ 垂直抗力 N、静止摩擦力 f、重力 W

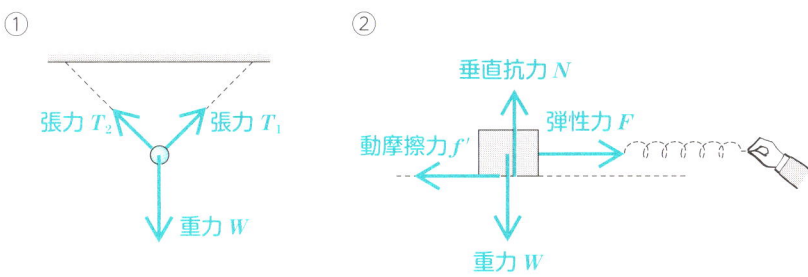

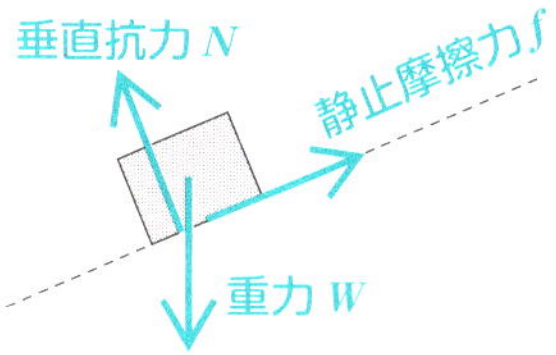

着目物体が受ける力を考えることが大切です

④ （注）この力の反作用が N_2 と考える／この力の反作用が f と考える

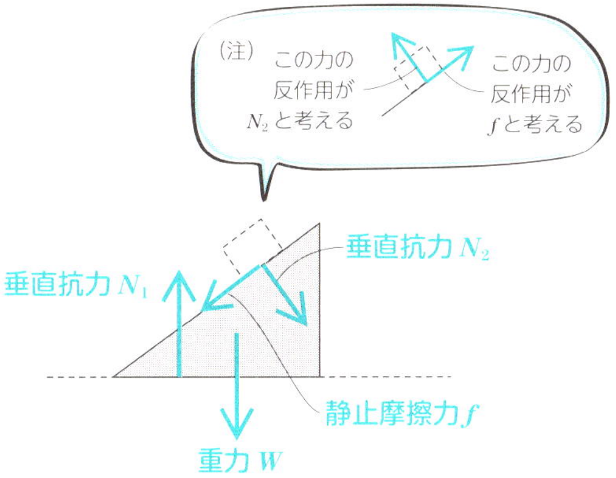

垂直抗力 N_1、垂直抗力 N_2、静止摩擦力 f、重力 W

第2講
力のつり合いと慣性の法則
つり合いと運動の第一法則

 力とは何かがわかったところで、次に、力の関係式について説明しましょう。

高校の範囲では、力の関係式は3つあると考えてください。そのうちの1つが、これから説明する力のつり合いです。

他の2つは、「力のモーメントのつり合い」と「運動方程式」と呼ばれるもので、後でしっかりと説明します（28ページ、34ページを参照）。

■ 力のつり合いとは？

ある1つの質点（大きさの無視できる物体）に、さまざまな力が働いていると仮定しましょう。

もちろん、さまざまな力といっても、場の力、接触力、慣性力のうちのどれかのことですよ。

この**質点に働く力の合力が0（ゼロ）となるとき、**

> 質点に働く力がつり合っている

という言い方をします。

たとえば、以下の図のように1つの質点に3つの力$\vec{F_1}$、$\vec{F_2}$、$\vec{F_3}$が働いていて、力のベクトルの和が0となるときです。

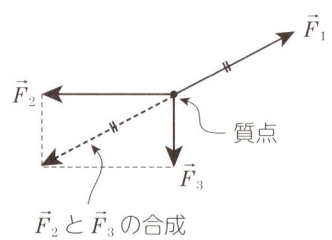

ここでは、

$$\vec{F}_1 + \vec{F}_2 + \vec{F}_3 = \vec{0}$$

が成立しており、質点に対して力がつり合っている状態になっています。
 すなわち、$\vec{F}_2$ と $\vec{F}_3$ を合成すると、$\vec{F}_1$ と真っ逆さまで、同じ大きさとなり、これらを合成すると $\vec{0}$ になっています。

■ 力の成分は？

力は**ベクトル量**ですから、成分に分けて考えることもできます。
 たとえば、先の例で、$\vec{F}_1$ を成分に分けて考えてみましょう。
 $\vec{F}_1$ を $\vec{F}_2$ 方向と $\vec{F}_3$ 方向に分解すると、それぞれ以下の図のように、$\vec{F}_{1x}$ と $\vec{F}_{1y}$ になります。

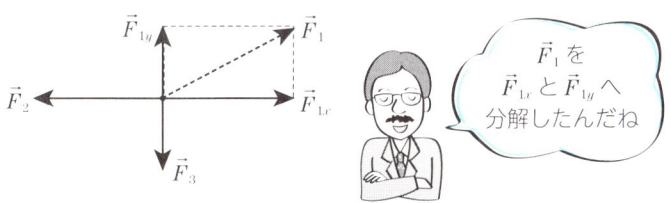

このとき、力のつり合いは、それぞれの方向に対して、

$$\vec{F}_{1x} + \vec{F}_2 = \vec{0}$$
$$\vec{F}_{1y} + \vec{F}_3 = \vec{0}$$

成分で書くと

$$F_{1x} = F_2$$
$$F_{1y} = F_3$$

が成立していることになるのです。

■ 慣性の法則

さて、先述した力のつり合いが質点に対して成立しているとき、この質点はどんな状態になるでしょうか？
 多くの人は、「**力がつり合っているのだから、質点は動かない**」と考えてしまいがちです。

しかし、ここで大切になるのが初期条件です。

初期条件とは、質点が最初にどういう状態にあったか、ということを示すものです。

もし、最初に質点が静止していたら、力がつり合っている状態では、動き出すことはありませんから、静止のままということになります。

では最初、質点が運動していたとします。この状態で力のつり合いが成立すれば、質点はそのままの運動を維持し、加速も減速も、また向きを変えることもないはずです。

このように考えると、「力がつり合うときは、質点が静止している」は、**間違い**ということになります。

以上を簡潔にまとめるとこうなります。

質点に力が働いていないとき、または、働いていたとしても合力が $\vec{0}$ のとき、静止している質点はそのまま静止し続け、運動している質点はその運動を維持し続ける

これを慣性の法則と呼んでいます。

■ 慣性の法則と加速度の関係（運動の第一法則）

ある一定の傾斜を持つなめらかな斜面をすべり降りる質点について考えてみましょう。

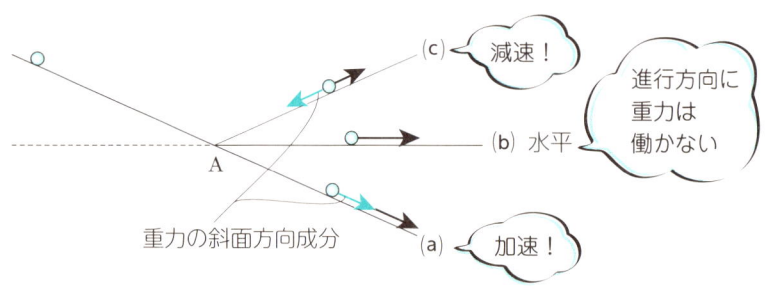

上図のように、A点を境にして、3方向に分かれる道を考えましょう。

●第2講　力のつり合いと慣性の法則●

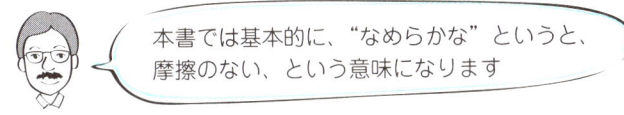
本書では基本的に、"なめらかな"というと、摩擦のない、という意味になります

(a)はそのまますべり降りる、(b)は水平な床の上をすべる、(c)は上り坂をあがる状態を模式的に書きました。

このように考えたとき、斜面をすべり降りてきた質点が、A点を通過後、どのような運動をするかは容易に想像できますね。

以下のようになるはずです。

(a) **A点通過後も、どんどん加速する**
(b) **A点通過後は、一定の速さで運動する**
(c) **A点通過後は、どんどん減速する**

さて、前記のようになる原因は何でしょうか？

(a)(c)の場合は、重力の斜面方向成分が質点に働くために、加速、減速をしたのです。

しかし、(b)の場合は、進行方向と重力の方向が垂直なので、物体の進行方向には力が働いていないのです。すなわち、(b)に対しては「慣性の法則」が成立していることになるのです。

したがって、(b)では、A点通過直後の運動が維持されることになり、一定の速さで運動することになります。

物理では、このように当たり前のように考えられる事象でも、きちんと説明をつけなければいけません。

一見面倒なようですが、説明をつけることで、新たな普遍的な法則を見出すことができるのです。

ちなみに、この慣性の法則を、**運動の第一法則**と呼ぶこともあります。

また、ここでの(a)(c)の例は、後に述べる「**運動方程式**」と密接な関係があります。第4講で詳しく扱います。

■ 力を成分に分けるときのポイント

　力 F を直交 xy 座標上の成分に分けてみましょう。ここでは、力 F が x 軸となす角を θ とし、それぞれの力の成分を F_x、F_y とします。

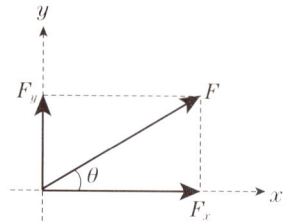

　このとき、

$$F_x = F\cos\theta \qquad F_y = F\sin\theta$$

と書くことができます。

　これは、三角比の定義より、

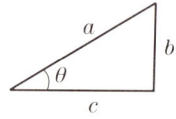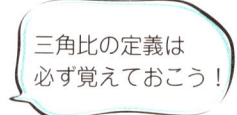

$$\cos\theta = \frac{c}{a} \quad \rightarrow \quad c = a\cos\theta \quad \rightarrow \quad F_x = F\cos\theta$$

$$\sin\theta = \frac{b}{a} \quad \rightarrow \quad b = a\sin\theta \quad \rightarrow \quad F_y = F\sin\theta$$

と考えれば容易です。

　しかし物理ですから、次のように考えて状況を把握することも大切です。

$$\theta = 0 のとき、Fx = F、Fy = 0 となる$$

　これは $\cos 0 = 1$、$\sin 0 = 0$ を考えれば、明らかですね。

例題 2

(1) 重さ W の物体が、水平面上に置かれて静止している。物体に働く力をすべて描き、力の説明をした後、力のつり合いの式を書きなさい。

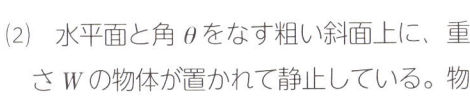

(2) 水平面と角 θ をなす粗い斜面上に、重さ W の物体が置かれて静止している。物体に働く力をすべて描き、力を説明した後、

 (a) 斜面方向
 (b) 斜面に垂直な方向

の力のつり合いの式をそれぞれ書きなさい。

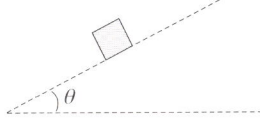

(3) 粗い水平面上を重さ W の物体に糸を付け、力 F で水平と角 θ をなす向きに引いたところ、物体は一定の速さで動いた。このとき、物体に働く力をすべて描き、力を説明した後、

 (a) 物体進行方向
 (b) 物体進行方向に垂直な方向

の力のつり合いの式をそれぞれ書きなさい。

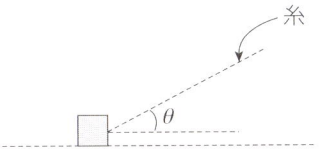

第1講で学んだ方法でベクトルを描き、分解していくことがポイント！

解答

(1) W；重力　N；垂直抗力

力のつり合いの式は $W = N$

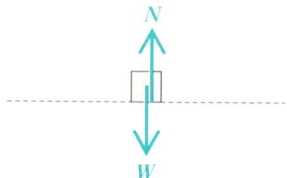

(2) W；重力　N；垂直抗力　f；静止摩擦力

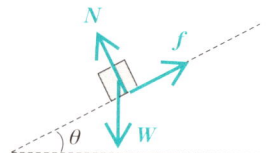

重力を成分に分けて考える。斜面方向と斜面に垂直な方向に $\overline{W}$ を分解すると、図のようになる。

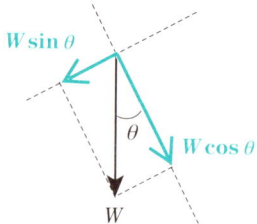

これより、力のつり合いの式は

(a)　$W \sin \theta = f$

(b)　$N = W \cos \theta$

(3)　W；重力　N；垂直抗力　F；糸の張力　f；動摩擦力

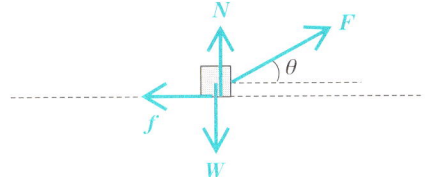

Fを成分に分けて考える。

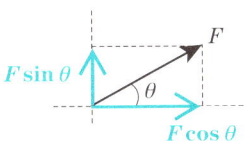

これより、力のつり合いの式は

(a)　$F \cos \theta = f$

(b)　$N + F \sin \theta = W$

sin と cos を取り違えないように注意！
力のつり合いの式を立てた後、$\theta = 0$ と置いて現象を比較してみよう。
θ を 0 にすると、(3)では $F = f$、$N = W$ となりますよ

第3講
力のモーメントのつり合い
剛体、モーメント、重心

これまでは、物体の大きさが無視できる質点を扱ってきましたが、ここでは、物体の大きさが無視できない場合を考えてみましょう。

大きさが無視できず、変形しない物体のことを剛体と呼んでいます。

剛体では、力のつり合いが成立していたとしても、運動状態が静止や一定の速度で運動する等速度運動とは言えなくなる場合が多くあります。

以下の例がその典型的なものです。

（図：剛体に働く2つの力 F、「力はつり合っていても回転するよ」）

この場合、力の大きさはともに F で、逆向きなので、物体に働く合力は 0（ゼロ）です。

しかし、この剛体はその場で、右回りに回転してしまいました。このことから、慣性の法則が成立していないことがわかります。

これを解決してくれるのがモーメントという考え方です。

さっそく詳しく説明していきましょう。

■ 力のモーメントとは？

力のモーメントとは、簡単にいってしまえば、物体に力が働いて、この物体が回転するとき、その「回転能力」を表わす量と考えてください。

●第3講 力のモーメントのつり合い●

いま、長さ L の剛体棒の一端を支点として、他端に垂直に力 F を加えたとします。

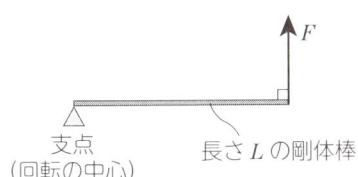

当然この棒は、反時計回り（左回り）に回転をし始めます。このときの回転能力（＝力のモーメント）を、

力のモーメント $= F \cdot L$

で定義します。
　F が大きければそれだけ回転能力は大きくなります。
　また、F が小さくても、L が大きくなれば回転能力が大きくなります。
　現象を想像してみると、容易に理解できますね！

■ モーメントの計算方法

力のモーメントの定義に従って、さまざまな場合を考えてみましょう。

　上図の場合はどうでしょうか？　これも先と同様に、力のモーメントは $F \cdot L$ と書けるでしょうか？
　たしかに、長さ L の剛体棒に力 F が働いていますが、どう見ても剛体棒が回転するわけはありません。
　そう、この場合は、力のモーメントは 0 になります。

次の場合は、左回りに回転しそうですね。

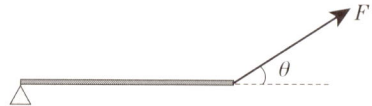

しかし、力のモーメントは $F \cdot L$ ではありません。
この棒を回転させようとする力は、F を成分に分けて、以下のように書き直してみると容易に理解できます。

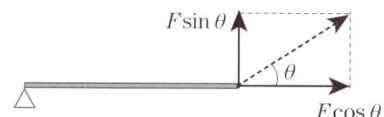

力 F のうち、$F\cos\theta$ は決してこの棒を回転させることはできません。すなわち、$F\cos\theta$ による力のモーメントは 0 です。
この棒が回転する原因は $F\sin\theta$ なのです。
したがって、この場合の力のモーメントは、

$$F\sin\theta \cdot L$$

となるのです。
ここまで説明するともうおわかりですね。
回転能力と考えて剛体の回転の様子を現象として捉えれば、計算は楽なのです。
大切なのは「**棒に垂直な力の成分**」ということなのです。

■ 力のモーメントのつり合い（てこの原理）

ここは、小学校の課程で「てこ」として学習した範囲を少し詳しく説明する程度のことだと考えてください。
言葉はむずかしくても、説明している内容はたいしたことはありません。気楽に読んでいきましょう。

質量の無視できる剛体棒の両端にそれぞれ重さ W、w の質点を取り付けます。これを支点 O で支えたとき、全体がつり合ったとしましょう。

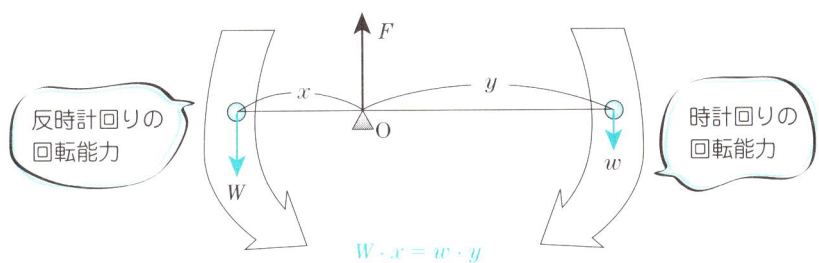

このとき、O 点からおもり W までの長さが x、O 点からおもり w までの長さが y であるとします。

まずは、おもり W だけ考えてみましょう。力 W は、支点 O を中心に反時計回りにこの棒を回転させようとします。このときの力のモーメントは、$W \cdot x$ と書くことができます。

一方、おもり w だけで考えると、力 w は、支点 O を中心に時計回りにこの棒を回転させようとします。このときの力のモーメントは、$w \cdot y$ と書くことができます。

しかし、実際にはこの棒はつり合っており、回転していないと考えています。すなわち、全体としては回転能力がないことになります。

まさにこれが、力のモーメントのつり合いなのです。

式で書くと、

反時計回りのモーメント = 時計回りのモーメント

として、

$$W \cdot x = w \cdot y \quad (\text{てこの原理})$$

となり、小学校時代に教わった、てこの式になっています。

高校の課程では、反時計回りのモーメントを正、時計回りのモーメントを負として、

$$W \cdot x + (-w \cdot y) = 0$$

と表現する場合もあります。

これは、回転能力が 0 であるという内容に直結した式ですね！

もう 1 つ忘れてはならないことがあります。

小学校のときにはあまり意識しなかったと思いますが、全体として、剛体棒も、おもり W、おもり w も静止しているので、力のつり合いが当然成立していなければなりません。

支点 O に働く力を F とするとき、

$$F = W + w$$

が成立しています。

ここで、**モーメントの式に力 F が関与しない**ことも意識しておきましょう。支点 O をどんな力で押そうが引っ張ろうが、棒の回転に関与しないことは明らかで、力 F によるモーメントは 0 なのです。

例題 3

(1) 重さが未知で長さが 1 [m] の一様でない棒が床の上に置かれている。左端を少し持ち上げるのに 20 [kgW]（キログラム重）、右端を少し持ち上げるのに 30 [kgW] の力を要した。次の問いに答えなさい。

① この棒の重さはいくらか？
② この棒の重心の位置はどこか、左端からの距離で答えなさい。

(2) 重さ W の一様な棒を壁に立てかけた。壁はなめらかであるが、床は粗いものとする。以下の図のように角度 θ を決めたとき、棒と床の間に働く摩擦力 F を W と θ だけを用いて表わしたい。次の問いに答えなさい。

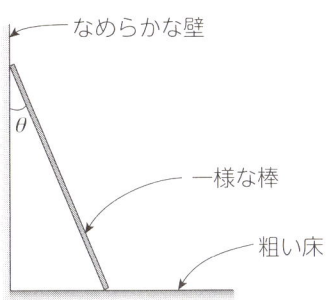

① 棒が壁から受ける垂直抗力を N とする。N と F の間に成立する式を書きなさい。
② 棒が床から受ける垂直抗力を N' とする。N' と W の間に成立する式を書きなさい。
③ 棒と床との接点を支点とする力のモーメントつり合いの式を書きなさい。ただし、棒の長さは L とする。
④ 摩擦力 F を W と θ だけを用いて表わしなさい。

モーメントを考えるときは、回転する向きもイメージして考えよう

解 答

(1)
① 力のつり合いより、$W = 20 + 30 = $ **50 [kgW]**
② 図の△印を支点として、力のモーメントのつり合いは

$$20 \cdot x = 30 \cdot (1-x) \quad \therefore \quad x = \mathbf{0.6\ [m]}$$

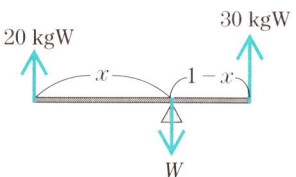

(2) 壁、床との接触力は図のようになる。

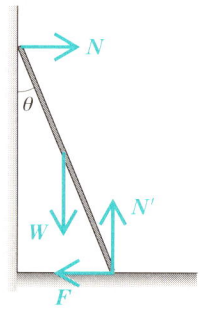

① 力のつり合いより、$N = F$
② 力のつり合いより、$W = N'$

●第3講　力のモーメントのつり合い●

③　力のモーメントのつり合いより、

$$N\cos\theta \cdot L = W\sin\theta \cdot \frac{L}{2}$$

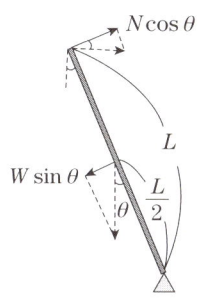

④　①より、$N = F$

これを③式に代入して、

$$F\cos\theta = W\sin\theta \cdot \frac{1}{2} \quad \therefore \quad F = \frac{1}{2}W\tan\theta$$

力のモーメントの式を立てるときは、モーメント専用の図を描くようにすると、ミスが少なく、理解しやすいですよ

第4講

運動方程式
加速度と力の関係

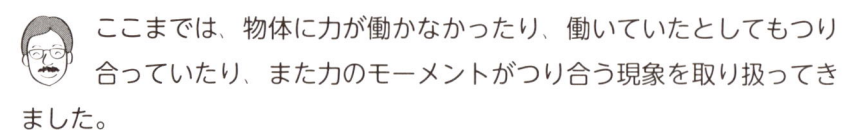

　ここまでは、物体に力が働かなかったり、働いていたとしてもつり合っていたり、また力のモーメントがつり合う現象を取り扱ってきました。

　では、力のバランスが崩れたら、物体の運動形態はどのように変化するのでしょうか？　このときは、加速度運動となるのです。加速度運動とは、一定の速度でなく速度が変化する運動のことをいいます。

　なめらかな面上に静止している物体に力が働けば、その物体は動き出すでしょう。その様子を式で表わすことを考えるのが、この講で述べる運動方程式なのです。なお、速度と加速度の定義は 49 ページで改めて説明します。

■ 運動方程式とは？

　運動方程式とは、まさに読んで字のごとく、「**運動を表わす方程式**」なのですが、どのように運動を具体的に表わすのかというと、少しむずかしい話になります。

　話を簡単にするために、初期状態で、なめらかな面上に静止している物体で考えましょう。

　この物体に、水平方向に力を加えると物体は動き出します。動き出すということは、「速度を持つ」ということでもあります。

　最初、速度 0 であった物体が速度を持ったということは、そこに「加速度が存在する」ということです。すなわち、物体に加速度を持たせた原因は「力」ということになります。

　物体にある一定の力を加えると、物体の速度はどんどんと大きくなるでしょう。このとき、その速度の増え方、すなわち**加速度は、力が一定ならば、一定なのではないか**と考えられます。

　そこで、

●第4講　運動方程式●

質量 m kg の物体に、力 F を加えたとき生じる加速度 a [m/s²]

に着目しましょう。

物体に力を
加えると
加速度が生じるよ

　現象から考えると、力の大きさが大きければ大きいほど加速度は大きいはずで、加速度は力に比例します。したがって、

　　$a \propto F$　（$\propto$ は「比例する」という意味の記号）

　また、質量が大きければ大きいほど物体は加速しにくいはずですから、加速度は質量に反比例します。したがって、

　　$a \propto \dfrac{1}{m}$

この2つの比例関係式から、

　　$a \propto \dfrac{F}{m}$

となることは明らかです。

　ここで、比例定数を k と置くと、上の比例式は、

　　$a = k \cdot \dfrac{F}{m}$

と書くことができます。

　本来であれば、ここで k を決定することを考えなくてはならないのですが、簡単に $k = 1$ と決め、このときの力 F の単位を [N]（ニュートン）としたのです。
　それまでは、[kgW]（キログラム重）という単位を力の単位に用いていましたが、これは地球による重力が基準になっており、月や火星では使いにくい単位でした。しかし、[N] は、1 [kg] の物体に 1 [m/s²] の加速度を生じさせる力を基準にしたので、どんな宇宙空間でも問題はありません。

さて、$k = 1$ とすると式は、

$$a = \frac{F}{m} \quad \therefore \quad ma = F \quad \text{(運動方程式)}$$

となり、これを運動方程式と呼んでいます。

　物理を一度学習した方はご存じだと思いますが、**重力を mg と書いて、質量に重力加速度 g をかけるのは、力の単位を [N] にするためなのです**。

■ 運動方程式の意味

　では、運動方程式の意味をここでは考えていきましょう。単にこの式自体を丸覚えしても何も意味がないので、注意してください。

　この運動方程式は、実は因果関係を表わしています。すなわち、原因と結果を結びつける式なのです。

$$\begin{array}{lll} ma & \rightarrow \quad \text{質量 } m \text{ の物体が加速度 } a \text{ で運動した} & \rightarrow \quad \text{結果} \\ F & \rightarrow \quad \text{物体に力 } F \text{ を加えた} & \rightarrow \quad \text{原因} \end{array}$$

となっているのです。すなわち、運動方程式 $ma = F$ は、

質量 m の物体に加速度 a を生じさせたのは力 F である

という意味なのです。

　ですから、$ma = F$ の力 F は、質量 m の物体に働いている力のことであり、加速度 a は、質量 m の物体に生じた加速度であることはいうまでもありません。

■ 運動方程式の立て方

　運動方程式は、意味がわかってしまえば式の立て方などを覚える必要はないのですが、多くの方が間違ってしまう例を1つ挙げておきます（この例をよく読んでから、38 ページの例題 4 にチャレンジしてみてください）。

●第4講　運動方程式●

話を簡単にするため、摩擦力はすべて無視することとしましょう。

質量 M の物体の上に、質量 m の物体を乗せ、なめらかな床の上に置きます。ここで、質量 M の物体を力 F で水平に引っ張ると、物体に生じる加速度はいくらになるでしょうか？

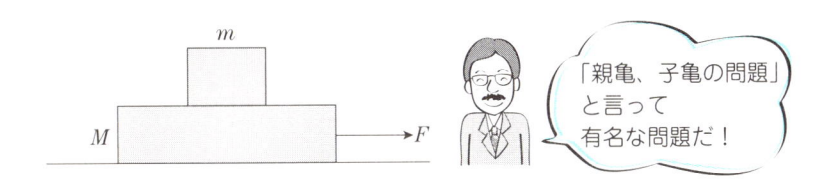

「親亀、子亀の問題」と言って有名な問題だ！

さっそく運動方程式で考えてみましょう。

運動方程式は、どのようになりますか？　まさか、

$(M+m)a = F$

なんてやっていませんよね！　この式は間違いですよ！

図をよく見てください。力 F が働いているのは、質量 M の物体であって、質量 m の物体には力 F は働いていませんよ。

先ほど、当たり前のように書きましたが、

$$ma = F \text{ の } F \text{ は } m \text{ に働く力である}$$

と述べました。多くの方が当たり前と思っていても、いざ式を書くとなると、前記のような間違った式を書いてしまうのです。

この問題では、摩擦を無視していますから、氷の床の上に、質量 M の氷を乗せ、さらに質量 m の氷を乗せたような状態です。ここで、真ん中に挟まれた質量 M の物体だけを引っ張ったのですから、質量 M の物体が動き出すだけで、質量 m の物体は動き出すわけもありません。

運動方程式と加速度は以下のようになります。

質量 m の物体；$ma = 0$　　∴　$a = 0$

質量 M の物体；$Mb = F$　　∴　$b = \dfrac{F}{M}$

もし、2物体の間に摩擦力 f が働いている場合は以下のようになります。

質量 m の物体；$ma = f$
質量 M の物体；$Mb = F - f$

上の物体が動いたのは F のせいではなく摩擦力 f のせいなんだ！

例題 4

(1) なめらかで水平面の上に質量 M の物体 A を置く。この物体 A に糸を付け、なめらかな滑車を通して質量 m の物体 B をぶら下げた。このとき、物体 A と滑車との間の糸は水平面に平行であるとする。次の問いに答えなさい。

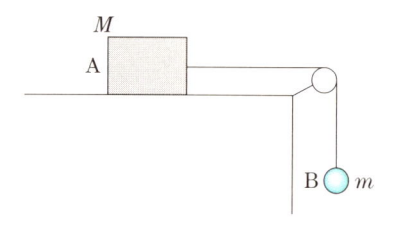

① 糸の張力を T、物体 A の加速度を a とする。物体 A の運動方程式を書きなさい。
② 重力加速度の大きさを g とする。物体 B の運動方程式を書きなさい。
③ 物体の加速度 a を求めなさい。
④ 糸の張力 T を求めなさい。

(2) 角度が自由に変えられる粗い斜面上に質量 m の物体を置き、傾斜角 θ を 0 からゆっくりと大きくした。重力加速度の大きさを g として、次の問いに答えなさい。

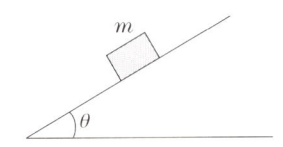

① $\theta = \theta_0$ のとき、物体が滑り始めた。物体と斜面との間の静止摩擦係数 μ を求めなさい。
② $\theta = \theta_1 > \theta_0$ のとき、物体の加速度を求めなさい。ただし、物体と斜面との間の動摩擦係数 μ' とする。

物体個々について力のベクトルを描き、因果関係を考えよう

解 答

(1) それぞれの物体の運動方向の力をベクトルで描くと以下のようになる。

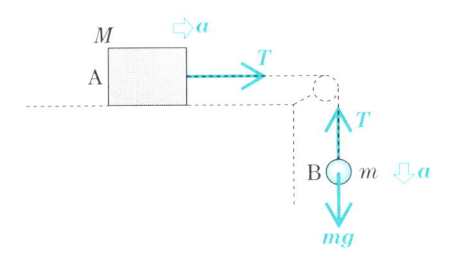

① 図より、物体 A の運動方程式は

$$Ma = T$$

② 図より、物体 B の運動方程式は

$$ma = mg - T$$

③ 2式の和をとると、

$$(M+m)a = mg \quad \therefore \quad a = \frac{m}{M+m}g$$

④ ③の結果を①へ代入して、

$$T = Ma = \frac{Mmg}{M+m}$$

(2)

① $\theta = \theta_0$ のとき、ギリギリ静止していると考えて、力のつり合いより、

$$mg\sin\theta_0 = \mu N \quad N = mg\cos\theta_0 \quad \therefore \quad \mu = \tan\theta_0$$

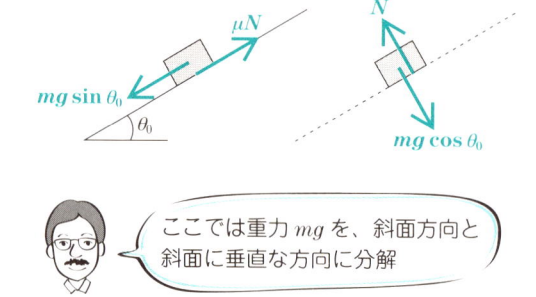

ここでは重力 mg を、斜面方向と斜面に垂直な方向に分解

② 図より、運動方程式は

$$ma = mg\sin\theta_1 - \mu' \cdot mg\cos\theta_1 \quad \therefore \quad a = (\sin\theta_1 - \mu'\cos\theta_1)g$$

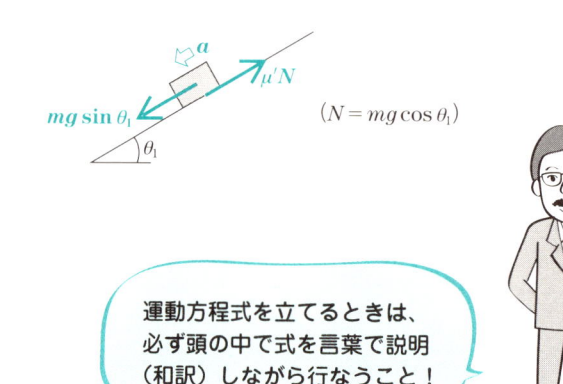

$(N = mg\cos\theta_1)$

運動方程式を立てるときは、必ず頭の中で式を言葉で説明（和訳）しながら行なうこと！

第5講
慣性力
観測者の位置と慣性力

ここでは、慣性力について詳しく述べていきましょう（12ページ参照）。

バスに乗ったことを想像してみましょう。バスが混んでいて、つり革を持って立っているとします。バスが発車するとき、またはバス停が近づいてバスがブレーキをかけたとき、よろけますよね？

このとき、あなたが感じた力が「慣性力」です。

しかし、よく考えてみてください。バス停でバスを待っている人はこの力を感じますか？

いいえ！　バスを待っている人は決してよろけません。

ということは、慣性力は、バスに乗っている人だけが感じる力ということになります。

では、バスに乗っている人はいつもよろけているでしょうか？

いいえ！　バスが一定の速さで直線道路を走っているときは決してよろけません。

ということは、慣性力は、バスに乗っていて、そのバスが発進するとき、またはブレーキをかけたとき、バスに乗っている人だけが観測できる力ということになります。

　これを物理学として表現すると、どのようになるか考えてみましょう。

　まず、観測者の位置は、バスの中であるということ、また、バスは「加速度運動」（加速度は正でも負でも可）をしているということが条件になります。

■ 慣性力の大きさを求めよう

　さらに簡単にするために、大きな透明な箱を考えましょう。この箱の中には、糸につながれた質量 m の物体 A が図のように入っているものとします。

　この透明な箱を図の右方向に加速度 a で動かすことにしましょう。

　観測者の位置は箱の中です。この観測者は、慣性力を左向きに観測します。その観測者が物体 A を観測すると、物体 A にも慣性力が働いていることになります。

　この慣性力を f と置くと、次のようになります。

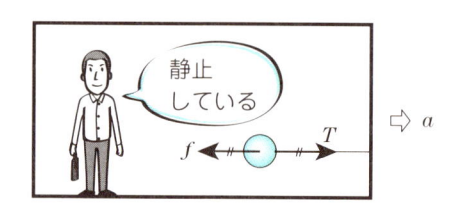

この観測者には、物体は静止しているように見えるので、糸の張力を T と置くと、力のつり合いより、

$$f = T \quad \cdots\cdots (a)式$$

(慣性力 f と張力 T が互いに逆向きで同じ大きさである)

となります。

ここで、観測者の位置を変えて、この現象を観測してみましょう。

床上に立ってこの透明の箱の中の物体を観測すると、この観測者には、慣性力が観測できません。なぜなら、この観測者はよろけないからです。

慣性力を感じることができない観測者は、着目している物体にも「慣性力を書く」ことはできません。

この床上の観測者は、物体が箱と一緒に加速度 a で遠ざかるように見えるので、運動方程式より、

$$ma = T \quad \cdots\cdots (b)式$$

(質量 m の物体に加速度 a を生じさせたのは張力 T である)

となります。

ここで、(a)式と(b)式を比較してみましょう。

どちらの観測者が観測したとしても、扱っている現象は1つですから、数学的には同じ式にならなくてはなりません。このように考えると、**慣性力 f の大きさは ma に等しく、向きは加速度 a と逆向き**ということになります。

したがって、質量 m の物体が加速度 a で運動する物体の中(または上)

にあるとき、この物体に働く慣性力は、$-ma$ と表わすことができるのです。

■ 慣性力の例

傾斜角 θ のなめらかな斜面を持つ三角台の上に、質量 m の小物体を乗せた場合を考えましょう。

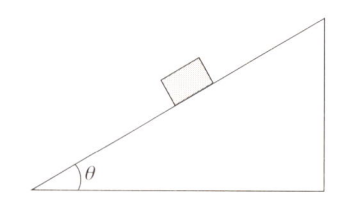

このままでは、小物体は斜面をすべり降りてしまいますが、うまくやると小物体に触れることなく、この小物体を斜面上で静止させることができます。

さて、どのようにすればよいでしょうか？

正解は、**三角台を左向きに一定の加速度で運動させてやればよい**のです。

三角台上の観測者を考えてみましょう。

左向きの加速度を a とすると、小物体には、この加速度と逆向きに慣性力 ma が働くことになります。

これを図示すると以下のようになります。

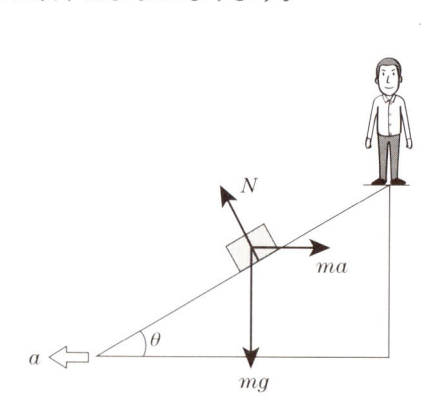

前ページの図において、斜面方向とそれに垂直な方向に分けて図示すると、以下のようになり、力のつり合いを立てることができます。

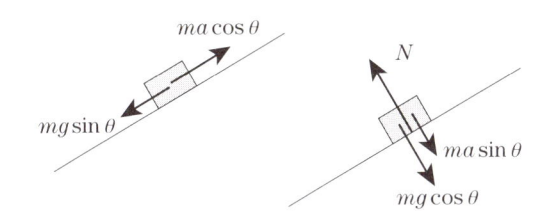

この図より、それぞれの方向の力のつり合いの式は、

$mg\sin\theta = ma\cos\theta$ ……………(1)

$N = mg\cos\theta + ma\sin\theta$ ……………(2)

となります。したがって、(1)式より、三角台を左向きに加速度

$a = g\tan\theta$

で等加速度運動させると、小物体を斜面上に静止させることができるのです。

例題 5

(1) バスの天井から糸をつり下げ、他端に小物体を取り付けた。バスが加速度 a で右向きに加速度運動しているときバスの中の観測者には、おもりは鉛直方向から θ だけ傾いた状態で静止しているように観測された。

① おもりに働くすべての力をベクトルで図示し、すべての力の名称を答えなさい。
② 重力加速度の大きさを g とするとき、バスの加速度 a を求めなさい。

(2) なめらかに移動することのできる三角台の上に質量 m の小物体を載せ、三角台を右向きに加速度 a で運動させた。三角台の傾斜角を θ、重力加速度の大きさを g、斜面と小物体の間の静止摩擦係数を μ として、次の問いに答えなさい。

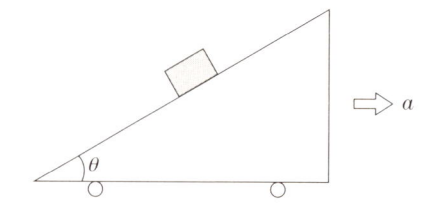

① 上図の状態で、小物体は三角台の斜面上に静止していた。このとき、物体が斜面から受ける垂直抗力 N を求めなさい。
② 上の①のとき、小物体が斜面から離れないための三角台の加速度 a の条件を求めなさい。
③ 上の②の条件が満たされているとき、小物体が斜面から受ける静止摩擦力を求めなさい。
④ 加速度 a を徐々に大きくすると、小物体は斜面に対してすべり始めた。このときの加速度 a を μ、θ、g だけを用いて表わしなさい。

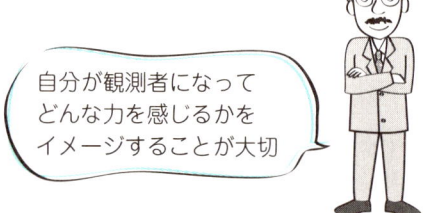

自分が観測者になってどんな力を感じるかをイメージすることが大切

解答

(1)

①

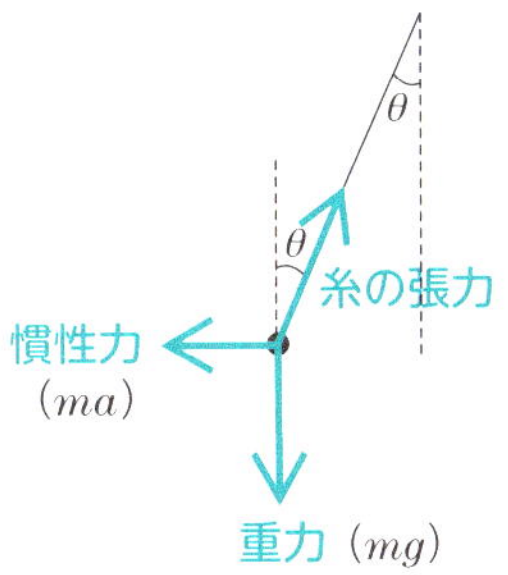

② 図より、糸の張力を T とすると、水平方向の力のつり合いは

$$T\sin\theta = ma$$

垂直方向の力のつり合いは

$$T\cos\theta = mg$$

2 式の商をとって、

$$a = \boldsymbol{g\tan\theta}$$

(2)

① 慣性力を ma、静止摩擦力を f とする。

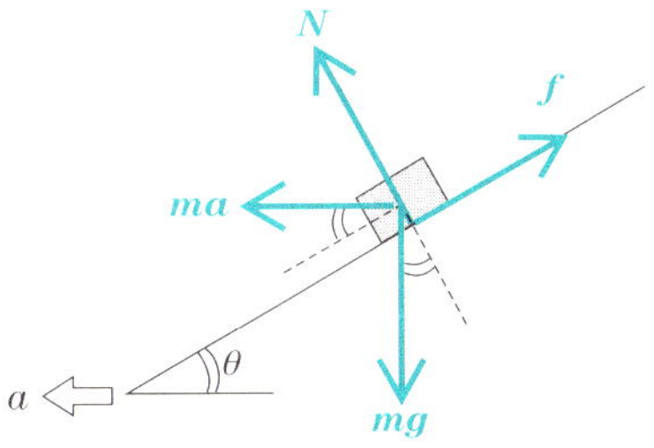

斜面に垂直な方向の力のつり合いより、

$$N + ma\sin\theta = mg\cos\theta \qquad \therefore \quad N = \boldsymbol{m(g\cos\theta - a\sin\theta)}$$

② $N \geqq 0$ であればよい。

$$\therefore \quad g\cos\theta - a\sin\theta \geqq 0 \quad \therefore \quad a \leqq \frac{g}{\tan\theta}$$

③ 斜面方向の力のつり合いより、

$$f = ma\cos\theta + mg\sin\theta$$

④ $f = \mu N$ が成立する。

$$m(a\cos\theta + g\sin\theta) = \mu m(g\cos\theta - a\sin\theta)$$

$$\therefore \quad a = \frac{\mu\cos\theta - \sin\theta}{\mu\sin\theta + \cos\theta}g$$

> 慣性力は、特に向きに注意しよう。
> 力のベクトルを描いたら、成分に分けて力の関係式を立てること

第6講 等速度運動と等加速度運動
速度、加速度、変位

ここでは、一定の力が働いている場合の物体の運動について議論しましょう。

物体に働いている力が一定のとき、運動方程式より、物体に生じる加速度も一定となります。このような運動を等加速度運動と呼んでいます。

等加速度運動では、速度や位置を時間の関数として容易に表わすことができます。

■ 速度の定義

速度とは、

単位時間当たりの変位の変化

を表わすベクトル量で、一般に記号 v で表わします。

式で表わすと以下のようになります。

$$\text{速度}\quad v = \frac{\Delta x}{\Delta t}$$

単位は一般にこの定義より [m/s] を用います。

なお、「速さ」とは、速度の大きさのことをいいます。きちんと区別するようにしましょう。

■ 加速度の定義

加速度とは、

単位時間当たりの速度の変化

を表わすベクトル量で、一般に記号 a で表わします。

式で表わすと以下のようになります。

加速度　　$a = \dfrac{\Delta v}{\Delta t}$

単位は一般にこの定義より $[\text{m/s}^2]$ を用います。

■ 等速度運動と等加速度運動の違い

等速度運動
（ずっと v_0 で動き続ける）

等加速度運動
（一定の割合で速度が増える）

2つの運動の違いをグラフで表わしてみましょう。

グラフを縦軸に速度、横軸に時間軸をとるものとします。

現象を考えると簡単で、以下のようになります。

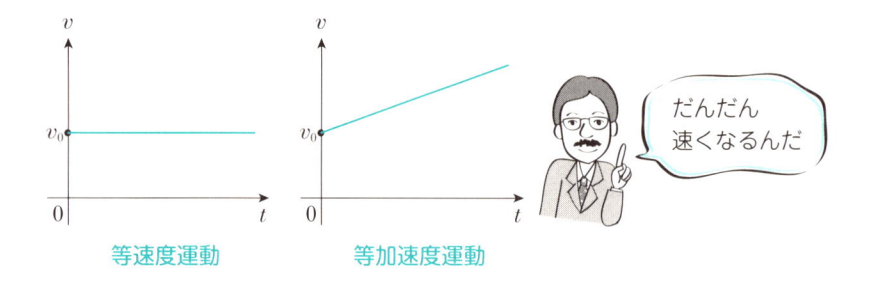

等速度運動　　　等加速度運動

だんだん速くなるんだ

ここで、このグラフを使いながら等速度運動と等加速度運動の比較をしてみましょう。

まずは、速度 v の式から考えます。

上のグラフからもわかるように、等速度運動では常に速度 v_0 で一定ですから、任意の時刻 t における速度 $v(t)$ は、

$v(t) = v_0$

となります。

一方、等加速度運動では、時刻 0 のとき v_0 で、単位時間当たり a ずつ速度が増加すると考えると、時刻 t では、速度は at だけ増加したことになります。したがって、

$$v(t) = v_0 + at$$

となります。

では、位置はどうなるでしょう？

ここでは話を簡単にするため、進んだ距離で考えましょう。等速度運動の場合で考えると容易ですよ！

常に v_0 の速度で進んだということは、常に単位時間に距離 v_0 だけ進んだということですから、時刻 t では、$v_0 t$ だけ進んだことになります。

すなわち、下図で示したように、<u>v-t グラフ</u>の斜線部の面積で表わされることになります。

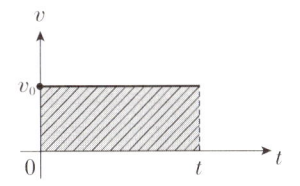

これより、最初の位置から、時刻 t における位置との変位（ここでは距離でも可）$x(t)$ は、

$$x(t) = v_0 t$$

となります。

同様に等加速度運動でも、v-t グラフの面積を活用してみましょう。

等速度運動のときより、もっとたくさん進むはずだ！

斜線部分の面積は、等速度運動の場合と同様、$v_0 t$ に加えて、三角形の面積 $\frac{1}{2}at^2$ を考えればよいことになります。

つまり、この三角形の面積分が、等速度運動のときよりも余計に進んだ距離ということになるのです。すなわち、$x(t)$ は

$$x(t) = v_0 t + \frac{1}{2}at^2$$

と書くことができます。以上をまとめるとこうなります。

等速度運動　　$v(t) = v_0$　　　　　$x(t) = v_0 t$

等加速度運動　$v(t) = v_0 + at$　　$x(t) = v_0 t + \frac{1}{2}at^2$

当然のことですが、等加速度運動の式において、加速度 a を 0 ($a = 0$) とすると、等速度運動の式と一致します。

■ 運動方程式と等加速度運動の式

物体に働く力が一定であれば、運動方程式から一定の加速度を求めることができます。加速度を求めることができれば、等加速度運動の式から、ある任意の時刻 t での位置や速度を知ることができます。

この一連の流れの例を以下で示してみましょう。

なめらかな水平床面上に質量 m の物体を置き、水平方向に一定の力 F で引っ張ったと考えましょう。

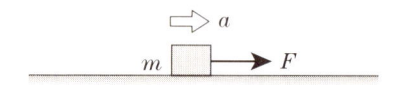

このとき、物体に生じる加速度を a とすると、運動方程式より、

$$ma = F \quad \therefore \quad a = \frac{F}{m}$$

となります。

時刻 $t = 0$ において変位 $x = 0$、初速度 $v = v_0$ と仮定すると、以下の座標軸上で、

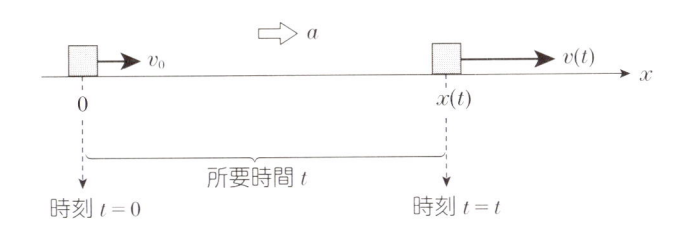

$$v(t) = v_0 + at = v_0 + \frac{F}{m} \cdot t \qquad x(t) = v_0 t + \frac{1}{2}at^2 = v_0 t + \frac{F}{2m} \cdot t^2$$

となります。

この式からもわかるように、物体に働く力を調べれば、物体がいつ、どこで、どんな運動をしているかを、時刻 t の関数として表現することができるのです。

運動方程式と等加速度運動の式を結びつけるのは、加速度 a であり、力学を学ぶうえで、加速度は非常に重要な量です。

これから学ぶ「**円運動**」（99ページ参照）や「**単振動**」（116ページ参照）の講でも、ぜひそれを意識しながら読んでください。

より理解が深まるはずです。

例題 6

(1) 等加速度運動の式

$$v = v_0 + at \qquad x = v_0 t + \frac{1}{2}at^2$$

を用いて、以下の式が成立することを示しなさい。

$$v^2 - v_0^2 = 2ax$$

(2) 粗い傾斜角 θ の斜面上に質量 m の物体がある。斜面下方を正とする以下の図のような x 軸を定め、物体は時刻 $t=0$ で、$x=0$ に静止しているものとする。ここで、物体を静かに放したら物体は斜面を下り始めた。重力加速度の大きさを g、物体と斜面との間の動摩擦係数を μ として、次の問いに答えよ。

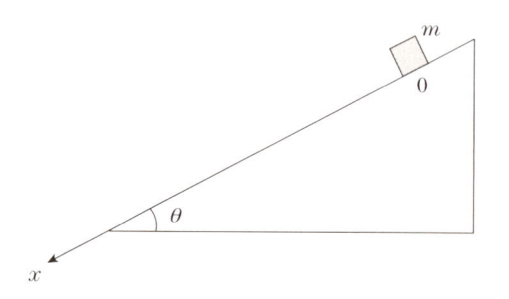

① 物体が斜面をすべり降りているとき、物体に働く動摩擦力 f を求めなさい。
② 物体が斜面をすべり降りているとき、物体に生じる加速度 a の大きさを求めなさい。
③ 任意の時刻 t における物体の速度を求めなさい。
④ ある時刻 t_0 において $x=d$ であった。t_0 を d を含む式で表わしなさい。

(3) 初速 0 で等加速度運動する物体が時刻 t において、速度が v になった。この物体に働く運動方向の力を求めなさい。ただし、物体の質量は m とする。

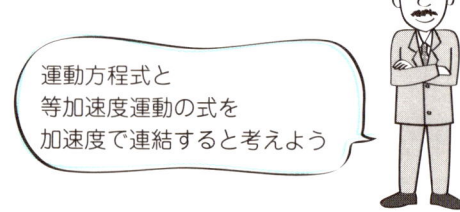

> 運動方程式と
> 等加速度運動の式を
> 加速度で連結すると考えよう

解答

(1) $v = v_0 + at$ ……………(a)式

$x = v_0 t + \dfrac{1}{2}at^2$ ……………(b)式

(a)式より、

$$t = \dfrac{v - v_0}{a}$$

これを(b)式に代入して

$$x = v_0 \cdot \dfrac{v - v_0}{a} + \dfrac{1}{2}a\left(\dfrac{v - v_0}{a}\right)^2$$

$$= \dfrac{1}{a}\left\{v_0 v - v_0^2 + \dfrac{1}{2}(v^2 - 2vv_0 + v_0^2)\right\}$$

$$= \dfrac{1}{2a}(v^2 - v_0^2)$$

$$\therefore\ v^2 - v_0^2 = 2ax$$

(2)
① 斜面に垂直な方向の力のつり合いより、垂直抗力 N は

$$N = mg\cos\theta$$

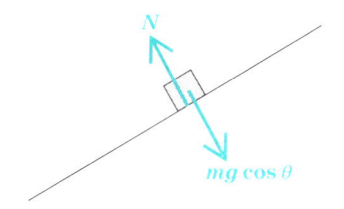

よって、動摩擦力 f は

$$f = \mu N = \mu mg\cos\theta$$

② 運動方程式は

$$ma = mg\sin\theta - \mu mg\cos\theta \quad \therefore \quad a = (\sin\theta - \mu\cos\theta)g$$

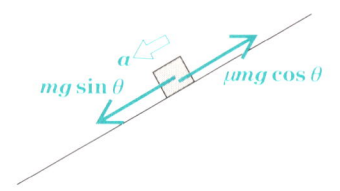

③ (1)の(a)式に、$v_0 = 0$、$a = (\sin\theta - \mu\cos\theta)g$ を代入して

$$v = 0 + at = (\sin\theta - \mu\cos\theta)gt$$

④ ③と同様に、(1)の(b)式に $v_0 = 0$ を代入、$x = d$ として

$$d = 0 + \frac{1}{2}at_0^2 \quad \therefore \quad t_0 = \sqrt{\frac{2d}{a}} = \sqrt{\frac{2d}{(\sin\theta - \mu\cos\theta)g}}$$

(3) 等加速度運動の式より、初速度が 0 なので

$$v = 0 + at \quad \therefore \quad a = \frac{v}{t}$$

運動方程式より、

$$ma = F \quad \therefore \quad F = \frac{mv}{t}$$

等加速度運動の式はいつでも使えるように覚えておこう

第7講

落体の運動
自由落下、投げ下ろし、投げ上げ、放物運動

第6講で述べた等加速度運動の式を応用して、さまざまな落体の運動を考えてみましょう。

落体の運動とはいっても、ボールを投げたときの運動と考えてもらえれば結構です。ただし、話を簡単にするために、ボールの大きさや空気の抵抗力などは無視して考えます。

落体の運動は、「初期条件」(最初にボールをどのように投げるか)によって運動の形態が変わってきます。さまざまな場合を考えて、式をつくっていきましょう。

基本となる式は、第6講で学んだ2つの式、

等加速度運動

$$v(t) = v_0 + at \quad \cdots\cdots\cdots(1)式$$

$$x(t) = v_0 t + \frac{1}{2}at^2 \quad \cdots\cdots\cdots(2)式$$

ですよ。

初期条件によって、座標軸のとり方も変わってきますから、注意深く読んでください。

■ 自由落下

自由落下とは、適当な高さから物体を初速度0で落下させたときの運動をいいます。簡単にいえば、**ただボールから手を離しただけの運動**です。

この場合の座標軸は、次ページの図のように、物体の最初の位置を原点とし、最初に向かう方向を正にとります。

鉛直方向の運動を記述するときには、軸を y 軸とすることが多いので、ここではそれに従いましょう。

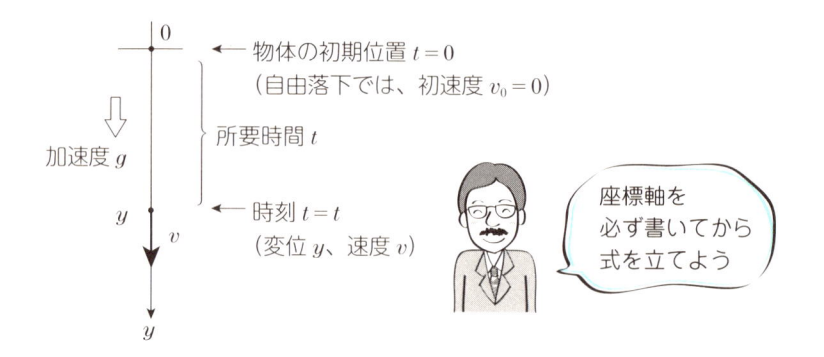

図中の g は重力加速度を表わしています。もちろん運動方程式

$$ma = mg$$

から求めたものですよ。自由落下では初速度が 0 ですから、前ページの(1)式、(2)式において、

$$v_0 = 0 \quad a = g$$

とすればよいことがわかります。よって、

(1)式　$v(t) = gt$

(2)式　$y(t) = \dfrac{1}{2}gt^2$

となります。

■ 鉛直投げ下ろし

また、鉛直投げ下ろしは、読んで字のごとく、**投げ下ろすのですから、初速度がある場合**をいいます。

したがって、(1)式、(2)式で、$a = g$ として、

(1)式　$v(t) = v_0 + gt$

(2)式　$y(t) = v_0 t + \dfrac{1}{2}gt^2$

となります。

■ 鉛直投げ上げ

鉛直投げ上げも簡単です。**真上にボールを投げたときの現象**と考えてください。

一般には、「自由落下」「鉛直投げ下ろし」とは異なる軸で考えます。

座標原点は物体の初期位置で、物体を投げ上げた点でよいのですが、座標正方向は、物体が最初に進む向きにとり、鉛直上向きとします。

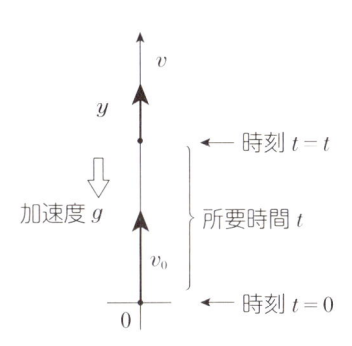

この図を見てもわかるように、座標正方向と重力加速度の向きが逆向きなので、(1)式、(2)式において、$a = -g$ として、

(1)式　$v(t) = v_0 - gt$

(2)式　$y(t) = v_0 t - \dfrac{1}{2} g t^2$

となります。

物体の最高点では $v = 0$ となるので、最高点までの時間は、

$$0 = v_0 - g t_m \qquad t_m = \dfrac{v_0}{g}$$

となり、最高点の座標は、

$$y(t_m) = v_0 t_m - \dfrac{1}{2} g t_m^2$$
$$= \dfrac{v_0^2}{2g}$$

となります。

これを v-t グラフで表わすと、以下のようになります。

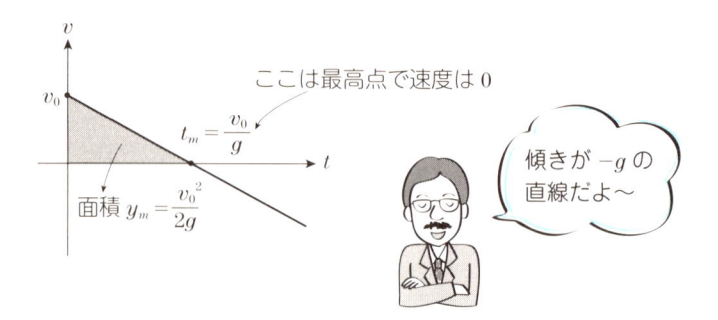

ここは最高点で速度は 0

$t_m = \dfrac{v_0}{g}$

面積 $y_m = \dfrac{v_0^2}{2g}$

傾きが $-g$ の直線だよ〜

■ 放物運動

水平投射や斜方投射したときに、物体の軌跡が放物線を描くことから、放物運動と呼ばれます。

斜方投射を例にとって詳しく説明しましょう。

はじめに、座標軸は以下のように、物体の最初の位置を原点とし、水平方向に x 軸、鉛直方向に y 軸をとります。水平に対して、なす角 θ、初速 v_0 で斜方投射するときの軌跡を考えましょう。

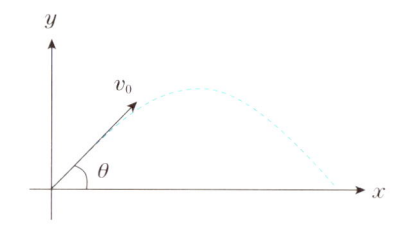

この場合の軌跡が点線のようになることは、簡単に予想できますね。

では、本当にこのようになるかを数式を用いて証明してみます。

次ページの図を見てください。

まず、物体の運動を y 軸方向と x 軸方向に分けて考えます。

簡単にいうなら、ライトを真横から当て、物体の影を y 軸に映し出すことを考えるのです。

●第7講 落体の運動●

同じように、真上からライトを当て、物体の影が x 軸を動く様子に着目します。

このような考え方を射影と呼びます。それぞれの軸上の運動の合成として斜方投射の運動を捉えるのです。

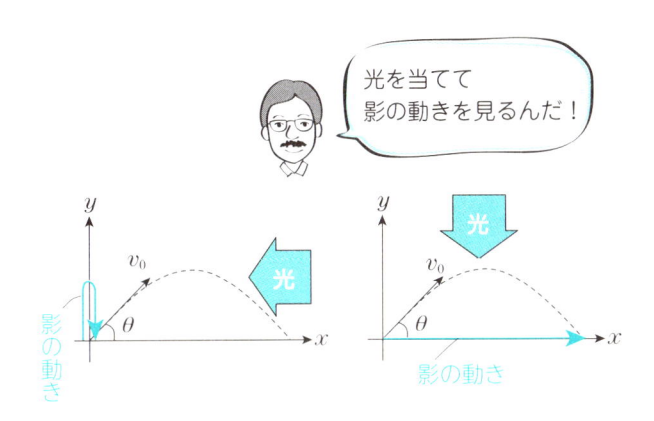

光を当てて影の動きを見るんだ！

影の動き

影の動き

このように考えると、y 軸上での式は鉛直投げ上げと同等になります。初速度を $v_0 \sin\theta$ と考えて、59 ページの 2 式より、

$$v_y = v_0 \sin\theta - gt$$

$$y = v_0 \sin\theta \cdot t - \frac{1}{2}gt^2 \quad \cdots\cdots\cdots\cdots (\text{a})式$$

一方、x 軸方向は初速度が $v_0 \cos\theta$ で、加速度が 0 の運動と考えればよいので、

$$v_x = v_0 \cos\theta$$

$$x = v_0 \cos\theta \cdot t \quad \cdots\cdots\cdots\cdots (\text{b})式$$

となります。

ここで、x と y の関係を得るために、(a)式、(b)式を連立して t を消去してみましょう。

(b)式より、

$$t = \frac{x}{v_0 \cos\theta}$$

これを、(a)式に代入すると、

$$y = v_0 \sin\theta \cdot \frac{x}{v_0 \cos\theta} - \frac{1}{2} g \left(\frac{x}{v_0 \cos\theta} \right)^2$$
$$= x\tan\theta - \frac{g}{2v_0{}^2 \cos^2\theta} \cdot x^2$$

となります。

これは、原点を通り、上に凸の放物線であることがわかります。最高点までの時間や、最高点までの距離は、鉛直投げ上げのときと同様に計算することができます（例題 7 を参照）。

以上のように、落体の運動では、等加速度運動の式を現象に応じて初速度や加速度を少し変形するだけで容易に得られるのです。

すべての場合の式を覚えるのではなく、導けるようにすることが大切です。

例題 7

(1) 高さ h の位置から、水平方向に質点を初速 v_0 で投げ出したとする。以下のように座標軸を決め、投げ出したときの時刻を $t = 0$ として、次の問いに答えなさい。ただし、重力加速度の大きさは g とする。

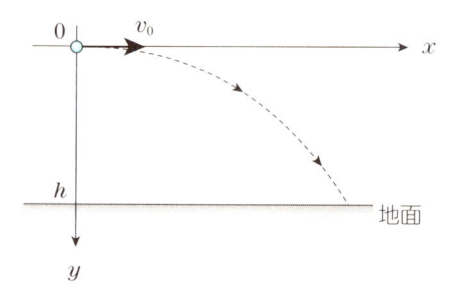

① x 軸方向、y 軸方向の加速度をそれぞれ求めなさい。
② x 軸方向の速度 v_x と変位 x を時刻 t の関数として求めなさい。

③ y 軸方向の速度 v_y と変位 y を時刻 t の関数として求めなさい。
④ 地面に落下するまでの時間 t_0 を求めなさい。
⑤ 投げた点から落下点までの水平距離を求めなさい。

(2) 水平となす角 θ、初速度 v_0 で斜方投射したときについて、次の問いに答えなさい。ただし、重力加速度の大きさは g とし、座標軸は以下のように定めるものとする。必要なら、

$$2\sin\theta \cdot \cos\theta = \sin 2\theta$$

を用いなさい。

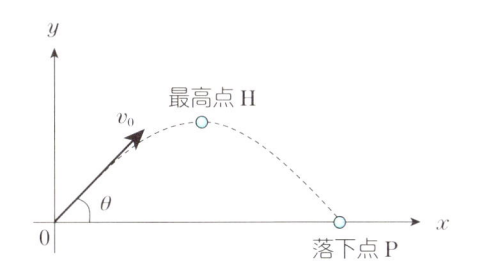

① 投げた時刻を $t = 0$ として、任意の時刻 t における x 座標を t の関数として表わしなさい。ただし、t は落下時刻以前の時刻とする。
② 上の①と同様に、任意の時刻 t における y 座標を t の関数として表わしなさい。
③ 最高点 H までの時間 t_m を求めなさい。
④ 落下点 P までの時間 t_0 を求めなさい。
⑤ 最高点までの高さ y_m を求めなさい。
⑥ 原点 O から落下点 P までの距離 x_0 を求めなさい。
⑦ x_0 を最大にするための θ を求めなさい。

軸上の射影運動を考えることが大切。式は軸上で立てる！

解答

(1)

① x、y軸方向の運動方程式は

$$ma_x = 0 \qquad ma_y = mg \qquad \therefore \quad a_x = 0 \qquad a_y = g$$

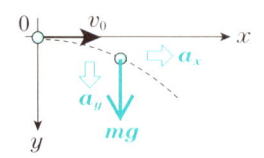

② 初速度は v_0 であるから、

$$v_x = v_0 + a_x t = v_0 \qquad x = v_0 t + \frac{1}{2} a_x t^2 = v_0 t$$

③ 初速度は 0 であるから、

$$v_y = 0 + a_y t = gt \qquad y = 0 \cdot t + \frac{1}{2} a_y t^2 = \frac{1}{2} g t^2$$

④ 地面に落下したときは、$y = h$
　③の y の式より、求める時間を $t = t_0$ とすると、

$$h = \frac{1}{2} g t_0^2 \qquad \therefore \quad t_0 = \sqrt{\frac{2h}{g}}$$

⑤ ②の x の式より、

$$x = v_0 t_0 = v_0 \sqrt{\frac{2h}{g}}$$

(2)

① x 方向は初速 $v_0 \cos\theta$、加速度 0 なので、

$$x = v_0 \cos\theta \cdot t + \frac{1}{2} \cdot 0 \cdot t^2 = v_0 \cos\theta \cdot t$$

② y 方向は初速 $v_0 \sin\theta$、加速度 $-g$ なので、

$$y = v_0 \sin\theta \cdot t + \frac{1}{2}(-g)t^2 = v_0 \sin\theta \cdot t - \frac{1}{2}gt^2$$

③ y 方向の速度の式は

$$v_y = v_0 \sin\theta + (-g)t$$

ここで、最高点 H では

$$v_y = 0 \quad \therefore \quad v_0 \sin\theta - gt_m = 0 \quad \therefore \quad t_m = \frac{v_0 \sin\theta}{g}$$

④ 対称性から、$t_0 = 2t_m = \dfrac{2v_0 \sin\theta}{g}$

（別解）
落下点では、$y = 0$
②の式より、
$0 = v_0 \sin\theta \cdot t_0 - \dfrac{1}{2}gt_0^2 \quad \therefore \quad t_0 = \dfrac{2v_0 \sin\theta}{g}$ としても可

⑤ $y_m = v_0 \sin\theta \cdot t_m - \dfrac{1}{2}gt_m^2 = \dfrac{(v_0 \sin\theta)^2}{2g}$

⑥ $x_0 = v_0 \cos\theta \cdot t_0 = \dfrac{2v_0^2 \sin\theta \cos\theta}{g} = \dfrac{v_0^2 \sin 2\theta}{g}$

⑦ $\sin 2\theta = 1 \quad \therefore \quad 2\theta = 90° \quad \therefore \quad \theta = 45°$

最高点の条件や落下点の条件を考えるときは軸上で考えると容易です

第8講
仕事とエネルギーの関係
仕事、位置エネルギー、運動エネルギー

「仕事」や「エネルギー」という言葉は、日常の会話の中でもたびたび出てくる言葉ですが、それが"くせ者"なのです。

物理学上の仕事やエネルギーを正確に捉え、これらの関係を明らかにしていきましょう。

■ 仕事とは何か？

ある物体に力 F を加えて、力の向きに距離 s だけ移動させたとき、

力 F は、物体に対して仕事をした
または、
物体は、力 F によって仕事をされた

といい、仕事の大きさは、力が一定のとき、

仕事　$W = F \cdot s$

で定義されます。

すなわち、**仕事とは、物体に何らかの力を加え、その力によって物体が移動したとき（厳密には変形も含む）に初めて評価される量**であるということです。

力がどのくらいの距離働いたかで決まるので、力の距離的効果と呼ばれます。

●第8講　仕事とエネルギーの関係●

これから説明する①〜③の例を考えて、このことをより具体化していきましょう。

物体を粗い水平面上で力 F を加えてすべらせる場合を考えましょう。物体のすべった距離が s のとき、この物体に働いている力がした仕事を求めてみましょう。

① 力 F のした仕事

力 F のうち、$F\cos\theta$ は距離 s だけ移動させるのに仕事をしていますが、$F\sin\theta$ は距離 s だけ移動させることに関しては何ら仕事をしていません。

したがって、力 F のした仕事は、以下のようになります。

$$W_F = F\cos\theta \cdot s$$

② 垂直抗力 N、重力 mg のした仕事

これらは、先の $F\sin\theta$ と同じ扱いになります。つまり、物体を s 移動させることに関して何ら仕事はしていないことになります。

$$W_N = 0 \qquad W_g = 0$$

③ 動摩擦力 f のした仕事

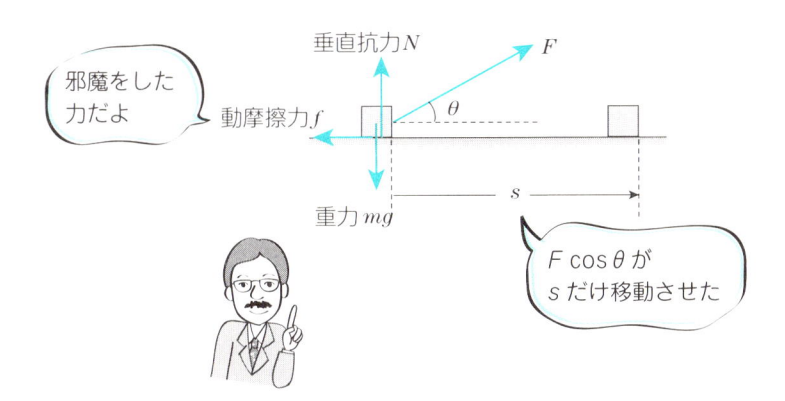

（邪魔をした力だよ）

垂直抗力 N
動摩擦力 f
重力 mg
F
θ
s

（$F\cos\theta$ が s だけ移動させた）

動摩擦力は、距離 s だけ移動させることに対して、言ってみれば"邪魔"をしています。このような場合、仕事は負として表わされます。

この場合、動摩擦力は、物体に対して負の仕事をしたことになるのです。

$$W_f = -f \cdot s$$

これらの例でおわかりだと思いますが、仕事の大きさは以下のように考えると容易になります。

仕事の大きさ ＝ 力 f 〜距離 s グラフの面積

また、**仕事の正負は、力の向きと移動方向で考えればよい**ことになります。つまり、これらが**同じ向きならば正の仕事、逆向きならば負の仕事、垂直方向ならば 0** といった具合です。

動摩擦力 f の場合には以下のようになります。

〈仕事の大きさ〉

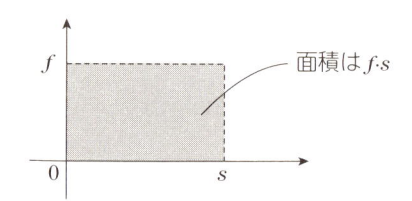

面積は $f \cdot s$

〈仕事の正負〉

「力の向きと移動方向が逆なので負になる」ことから、

$$W_f = -(f \sim s \text{ グラフの面積}) = -f \cdot s$$

■ エネルギーとは何か？

今度は、エネルギーについて議論しましょう。

そもそもエネルギーとは何か？　ということが大切です。簡単にいえば、**エネルギーとは「仕事をする能力」**のことをいいます。

●第8講 仕事とエネルギーの関係●

　エネルギーにはさまざまな種類がありますが、高校課程で扱うものは数が限られています。表記も併せて覚えておくことをおすすめします。

　われわれが扱っているものはしょせん物体であり、自ら能力が増えるようなものは扱っていません。もし、能力が増えるようなら、「何らかの作用」が加わったはずなのです。

　この**「何らかの作用」が仕事**です。すなわち、物体がエネルギーを持つということは、その物体には何らかの仕事がなされたことになるのです。

　ところで、物体を高さ h のところで放すと落下してきます。これは、物体が「落下能力」を持っていると考えることができます。

　では、この物体に落下能力を与えたのは誰でしょう？

　それは、私です。

　私が、重力 mg に逆らって、床に置いてあった物体を、高さ h のところまで移動させるという仕事をした結果、この物体は、その仕事と同量の落下能力（重力による位置エネルギー）を手に入れたのです。

重力による位置エネルギー　$U = mgh$

仕事をした結果、能力（エネルギー）を持ったと考えよう

　グラフの面積で仕事を求め、その仕事の結果としてエネルギーを持ったと考えれば、エネルギーも容易に求めることができます。

　バネを押し縮めたり伸ばしたりすると、バネは元の状態（自然長の状態）になろうとします。すなわち、元に戻ろうとする**「復元能力」**を持ちます。これをバネの弾性エネルギーといいます。

弾性力による位置エネルギー（弾性エネルギー） $U = \dfrac{1}{2}kx^2$

バネは<u>フックの法則</u> $F = kx$ に従うので、グラフの面積は以下の図のようになります。フックの法則とは、**「バネに働く力はバネの伸びや縮み x に比例する」** という法則です。k は正の定数で<u>バネ定数</u>と呼ばれ、バネの強さの度合いを表わします。

> なぜ $\dfrac{1}{2}$ がついているか？
> それは、した仕事が
> 三角形の面積で表わされる
> からなんだ

したがって、弾性エネルギーは、$U = \dfrac{1}{2}kx^2$ と書くことができるのです。

運動エネルギー $K = \dfrac{1}{2}mv^2$

<u>運動エネルギー</u>とは、読んで字のごとく、**「運動能力」** のことです。
等加速度運動の2式から時間 t を消去すると、以下の式が得られます。

$$v^2 - v_0^2 = 2ax$$

さて、ここで運動方程式 $F = ma$ より、$a = \dfrac{F}{m}$ ですから、

$$v^2 - v_0^2 = 2 \cdot \dfrac{F}{m} \cdot x$$

となります。右辺に力の距離的効果（仕事）$F \cdot x$ を残すと、

$$\dfrac{1}{2}mv^2 - \dfrac{1}{2}mv_0^2 = F \cdot x$$

と変形することができ、この式を和訳すると、

仕事 $F \cdot x$ によって、能力が $\frac{1}{2}mv^2 - \frac{1}{2}mv_0^2$ だけ変化した

となります。

　すなわち、質量 m の物体が速度 v で運動しているときの運動能力（運動エネルギー）は、$K = \frac{1}{2}mv^2$ と表記できるのです。

　ちなみに、動摩擦力 f によって運動している物体の運動エネルギーが減少するとき、そのエネルギーは<u>熱エネルギー</u>に変換されます。

　このとき、減少するエネルギーは、動摩擦力のした仕事の大きさに等しいはずですから、動摩擦力を f、移動距離を s とすると、動摩擦力による熱エネルギーは、$E = fs$ と表記することができるのです。

動摩擦力による熱エネルギー　$E = fs$

例題 8

(1) なめらかな斜面を持つ固定された三角台がある。傾斜面のなす角は θ とする。質量 m の質点を、以下の図の A 点および B 点から、三角台の最高点 C まで運び上げることを考える。重力加速度の大きさを g、AC の長さ（三角台の高さ）を h として、次の問いに答えなさい。

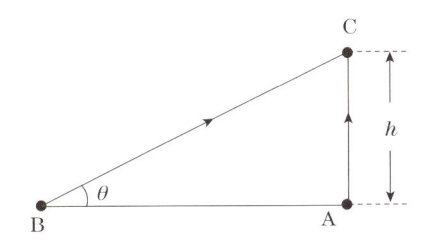

① A点において質点に働く重力はいくらか？

② A点からC点までゆっくりと（加速度0、速さほぼ0で）運ぶのに必要な仕事はいくらか？

③ B点において質点に働く重力の斜面方向成分の大きさはいくらか？

④ B点からC点までゆっくりと質点を運ぶのに必要な仕事が、先の②で求めた仕事と等しいことを示しなさい。

(2) 以下の各現象に対して、仕事、エネルギーを、特に符号に気をつけて答えなさい。重力加速度の大きさは g とする。

① 高さ h の点から質量 m の物体を落下させた（75ページ図を参照）。このとき、重力がした仕事はいくらか？ また、重力による位置エネルギーの増加量はいくらか？

② なめらかな水平面上で自然長の状態にあったバネ定数 k のバネを距離 x だけ縮めた。このときに必要な仕事はいくらか？ また、このバネが持つ弾性エネルギーの増加量はいくらか？

③ 摩擦のある水平面上を、質量 m の質点が距離 s だけ進んで停止した。このとき、摩擦力のした仕事はいくらか？ 動摩擦係数 μ を含む式で表わしなさい。また、このとき発生した摩擦力による熱エネルギーはいくらか？

> 仕事を考えるときは、
> 与えた力の向きと
> 移動方向の関係に注意しよう

解 答

(1)

① 図より、mg

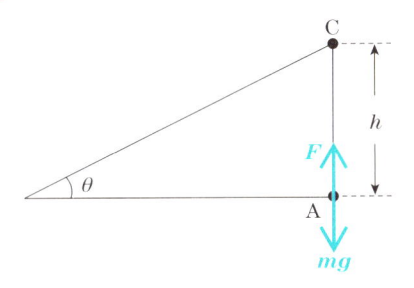

② ゆっくりと運ぶので、持ち上げるのに必要な力 F は mg に等しい。

$$\therefore\ W = F \cdot h = mgh$$

③ 図より、$mg \sin\theta$

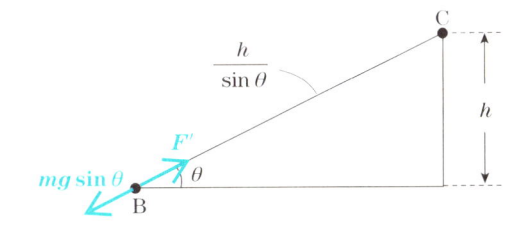

④ ③の図より、BC 間の距離を $\overline{\text{BC}}$ とすると、$\overline{\text{BC}} = \dfrac{h}{\sin\theta}$

また、持ち上げるのに必要な力 F' は $mg\sin\theta$ に等しい。

$$\therefore\ W = F' \cdot \overline{\text{BC}} = mg\sin\theta \cdot \dfrac{h}{\sin\theta} = mgh$$

よって、②と一致する。

(2)

① $W = mg \cdot h = mgh$

h だけ下降したので、$\Delta U = -mgh$

② $W = \dfrac{1}{2}kx^2$

弾性エネルギーは W の分だけ増加するので、

$$\Delta U = \dfrac{1}{2}kx^2$$

③ $W = -f \cdot s = -\mu mg \cdot s$

熱エネルギーは W の分だけ発生するので、μmgs

> 大切なのは力の向きと移動距離だ！
> (1)①、③のように図を描こう

第9講 エネルギー保存則
運動エネルギーと仕事の関係式、力学的エネルギー保存則

仕事とエネルギーの関係は、第8講で理解できているのではないでしょうか？

仕事をした結果として物体がエネルギーを持つ
または、
エネルギーを持ったということは物体に仕事がなされた

ということになります。

実は、ここから簡単にエネルギー保存則の概念を導き出すことができます。この講では順を追って、運動エネルギーと仕事の関係式、エネルギー保存則を説明しましょう。

■ 運動エネルギーと仕事の関係式

まずは簡単な例で考えてみましょう。

高さ h の点から質量 m の物体を自由落下させることを考えてみましょう（72ページの例題8(2)①を参照）。

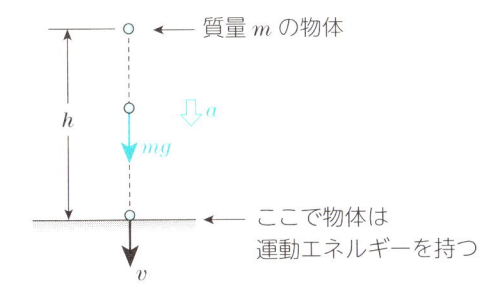

物体には、落下方向に重力 mg が働いており、この力によって距離 h だけ引きずり下ろされたことになります。

したがって、この現象では重力が物体に mgh だけの仕事をしたことになります。

その結果として、物体は、床にぶつかる際に $\frac{1}{2}mv^2$ だけの運動エネルギーを持ちます。最初、物体の運動エネルギーは当然 0 でしたから、$\frac{1}{2}mv^2$ だけ運動エネルギーが増加したことになります。

この原因は重力のした仕事であると考えられます。これを式で表わすと、

$$\frac{1}{2}mv^2 - 0 = mg \cdot h \quad \cdots\cdots\cdots (a)式$$

となります。

ここで、この物体の運動方程式を考えてみましょう。

$$ma = mg$$

ですね。これを和訳するとこうなります。

質量 m の物体に加速度 a を生じさせたのは重力 mg である

では、(a)式を和訳するとどのようになるでしょう？
この式は、

質量 m の物体の運動エネルギーを増加させたのは重力 mg による仕事である

となり、対応関係があることがわかりますね。

上記の2つの和訳文を何度も読み直してみてください。ほら、わかってきたでしょう！

これを一般的に書くとこうなります。

運動エネルギーの変化を ΔK、物体に働く力がした仕事を W と書くと、

$$\Delta K = W$$

という重要な関係式が得られるのです。

別の例で考えてみましょう。

●第9講　エネルギー保存則●

粗い水平面上をある物体が速度 v_0 で通過したとします。この物体には動摩擦力が働くため、距離 s 進んだところで、物体の速さが v（$<v_0$）になったとします。

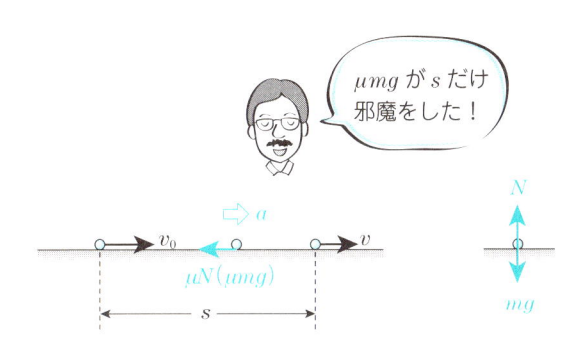

μmg が s だけ邪魔をした！

動摩擦力の大きさは、垂直抗力 N が mg に等しいので、動摩擦係数を μ とすると μmg と書くことができます。

ここで注意したいのは、**動摩擦力の向きは物体進行方向と逆向きなので、動摩擦力のした仕事は負で、$-\mu mg \cdot s$ と書くことができること**。したがって、式 $\Delta K = W$ は以下のようになります。

$$\frac{1}{2}mv^2 - \frac{1}{2}mv_0^2 = -\mu mg \cdot s \quad \cdots\cdots\cdots\text{(b)式}$$

運動方程式は、

$$ma = -\mu mg$$

と書くことができます。

式をしっかりと比較して和訳してみてください。

もちろん、例を挙げればキリがないのですが、運動エネルギーと仕事の関係式を考えるときには、常に物体に対する運動方程式を念頭に置いておくとよいでしょう。

特に、仕事の正負で迷ったときなどは非常に有効な方法といえます。

■ エネルギー保存則

運動エネルギーと仕事の関係式がわかったところで、さらに話を進めてエネルギー保存則の考え方を説明しましょう。

ここでも例を挙げます。

もう一度、76 ページの(a)式の解釈から入ります。

$$\frac{1}{2}mv^2 - 0 = mg \cdot h \quad \cdots\cdots\cdots\cdots \text{(a)式}$$

この式の右辺に注目しましょう。

右辺の意味は重力 mg で距離 h だけ引きずり下ろしたときにした仕事ということですが、mg で h だけ引きずり下ろすことができるということは、質量 m の物体がもともと高さ h の位置にあったから、そういうことが起きたわけですね。

質量 m の物体がある基準点より h だけ高いところにあるとき、物体は落下能力（重力による位置エネルギー）mgh を持っていると考えることができます。

このように解釈して、(a)式を、

$$mgh = \frac{1}{2}mv^2$$

と書き換えると、この式の和訳はこうなります。

最初に持っていた重力による位置エネルギーが、すべて運動エネルギーとなった

これをもう少し複雑にしてみましょう。

次ページの図を見てください。

今度は、重力による位置エネルギーの基準を床上にとり、高さ h_1 の位置（A 点）から初速度 v_0 で投げ下ろしたときのことを考えます。

このとき、高さ h_2（$< h_1$）の位置（B 点）を、速さ v で通過したとき成立する式を考えてみましょう。

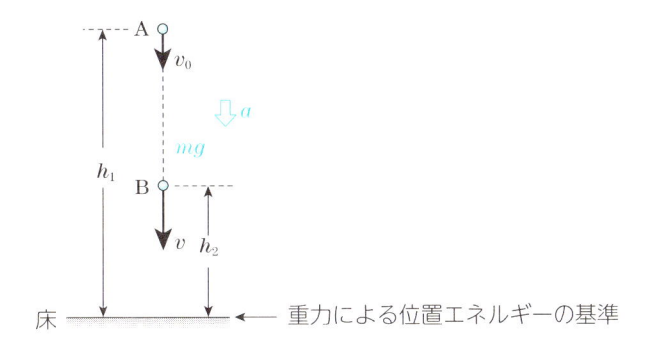

●第9講　エネルギー保存則●

```
        A ○
          ↓ v₀
          ⇩ a
          mg
  h₁   B ○----
          ↓ v   h₂
  床 _____ ← 重力による位置エネルギーの基準
```

　A点での運動エネルギーは $\frac{1}{2}mv_0^2$ であり、B点での運動エネルギーは $\frac{1}{2}mv^2$ です。運動エネルギーにこのような変化を与えたのは、重力 mg が $h_1 - h_2$ だけ引きずり下ろすという仕事をしたからです。

　この関係を、「運動エネルギーと仕事の関係式」として表わすと以下のようになります。

$$\frac{1}{2}mv^2 - \frac{1}{2}mv_0^2 = mg \cdot (h_1 - h_2)$$

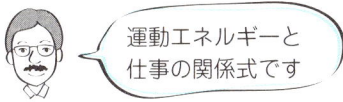

運動エネルギーと仕事の関係式です

　さて、この式を「エネルギー保存則」に書き直してみましょう。

　A点での重力による位置エネルギーを mgh_1、B点での重力による位置エネルギーを mgh_2 と考えると、A点での全エネルギーとB点での全エネルギーが等しいと置いて、

$$\frac{1}{2}mv_0^2 + mgh_1 = \frac{1}{2}mv^2 + mgh_2$$

エネルギー保存則です

と書くことができます。

　もちろんこれは、上の運動エネルギーと仕事の関係式と数学的には同じであることがわかります。

　ところで、運動エネルギーと位置エネルギーを総称して力学的エネルギーといいます。したがって、このようなエネルギー保存則の式を、特別に力学的エネルギー保存則と呼びます。

　弾性エネルギーも弾性力による位置エネルギーですから、力学的エネル

ギーの一種ということになります。

しかし、摩擦による熱エネルギーは力学的エネルギーではなく、その名の通り熱エネルギーであり、力学的エネルギーとは区別されます。

位置エネルギーが定義できるのは、物体を移動させるときに要する仕事がその移動経路によらない場合です（71 ページの例題 8 (1)を参照）。

動摩擦力による熱エネルギーは、始点と終点が決まっても、移動経路によって要する仕事が異なるため（**回り道をすれば、それだけ仕事が大きくなるが、近道をすれば仕事が小さくなる**）、位置エネルギーを定義することはできません。

最後は少しむずかしい話になってしまいましたが、単なる用語の説明ですから気にしないでください。

ここで大切なのは、運動方程式と、運動エネルギーと仕事の関係式との関係、さらにはこの関係とエネルギー保存則との関係が重要なのです。

例題 9 を解くことで確実に理解しましょう。

例題 9

(1) 粗い斜面を持つ三角台が固定されている。斜面の傾斜角は θ とし、斜面の長さは L とする。斜面の最高点から斜面に沿って v_0 で質量 m の質点を打ち出したら、質点は斜面の最下点まで達し、そのときの速さが v であった。質点と斜面との間の動摩擦係数を μ、重力加速度を g として、次の問いに答えなさい。

① 質点に働く摩擦力の大きさを求めなさい。

② 斜面に沿って下向きに質点の加速度を a とするとき、質点の運動方程式を書きなさい。

③ 運動エネルギーと仕事の関係式を書きなさい。

④ 上の③の式を言葉で説明（和訳）しなさい。

⑤ エネルギー保存則を表わす式を書きなさい。

⑥ 上の⑤の式を言葉で説明（和訳）しなさい。

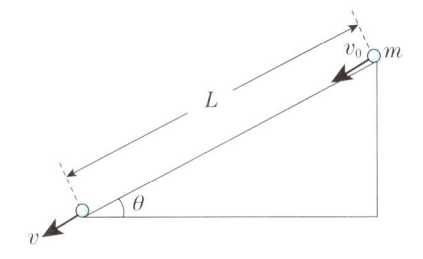

(2) 以下の図のように、バネ定数 k のバネを用いて物体を打ち出し、斜面を登らせる実験を行なった。斜面の傾斜角は θ、物体の質量は m、重力加速度は g とする。水平面、斜面とも摩擦はないものとする。

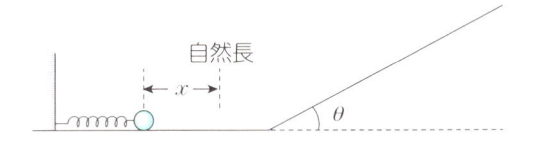

① バネを自然長より x だけ押し縮めて物体を接触させ、静かに手を放した。バネが自然長となったとき、物体はバネから離れていった。このときの物体の速さを求めよ。

② 物体は、水平面から斜面へとなめらかに運動した。物体が到達する最高点の水平面からの高さはいくらか？

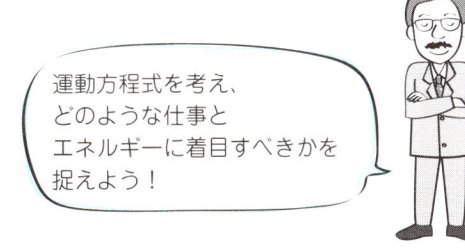

運動方程式を考え、どのような仕事とエネルギーに着目すべきかを捉えよう！

解 答

(1)
① 垂直抗力を N とすると、

$$N = mg\cos\theta \quad \therefore \quad f = \mu N = \mu mg\cos\theta$$

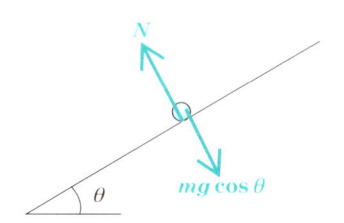

② 運動方程式は

$$ma = mg\sin\theta - f \quad \therefore \quad ma = mg\sin\theta - \mu mg\cos\theta$$

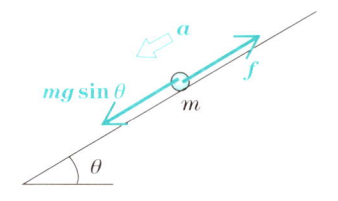

③ 運動エネルギーと仕事の関係式は

$$\frac{1}{2}mv^2 - \frac{1}{2}mv_0^2 = mg\sin\theta \cdot L - \mu mg\cos\theta \cdot L$$

④ 運動エネルギーが変化したのは、$mg\sin\theta$ が L だけ正の仕事をし、$\mu mg\cos\theta$ が L だけ負の仕事をしたためである。

⑤ $\frac{1}{2}mv_0^2 + mgL\sin\theta = \frac{1}{2}mv^2 + \mu mg\cos\theta \cdot L$

⑥ 最初に持っていた運動エネルギー $\frac{1}{2}mv_0^2$ と位置エネルギー $mgL\sin\theta$ が、最下点で運動エネルギー $\frac{1}{2}mv^2$ と摩擦面の熱エネルギー $\mu mg\cos\theta \cdot L$ となった。

(2)

① エネルギー保存則より、

$$\frac{1}{2}kx^2 = \frac{1}{2}mv^2 \quad \therefore \quad v = x\sqrt{\frac{k}{m}}$$

> （別解）
> 運動エネルギーと仕事の関係式より、
> $\frac{1}{2}mv^2 - 0 = \frac{1}{2}kx^2$ としても可

② エネルギー保存則より、

$$\frac{1}{2}kx^2 = mgh \quad \therefore \quad h = \frac{kx^2}{2mg}$$

> （別解）
> 運動エネルギーと仕事の関係式より、
> $0 - \frac{1}{2}mv^2 = -mg\sin\theta \cdot \frac{h}{\sin\theta}$ から求めても可

> 常に比較する2点に着目し、和訳しながら式を立てるようにしよう

第10講 力積と運動量
力積の定義、力積と運動量の関係

力積は、物理を履修しなかった方には聞き慣れない用語だと思いますが、先に仕事の概念を勉強したので、仕事と比較しながら学習すると容易でしょう。

■ 力積とは何か？

力積とは**力の時間的効果**のことをいいます。

物体に一定の力 F を加え、力の向きに時間 t だけ移動させたとき、

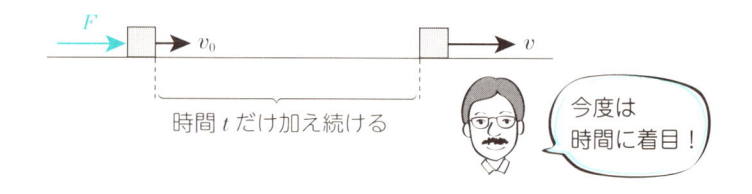

時間 t だけ加え続ける

今度は時間に着目！

力 F は物体に対して力積を与えた
または、
物体は、力 F によって力積を受けた

といいます。

このときの力積は、Ft と定義され、F がベクトル量なので、力積もベクトル量であることがわかります。

仕事は「力の距離的効果」で Fx（スカラー量）、力積が「力の時間的効果」で Ft（ベクトル量）と定義されることを、2つの量を比較することで理解しておきましょう。

■ 力積と運動量の関係

ここで、先に説明した現象を運動方程式で表わしてみましょう。

●第10講　力積と運動量●

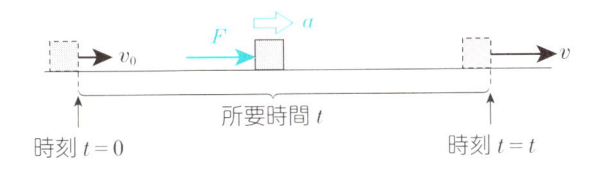

物体に生じる加速度を a、物体の質量を m とすると、運動方程式は以下のようになります。

$$ma = F$$

加速度は単位時間当たりの速度変化と定義されているので、これを式で表わすと、

$$a = \frac{\Delta v}{\Delta t}$$

となります。これを、運動方程式に代入すると、

$$\frac{m\Delta v}{\Delta t} = F \quad \therefore \quad m\Delta v = F\Delta t$$

となります。Δv は速度の変化ですから、

$$\Delta v = v - v_0$$

また、

$$\Delta t = t - 0 \quad (所要時間は t に等しい)$$

これらを代入すると、

$$mv - mv_0 = F \cdot t \quad \cdots\cdots (a)式$$

となり、この式の左辺が<u>運動量</u>の変化と定義されます。

運動量は、質量 m と速度 v の積で表わされる運動の激しさの程度を示す物理量であることがわかります。そして、(a)式は、

運動量の変化は、力積に等しい

と和訳することができます。

(a)式は運動方程式から導かれる式ですから、運動方程式と同じ意味合いを持つ式でなくてはなりません。

運動方程式は因果関係を表わす式ですから、(a)式も因果関係を示している式なのです。(a)式を、

$$mv_0 + F \cdot t = mv$$

と書き換えると、因果関係が理解しやすくなると思います。

これを和訳するとこうなります。

運動量 mv_0 の物体に力 F が時間 t だけ働いたために、運動量が mv となった

まさに因果関係を表わしています。

さらに、仕事とエネルギーの関係との比較も大切です。

第8講で述べた式と比較して書き並べてみましょう。

$$\frac{1}{2}mv^2 - \frac{1}{2}mv_0{}^2 = F \cdot x$$
$$mv \quad - \quad mv_0 \quad = F \cdot t$$

力の距離的効果によって変化するのが運動エネルギー、力の時間的効果によって変化するのが運動量ということが一目瞭然です。

運動の激しさを表わす方法は、2種類あり、それぞれ運動エネルギー、運動量として表わされますが、これらの違いは力がどのくらいの距離働いたのか、力がどのくらいの時間働いたのかで異なるということになります。

また、先にも述べましたが、前者はスカラー量、後者はベクトル量であることに注意しなくてはなりません。前者は大きさを議論すればよいのですが、後者は向きも合わせて議論することが必要になります。

■ 力積と運動量の関係の例

ピッチャーが投げたボールをバッターが打ち返したけれど、残念ながらキャッチャーフライだった場合を考えてみましょう。

ボールの質量を m、打つ前と打った後のボールの速度をそれぞれ v_0、v とします。

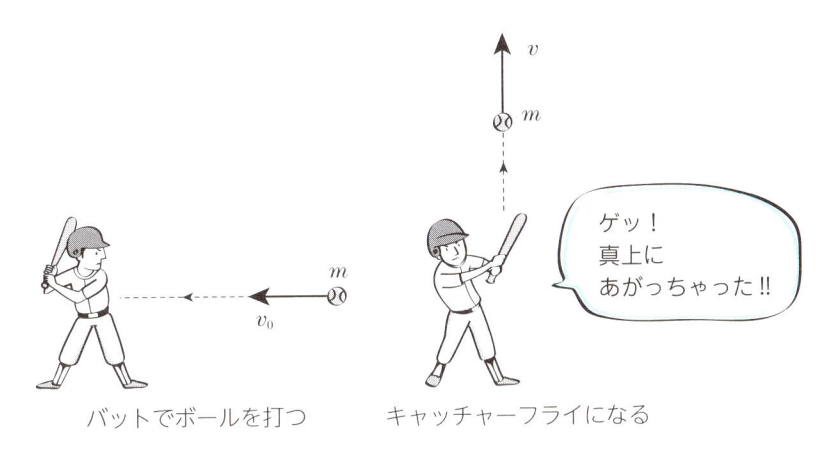

バットがボールに与えた力積を I と置くと、力積と運動量の関係は、

$$m\vec{v} - m\vec{v}_0 = \vec{I}$$

となります。これをベクトル図で表わすと以下のようになります。

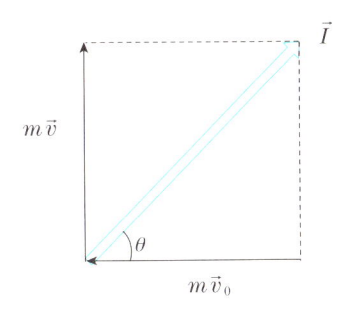

すなわち、バッターは右斜め上の向きにバットでボールに力積を与えたことになります。また、上図より、

$$\tan\theta = \frac{mv}{mv_0} = \frac{v}{v_0}$$

となります。

たとえば、v と v_0 の大きさが等しい場合には、$\tan\theta = 1$ で、$\theta = 45°$ となります。逆にいえば、$\theta = 45°$ の向きに力積を与えるとキャッチャーフライで、しかもピッチャーの投げたボールの速さと同じ速さで上にあがるということがわかります（実際にはそう簡単ではないですけどね……）。

この例で述べたように、**運動量、力積を扱うときはこれらの量がベクトル量であることに注意しなければなりません。**

大きさと向きを同時に扱う場合には、ベクトルの概念は不可欠になります。したがって、作図は矢印で行ない、ベクトルの和、差を考えることが重要になります。

一直線上での力積や運動量の関係ではその重要性はなかなか理解できませんが、ボールをバットで打つときの例などを考えると、その重要性が理解できると思います。

例題 10 では、以上のことに注意しながら解き進めてください。きっと理解が深まるはずです。

例題 10

(1) 質量 m の物体を時刻 $t = 0$ に初速度 v_0 で鉛直に投げ下ろした。時刻 t における物体の速度を v として、次の問いに答えなさい。ただし、重力加速度の大きさを g とします。

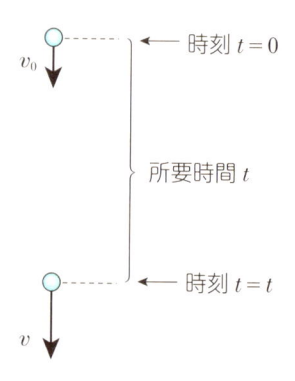

① t の間に物体が重力から受け取る力積の大きさ I はいくらか？ v、v_0 を含まない式で表わしなさい。
② 前ページの図で示された 2 点間の力積と運動量の関係を、上の①の I を含む式で表わしなさい。
③ 上の①、②の結果より、v を v_0、g、t を含む式で表わしなさい。

(2) 質量 m の小球が水平でなめらかな床に鉛直となす角 45°、速さ v で衝突し、なす角 60°で速さ v' で跳ね返った。この現象について、次の問いに答えなさい。衝突は瞬間的であるとし、このとき重力による影響は無視できるとする。

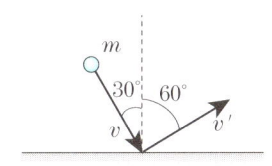

① 床はなめらかであるから、水平方向には力積を受けない。この条件より、v と v' の関係を求めなさい。
② 物体が床から受ける力積の大きさはいくらか？ m と v だけを用いて表わしなさい。
③ この現象における物体に対する力積と運動量の関係をベクトル図を描いて表わしなさい。その際、ベクトルの大きさも図中に書き込みなさい。

> 力積と運動量の式を立てるときは必ず和訳しながら行なおう

解答

(1)
① 物体に働く重力は mg であるから、求める力積の大きさ I は

$$I = mg \cdot t$$

② 鉛直下向きを正とすると、力積と運動量の関係より、

$$mv_0 + I = mv$$

（別解）
運動量の変化は力積に等しいと考えて、$mv - mv_0 = I$ としても可

③ ①、②より

$$mv_0 + mg \cdot t = mv \quad \therefore \quad v = v_0 + gt$$

(2)
① 床に水平な方向に着目して、力積と運動量の関係より、

$$mv\sin 30° + 0 = mv'\sin 60° \quad \therefore \quad v = \sqrt{3}\,v'$$

② 鉛直上向きを正とすると、

$$-mv\cos 30° + I = +mv'\cos 60°$$

$$\therefore \quad I = \frac{1}{2}mv' + \frac{\sqrt{3}}{2}mv = \frac{2\sqrt{3}}{3}mv$$

③

$$I = \frac{2\sqrt{3}}{3} mv$$

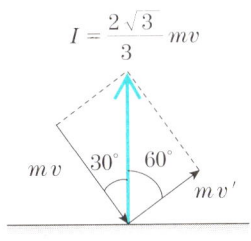

mv 30° 60° mv'

力積、運動量はベクトル量なので、ベクトル図で表わすことが可能！(2)③のように、必ず図に描いて確認することを心がけよう

第11講
衝突と運動量保存則
衝突、跳ね返り係数

ここでは、力積と運動量の関係を用いて具体的な現象を考えてみましょう。

最初に、2物体の衝突を考えます。衝突では、衝突の瞬間に音や熱が出るため、特殊な場合を除いて力学的エネルギー保存則は保存しません。しかし、衝突の前後で運動量は保存しているのです。

この摩訶不思議な現象を、具体例を挙げながら詳しく説明します。

■ 衝突と運動量保存則

摩擦のない水平面上を考えます。以下の図は、質量 M の物体が静止しており、そこに左側から速度 v_0 で質量 m の物体が正面衝突することを表わしています。衝突直後のそれぞれの物体の速度は v、V であるとします。

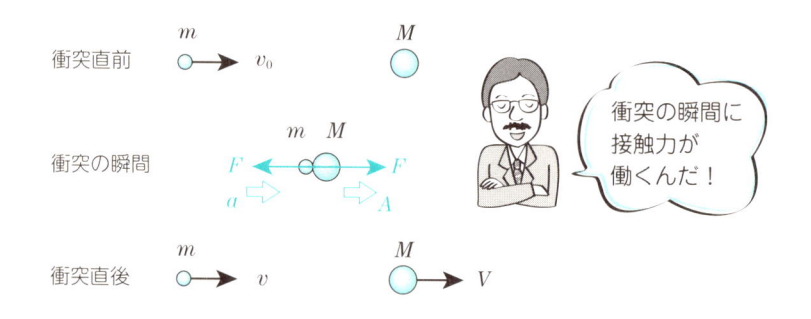

衝突の瞬間に接触力が働くんだ！

まずは、衝突の瞬間について考えます。

衝突の瞬間、作用・反作用の法則から、互いに逆向き同じ大きさの力がそれぞれの物体に働きます。この力の大きさを F とします。加速度を上図のように a、A と決めて運動方程式を立てると、

$$ma = -F \qquad MA = F$$

となります。

ここで、加速度の定義から、

$$a = \frac{\Delta v}{\Delta t} \qquad A = \frac{\Delta V}{\Delta t}$$

と書くことができます。

このとき、Δt は2物体の接触時間（加速度が生じている時間）と考えられるので、それぞれの物体に対して共通量となります。これを代入すると、

$$\frac{m\Delta v}{\Delta t} = -F \qquad \frac{M\Delta V}{\Delta t} = F$$

両辺を Δt 倍すると、

$$m\Delta v = -F \cdot \Delta t \qquad M\Delta V = F \cdot \Delta t$$

となり、それぞれの物体に対する力積と運動量の関係になります。

ここで、前ページの図からわかるように、

$$\Delta v = v - v_0 \qquad \Delta V = V - 0$$

なので、これを代入して、

$$mv - mv_0 = -F \cdot \Delta t \qquad MV - M \cdot 0 = F \cdot \Delta t$$

となります。

これらの式を見ると、力の時間的効果（力積）によってそれぞれの物体の運動量が変化したことがわかりますね！

さて、上記の2式の和をとってみましょう。すると右辺は0となり、

$$(mv - mv_0) + (MV - M \cdot 0) = 0$$

と書くことができます。

この式は、運動量の変化は2物体についてトータルすると0であることを示しています。この式を書き換えて、

$$mv + MV = mv_0 + M \cdot 0$$

とすると、衝突後の2物体の運動量の和は、衝突前の運動量の和に等しいという式になります。

まさにこれが運動量保存則なのです。

では、運動量保存則の成立条件は何でしょう？

運動量保存則はいつでも成り立つわけではありません。いままでの式の導出過程に大きなヒントが隠されているのをお気づきでしょうか？

簡単にいってしまえば、一番最初の運動方程式（92ページ参照）にあるのです。

最初に立てた2つの運動方程式をもう一度書いてみましょう。

$$ma = -F \qquad MA = F$$

もうお気づきですね！　2式の和をとってみてください。

$$ma + MA = 0$$

となり、右辺が0になります。

これは、2物体に対して外から何ら力が働いておらず、互いに逆向きの同じ大きさの力しかなかったことを表わしています。すなわち、全体としては何も力が働かなかったのです。

何も力が働かなければ、全体として運動の激しさが変わるわけはありませんよね？　これが、「運動量保存則」なのです。言葉だけなら十分小学生でも理解できる内容ですね。

■ 跳ね返り係数

ある物質が床に衝突して跳ね返った現象を考えましょう。考えるといっても、スーパーボールと粘土でつくったボールでは随分と想像すべき現象が変わってきてしまいます。

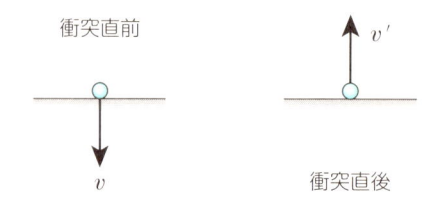

衝突直前　　　　　　　　　v'

v　　　　　　　　　　衝突直後

実は、衝突直前の速さ v と衝突直後の速さ v' の比はほぼ一定であることが実験で確かめられており、その値は、衝突する物質（ここでは、ボールと床）の材質で決まることがわかっています。

前ページの図において、**跳ね返り係数**（反発係数）を e とすると、

$$\frac{v'}{v} = e \quad (一定)$$

となります。この図でもわかるように、跳ね返り係数 e は、

$$0 \leq e \leq 1$$

の値をとることは当然であることがわかります。また、

$$e = 1 ; (完全) 弾性衝突$$
$$e \neq 1 ; 非弾性衝突$$
$$e = 0 ; 完全非弾性衝突$$

とそれぞれ呼んでいます。先の式は「速さ」で表現されていましたが、これを「速度」で表わすと、床との衝突では必ず逆向きに跳ね返るので、

$$\frac{v'}{v} = -e \quad (v' = -e \cdot v)$$

と書くことができます。

すなわち、跳ね返ったあとの速度 v' は元の速度 v と逆向きで大きさが e 倍となるということを示しています。

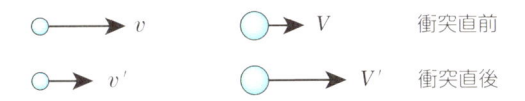

○ → v　　　　○ → V　　　衝突直前

○ → v'　　　　○ → V'　　　衝突直後

これを上図のように2物体の衝突に拡張すると、以下のようになります。

$$-e = \frac{v' - V'}{v - V}$$

この式は、衝突の前後で、相対速度が $-e$ 倍になることを示しています。衝突などでは、運動量保存則とこの跳ね返り係数の式を連立することで、

衝突後の物体の運動を解析することがよくあります（例題 11 を参照）。

また、跳ね返り係数 e が 1 に等しい（完全）弾性衝突のときは、衝突の前後で運動エネルギーが不変であることも確認しておきましょう。床との衝突で、速さが不変であることを考えれば、容易にわかりますね。

例題 11

摩擦のない水平面上に、質量 M の物体 A が静止している。ここに、左側から質量 m の物体 B が速度 v で正面衝突した場合を考える。衝突後の A、B の速度を v_A、v_B とし、2 物体の衝突における跳ね返り係数は e とする。

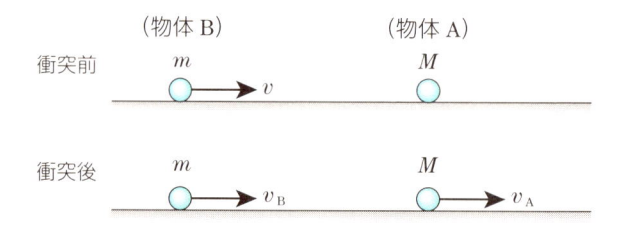

```
          （物体 B）        （物体 A）
              m              M
衝突前        ○──→ v         ○
                              
              m              M
衝突後        ○──→ v_B       ○──→ v_A
```

① 水平方向の運動量保存則を書きなさい。
② e、v、v_A、v_B の間に成立する式を書きなさい。
③ 上の①、②より v_A、v_B を M、m、e、v を用いて表わしなさい。
④ $e = 1$、$M = m$ のとき、どのような現象が起きるか、文章で説明（和訳）しなさい。
⑤ 衝突後、物体 B が跳ね返る条件を、m、M、e を用いて不等式で表わしなさい。

今度は、正面衝突ではなく斜衝突した場合を考える。衝突後、物体 A、B は次ページの図のように速さ v_A、v_B でそれぞれ入射方向に対して角 α、角 β をなす方向に移動した。

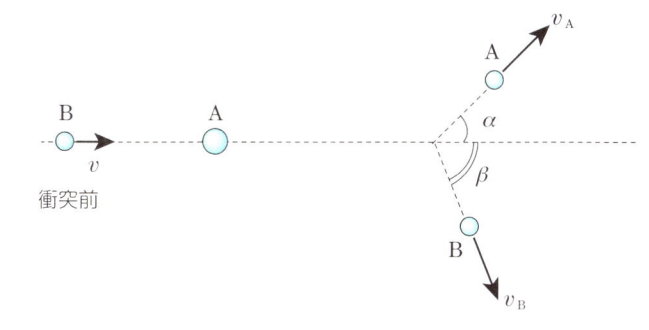

⑥ 入射方向に対する運動量保存則を書きなさい。
⑦ 入射方向に垂直な方向に対する運動量保存則を書きなさい。
⑧ この衝突が弾性衝突であったとする。このときに成立するエネルギー保存則を書きなさい。

衝突の瞬間、どんな力が働いているかをイメージして運動量保存則を立てよう

解 答

① $mv = mv_B + Mv_A$

② 跳ね返り係数の式より、
$$-e = \frac{v_B - v_A}{v - 0}$$

③ ②より、$-ev = v_B - v_A$ …………② $'$

②$'$式を m 倍して、$-mev = mv_B - mv_A$

これを①と連立し、$mv = mv_B + Mv_A$ を引いて、
$$\therefore v_A = \frac{(1+e)m}{M+m}v$$

また、②$'$式を M 倍して、$-Mev = Mv_B - Mv_A$

これを①と連立し、$mv = mv_B + Mv_A$ を加えて、
$$\therefore v_B = \frac{m-eM}{M+m}v$$

④ ③より、$e = 1$、$M = m$ とすると、$v_A = v$、$v_B = 0$ となり、速度の交換が起きる。

⑤ $v_B < 0$ となるためには、$m - eM < 0$ $\therefore m < eM$

(参考)
⑤より、$\dfrac{m}{M} < e$
ここで $0 \leqq e \leqq 1$ であるから、$\dfrac{m}{M} < e \leqq 1$
これが成立するためには $m < M$ となる

⑥ $mv = mv_B \cos\beta + Mv_A \cos\alpha$

⑦ $0 = mv_B \sin\beta - Mv_A \sin\alpha$

⑧ $\dfrac{1}{2}mv^2 = \dfrac{1}{2}mv_B^2 + \dfrac{1}{2}Mv_A^2$

運動量はベクトル量であることに注意。衝突の前後の図を必ず描いて確認しよう

第12講

円運動
円運動の3つの式、遠心力

円運動はわれわれにとって身近な運動です。

遊園地に行くと、回転する乗り物がたくさんあります。限られた敷地の中で何か動くものに乗って遊ぼうとすると、回転する乗り物が増えるのは至極当然といえます。

この円運動にはどのような物理が隠されているのでしょうか？ まずは、最も簡単な等速円運動から考えてみましょう。

■ 円運動の速さの式

速さ v、角速度 ω（1秒間に進む角度を意味する）、半径 r の等速円運動を考えます。

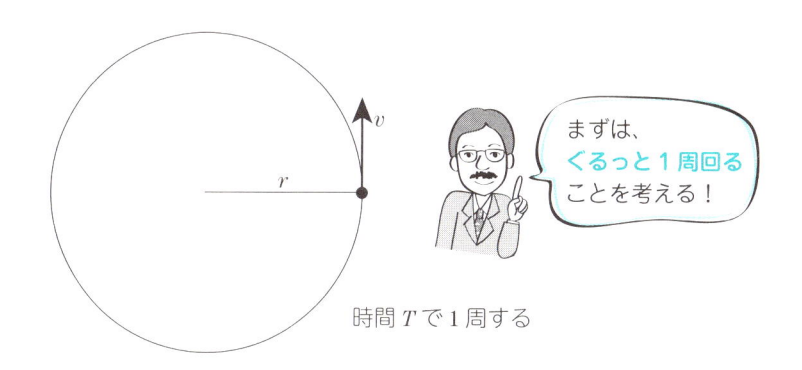

時間 T で1周する

まずは、**くるっと1周回る**ことを考える！

ぐるっと1周回ったときのことを考えましょう。

このときに要する時間（周期）を T とすると、円周が $2\pi r$、回転角が 2π なので、

$$2\pi r = vT \qquad 2\pi = \omega T$$

が成立します。もちろん、これらの式は「**ぐるっと1周回る**」という意味を持ちます。

ここで、この2式を互いに割り算すると、

$$\frac{2\pi r}{2\pi} = \frac{vT}{\omega T} \quad \therefore \quad r = \frac{v}{\omega} \quad \therefore \quad v = r\omega$$

が得られます。

この式は何を意味するのでしょう？

それぞれの式から、2π と T が割り算することで消去されました。2π、T いずれも「ぐるっと1周」という意味を持つ量なので、これらが消去されたということは、$v = r\omega$ は「回る」という意味であることがわかります。

「ぐるっと1周」回らなくても、瞬間的な円運動でも、この式は成立することになるのです。

■ 円運動の加速度の式

等速円運動する物体が、非常に短い時間 Δt の間に $\Delta \theta$ だけ回転したと仮定します。

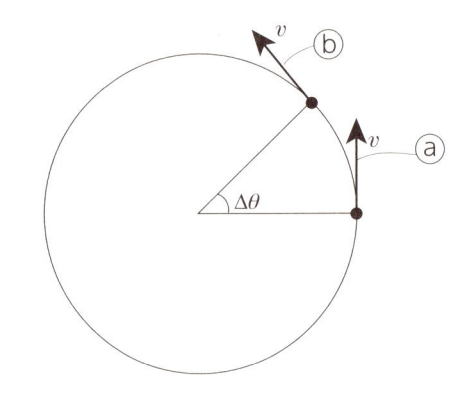

円運動の角速度を ω とすると、

$$\Delta \theta = \omega \Delta t$$

が成立しています。

ここで、速度の変化を考えてみましょう。速度ベクトルを移動させて考えると、次ページの図のようになり、速度の変化 Δv は図の色のついた矢印になります。

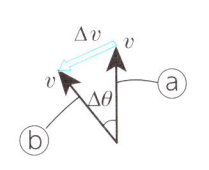

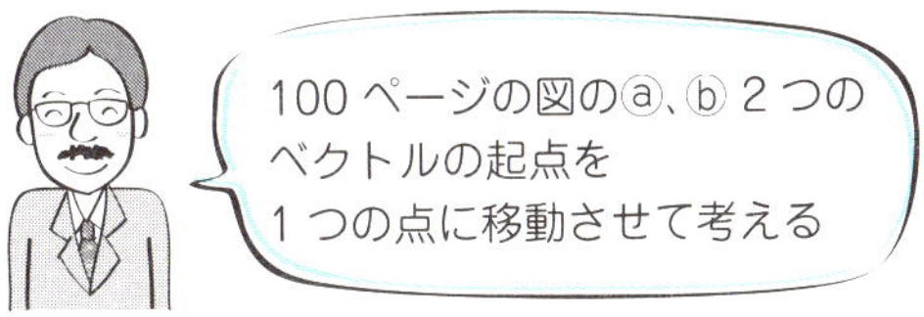

100ページの図の ⓐ、ⓑ 2つのベクトルの起点を1つの点に移動させて考える

この図からもわかるように、$\Delta v = v\Delta\theta$ が成立します。円弧の長さは（半径）×（角度）で表わされるので、当然ですよね！

ここで、加速度は、その定義から、

$$a = \frac{\Delta v}{\Delta t} = \frac{v \cdot \Delta\theta}{\Delta t} = v\omega$$

となるのです。

また、この加速度は円の中心方向を向いていることがわかります。

ここで、「円運動の速さの式」より、$v = r\omega$ が成立しますから、加速度 a は、

$$a = v\omega = r\omega^2 = \frac{v^2}{r}$$

と表わすことができるのです。

■ 円運動の運動方程式

まずは、円運動の運動方程式について議論しましょう。

糸の先に付けた質量 m の物体が、なめらかな水平面内で速さ v、半径 r の等速円運動している場合を考えます。

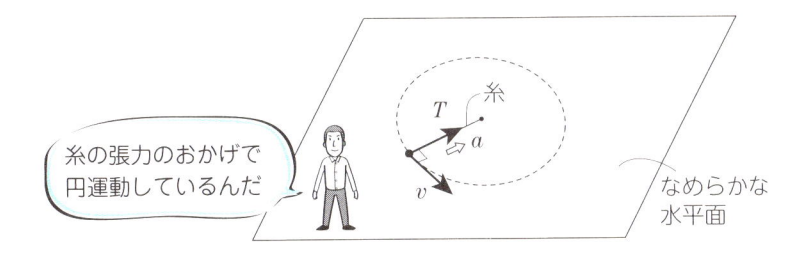

糸の張力のおかげで円運動しているんだ

この物体に円運動させている力は、まぎれもなく糸の張力です。糸がなければ、円運動なんてしませんからね。

また、円運動の加速度は、円の中心方向に向いているから、生じた加速度は、この糸の張力が原因であることがわかります。

加速度の大きさを a とすると、運動方程式は、円の中心方向を正として、

$$ma = T \qquad a = \frac{v^2}{r}$$

となります。この式を和訳するとこうなります。

質量 m の物体を円運動させたのは、糸の張力 T であるが、円運動なので加速度 a は特別に、$\frac{v^2}{r}$ と書くことができる

まさに、これが円運動の運動方程式なのです。そんなにむずかしくないですよね！

大切なのは、**円の中心方向に加速度が存在するということと、その加速度の大きさが、特別な表記を持つ**ということだけです。それ以外は、第4講の運動方程式が理解できていれば、何の問題もありません。

■ 遠心力

さて次に、この運動方程式に関連して、遠心力の話をしましょう。遠心力は、日常生活の中でも時々耳にする単語ですよね。

遠心力とはいってもむずかしく考える必要はありません。**ただの慣性力**のことです。

遊園地でぐるぐる回る乗り物に乗ると、遠心力を感じますね。もちろん、遠心力とは読んで字のごとく、**中心から遠ざかる向きに働く力**ですよ。

でも、ぐるぐる回る乗り物に乗っていないときは当然感じません。これが慣性力の大きな特徴でしたね（第5講を参照）。遠心力は、ぐるぐる回るものに乗っている観測者だけが感じることのできる力なのです。もちろん慣性力ですから、第5講で学んだように、**力の向きは、加速度の向きと逆向きで（すなわち、中心から遠ざかる向きで）、大きさは ma** ということになります。

●第12講　円運動●

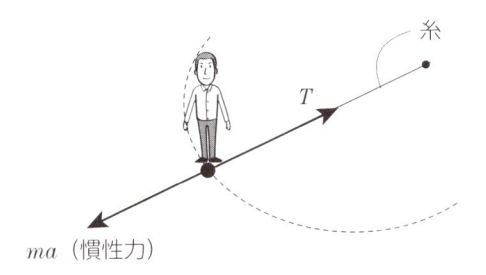

上図のように、観測者（もちろん質量などは考えない）を、回転する物体の上に乗せて考えてみます。

この観測者がこの物体を見ると、物体には糸の張力 T に加えて、遠心力 ma が観測されます。

しかし、この観測者から見ると、物体は、半径方向には移動していません。半径方向には静止して見えるので、力のつり合いより、

$$T = ma \qquad a = \frac{v^2}{r}$$

が成立することになります。この式を和訳するとこうです。

物体に働く糸の張力 T と遠心力 ma がつり合って、物体は半径方向には移動しない。ただし、円運動なので加速度 a は特別に $\dfrac{v^2}{r}$ と書くことができる

となります。

もうお気づきだとは思いますが、この力のつり合いの式は、先に立てた運動方程式と数学的には同じ式ですよね。

1つの現象ですから当然なのですが、観測者の位置によって物理的意味は異なってきます。しっかりと理解しておきましょう。

例題 12

(1) 質量 m の物体に糸を取り付け、なめらかな水平面上で半径 r の円運動をさせた。1秒間に n 回転するとき、次の問いに答えなさい。

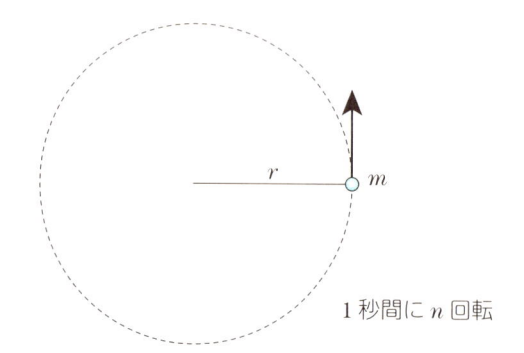

1秒間に n 回転

① 物体の角速度を求めなさい。
② 物体の速さを求めなさい。
③ 物体の加速度の大きさを求めなさい。
④ 糸の張力を求めなさい。

(2) 以下の図のような半頂角 θ、糸の長さ L、おもりの質量 m の円錐振り子がある。重力加速度の大きさを g として、次の問いに答えなさい。

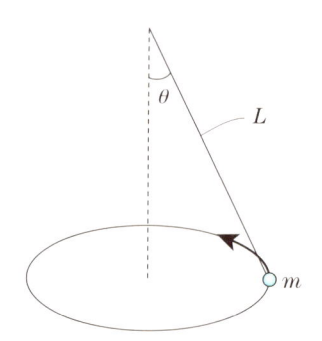

① 糸の張力の大きさ T を、m、g、θ だけを用いて表わしなさい。
② 円運動の加速度の大きさを a として、運動方程式を書きなさい。ただし、糸の張力の大きさ T を用いてよいものとする。
③ 加速度 a を、L、θ、および角速度 ω を用いて表わしなさい。
④ 上の①〜③の結果を用いて、円運動の角速度 ω を L、θ、g だけを用いて表わしなさい。

> 円運動では
> 常に円の中心方向に
> 加速度が存在していることを
> 忘れずに！

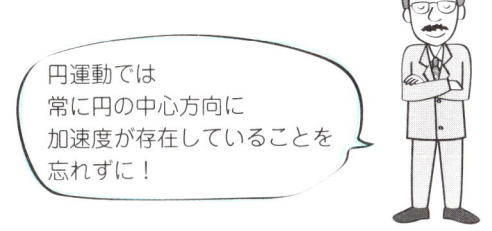

解 答

(1)

① 1秒間に n 回転ということは、1秒間に $2\pi n$ [rad] 回転することであるから、

$$\omega = \boldsymbol{2\pi n}$$

> 360 [度]
> $= 2\pi$ [rad]

② $v = r\omega = \boldsymbol{2\pi n r}$

③ $a = \dfrac{v^2}{r} = \boldsymbol{4\pi^2 n^2 r}$

④ 運動方程式は、$ma = T$

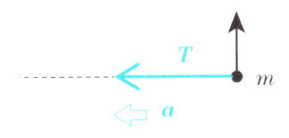

∴ $T = ma = \boldsymbol{4\pi^2 n^2 m r}$

(2)

① 垂直方向の力のつり合いより、

$$T\cos\theta = mg \quad \therefore \quad T = \frac{mg}{\cos\theta}$$

② 図より、運動方程式は

$$ma = T\sin\theta$$

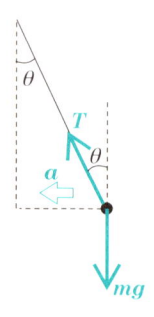

③ $a = r\omega^2$、ここで半径 r は、$r = L\sin\theta$

$$\therefore \quad a = L\sin\theta \cdot \omega^2$$

④ ②、③より、

$$mL\sin\theta \cdot \omega^2 = T\sin\theta$$

①より、

$$mL\omega^2 = \frac{mg}{\cos\theta}$$

$$\therefore \quad \omega = \sqrt{\frac{g}{L\cos\theta}}$$

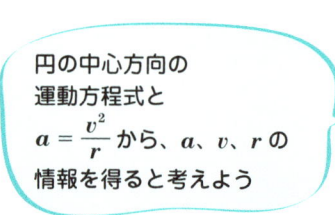

> 円の中心方向の運動方程式と $a = \dfrac{v^2}{r}$ から、a、v、r の情報を得ると考えよう

第13講

引力と天体の運動
ケプラーの法則、万有引力の法則

1章 力学

　天体の運行については、古代ギリシャ時代からさまざまな形で研究されてきました。

　地動説も天動説も、古代から元々あったものですが、確たる証拠をつかむことができずにいました。

　しかし、ケプラーやニュートンらの手によって、それらが次第に明らかになっていったのです。

■ ケプラーの法則

ケプラーの法則には、以下の3つがあります。

第一法則	惑星は、太陽を1つの焦点とする楕円軌道を描く
第二法則	惑星と太陽を結ぶ線分が単位時間に描く面積（面積速度）は一定である
第三法則	惑星の公転周期 T と楕円軌道の長半径 a の間には、$T^2 = k \cdot a^3$ が成立する（k は比例定数）

それぞれ解説しましょう。

まず、第一法則からです。

　古代から、天体の運動は、円運動であると思い込まれてきました。誰も確認したことがないのに、円運動に疑いを持つ人はなかなか現われませんでした。

　ケプラーは、火星の軌道を研究することで、惑星の運動は、円ではなく楕円の軌道であることを発見したのです。

　そして、その楕円は、太陽を1つの焦点とした軌道であることに気づいたのです。

第二法則は、**面積速度一定の法則**とも呼ばれることもあります。以下の図を見てください。

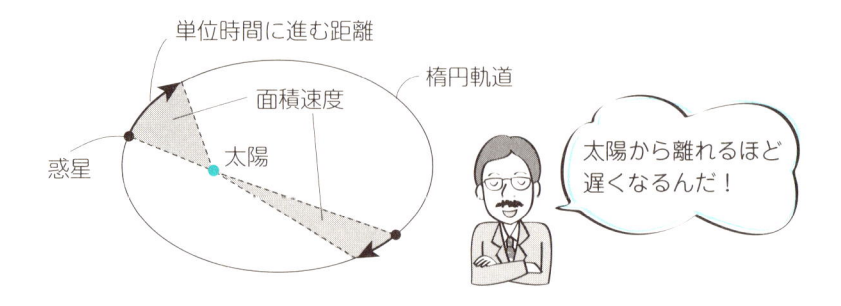

単位時間に進む距離
楕円軌道
面積速度
惑星
太陽

太陽から離れるほど遅くなるんだ！

どの地点においても、常に面積速度が一定になるように惑星は運動しています。このように考えると、太陽に近づくと惑星の速さは早くなり、逆に遠ざかると遅くなることがわかります。

最後に第三法則ですが、以下の図を見てください。

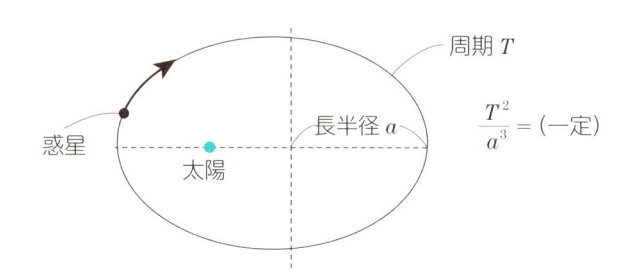

周期 T
長半径 a
惑星
太陽

$$\frac{T^2}{a^3} = (一定)$$

長半径とは、楕円の長いほうの径の半分の長さをいいます。この法則は、$\frac{T^2}{a^3} =$ **（一定）**と表現される場合もあります。

ケプラーは、師匠の**ティコ・ブラーエ**が残した膨大なデータを処理することにより、これらの3つの法則を導き出しました。

これらの法則は、それまで円運動（または円運動の組み合わせ）を疑いもしなかった当時の科学者たちにとっては衝撃的なものでした。

しかし、ケプラーの研究が後のニュートンの万有引力の研究に大きな影響を与えたことは、いうまでもありません。

■ 万有引力の法則

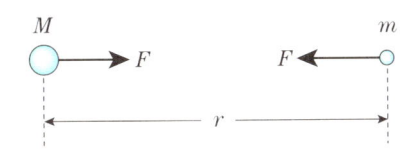

質量 M [kg]、m [kg] の 2 物体が距離 r [m] 離れて存在するとき、この 2 物体間には互いに引力が働き、その大きさは、質量に比例し、距離の 2 乗に反比例する。すなわち、G を比例定数として、

$$F = G \cdot \frac{Mm}{r^2} \text{ [N]}$$

と書くことができる。G は万有引力定数と呼ばれ、単位は [Nm²/kg²] である。

上記が万有引力の法則です。

万有引力は、すべての質量のあるもの同士に働いています。

しかし、たとえば人と人の間に働く万有引力は非常に弱く、感じることはできません。人と人では互いの質量が小さすぎて、力 F を感じないのです。

言い換えれば、G が非常に小さく、感じ取ることができないのです。

ところが、人と地球となれば話は別です。G が小さくても地球の質量が非常に大きいので、人は地球からの万有引力、すなわち重力を感じ取ることができるのです。

この万有引力の法則と、ケプラーの第三法則および運動方程式との関係を調べてみましょう。

話を簡単にするため、惑星の運動は円運動に近似して議論します。

次ページの図を見てください。

質量 M の太陽の周りを質量 m の惑星が半径 r、角速度 ω で円運動しているとします。

加速度の向きは円の中心方向だよ！

このとき、惑星の運動方程式は、

$$ma = F \quad a = r\omega^2 \quad \therefore \quad mr\omega^2 = F$$

ここで、運動の周期を T とすると、

$$T = \frac{2\pi}{\omega}$$

なので、

$$\omega^2 = \frac{4\pi^2}{T^2}$$

これを代入すると、

$$mr \cdot \frac{4\pi^2}{T^2} = F$$

さらに、ケプラーの第三法則を用いて、

$$T^2 = kr^3$$

ですから、

$$mr \cdot \frac{4\pi^2}{kr^3} = F \quad \therefore \quad F = \frac{4\pi^2}{k} \times \frac{m}{r^2}$$

となります。

これは、万有引力が、質量 m に比例し、距離 r の2乗に反比例することを示しています。

質量 m 側から質量 M を観測すれば、今度は、質量 M に比例し、距離の r の 2 乗に反比例する式が得られるはずです。

このようにして、運動方程式とケプラーの第 3 法則より、万有引力の法則を導き出すことができるのです。

■ 万有引力による位置エネルギー

万有引力が見つかったので、重力のときと同じように位置エネルギーを考えましょう。万有引力の距離的効果を考えればよいのです。

話を簡単にするために、結論から書くことにします。

質量 M [kg] の物体から距離 r [m] だけ離れた位置に質量 m [kg] の物体があるとき、この物体が持つ万有引力による位置エネルギー U [J] は、

$$U = -G \cdot \frac{Mm}{r}$$

と書くことができる。ただし、位置エネルギーの基準は無限遠とする。

ちなみに、無限遠とは、十分に遠く離れた点のことを意味します。ここでは r を無限大とすると $U = 0$ となり、位置エネルギーの基準になるのです。

上記の表記は、万有引力を r で積分しただけであるとお気づきの方も多いと思います。もちろん、距離的効果を考えるのですからそれでよいのですが、より深くまで理解しておきましょう。

「単に積分すればよい」では、物理ではありませんからね。

まず、「位置エネルギーの基準は無限遠」とはどういうことなのでしょうか？

位置エネルギーの基準は、やはり位置エネルギー U がゼロとなる位置に選ぶべきでしょう。

ここで U がゼロになるときの r は、その式表記から当然 r が ∞（無限大）のときということになります。

したがって、無限遠を基準とするのです。

さて、無限遠を基準としたときに重要になるのが、U が負であるということです。

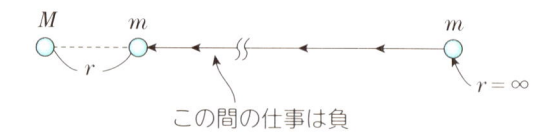

この間の仕事は負

$r = \infty$ の位置から $r = r$ の位置まで、質量 m の物体を移動させるのに要する仕事は負ですね。（引力が働いているから）仕事をした結果として位置エネルギーを持つのですから、U も負となるのです。

例題13

(1) 質量 M、半径 R のある惑星から地面水平方向に質量 m のロケットをある初速で打ち上げることを考える。惑星は球体で大気などはないものとする。また、万有引力定数を G とする。次の問いに答えなさい。

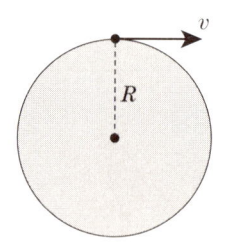

① このロケットが地面すれすれに円運動する場合を考える。ロケットの加速度の大きさを a として、ロケットの運動方程式を書きなさい。

② 上の①のとき、ロケットの速さ v_1 を求めなさい。

③ 次に、このロケットをはるか無限遠まで到達させることを考える。このときのロケットの初速を v とするとき、打ち上げるとき

のロケットの全力学的エネルギー E はいくらか？

④ 先の③のとき、最小の v を v_2 と置く。v_2 を求めなさい。

(2) 質量 M のある恒星から距離 r の点（近地点）で速さ v_A、距離 $2r$ の点（遠地点）で速さ v_B の楕円軌道を運動する惑星（質量 m）について考える。万有引力定数を G とする。

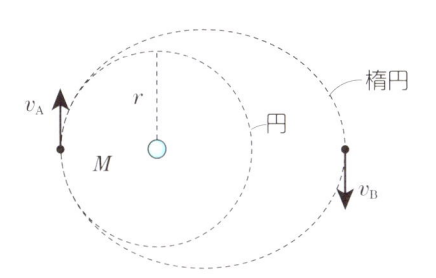

① ケプラーの第二法則より、v_A と v_B の関係を求めなさい。

② 上の①とエネルギー保存則を用いて、v_A、v_B を求めなさい。

③ 上の図の円軌道の周期を T とする。ケプラーの第三法則より、楕円軌道を運動するときの周期 T' を、T を含む式で求めなさい。

向心力は常に万有引力が担っていると考えて運動方程式を立てよう

解答

(1)
① 加速度の向きは円運動の中心方向なので、

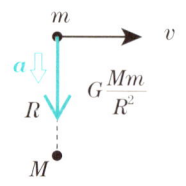

```
       m●────▶ v
       a⇓   G(Mm/R²)
     R │
       │
       ●
       M
```

図より、運動方程式は

$$ma = G\frac{Mm}{R^2}$$

② ①において、$a = \dfrac{v_1{}^2}{R}$ と置いて、

$$m\frac{v_1{}^2}{R} = G\frac{Mm}{R^2} \quad \therefore \quad v_1 = \sqrt{\frac{GM}{R}}$$

③ 運動エネルギーと位置エネルギーの和が力学的エネルギーであるから、

$$E = \frac{1}{2}mv^2 + \left(-G\frac{Mm}{R}\right)$$

④ 無限遠でロケットが止まるときの v が v_2 に相当する。無限遠での位置エネルギーは 0 であるから、③より、

$$\frac{1}{2}mv_2{}^2 + \left(-G\frac{Mm}{R}\right) = 0 + 0 \quad \therefore \quad v_2 = \sqrt{\frac{2GM}{R}}$$

(2)
① ケプラーの第二法則より、

$$\frac{1}{2}rv_A = \frac{1}{2}2r \cdot v_B \quad \therefore \quad v_A = 2v_B$$

② エネルギー保存則より、

$$\frac{1}{2}mv_A^2 + \left(-G\frac{Mm}{r}\right) = \frac{1}{2}mv_B^2 + \left(-G\frac{Mm}{2r}\right)$$

$$\therefore \quad v_A^2 - v_B^2 = 2GM\left(\frac{1}{r} - \frac{1}{2r}\right)$$

$v_A = 2v_B$ を代入して、

$$v_B = \sqrt{\frac{GM}{3r}} \qquad v_A = 2\sqrt{\frac{GM}{3r}}$$

③ ケプラーの第三法則より、

$$\frac{T^2}{r^3} = \frac{T'^2}{\left(\dfrac{r+2r}{2}\right)^3} \qquad \therefore \quad T' = \sqrt{\frac{27}{8}} \cdot T$$

> 天体の運動では
> 常にケプラーの3つの法則を
> 念頭に置いて考えよう！

第14講

単振動
円運動との関係、単振動の加速度

バネの先端におもりをつけてぶら下げ、つり合いの位置から、たとえば下向きに初速を与えると、物体は振動を始めます。この振動が、理想的なものであれば（空気の抵抗などが無視でき、振幅が減衰しない振動であれば）、単振動と呼ばれます。

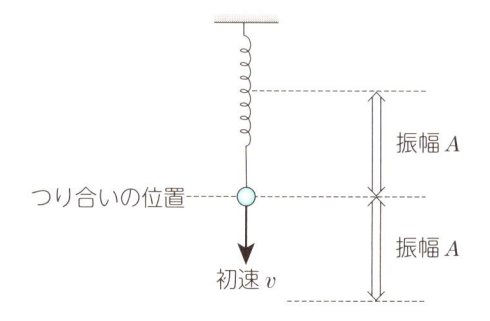

単振動はつり合いの位置を振動中心とし、振動中心から物体がいったん停止するまでの距離を振幅といいます。

■ 円運動との関係

高校課程での単振動は、円運動から導き出します。等速円運動の「正射影」（光を当てたときの影の動き）として考えます。

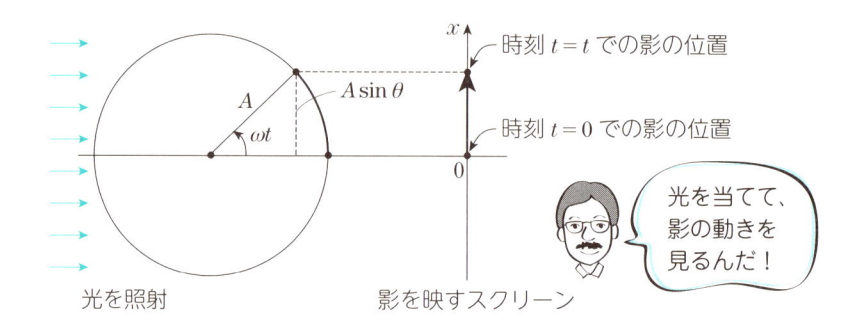

まず、変位 x から考えます。角速度 ω、半径 A で等速円運動する物体の影の動きを表わしてみましょう。

影を映すスクリーンに、前ページの図のように x 軸をとると、任意の時刻 t における物体の x 座標は、

$$x(t) = A\sin\omega t \quad \cdots\cdots (a)式$$

と書くことができます。

さらに、単振動の速度 v は、以下のようにして求められます。

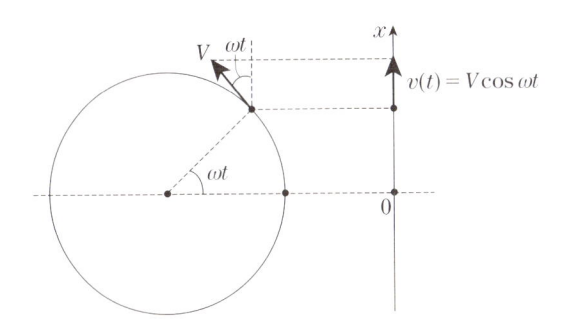

V で円運動する物体の V ベクトルをそのまま射影すると、上図より、

$$v(t) = V\cos\omega t$$

ここで、V は円運動の速さであるから、$V = A\omega$ が成立するので、

$$v(t) = A\omega\cos\omega t \quad \cdots\cdots (b)式$$

と書くことができます。

また、単振動の加速度 a も、同様に求めることができます。

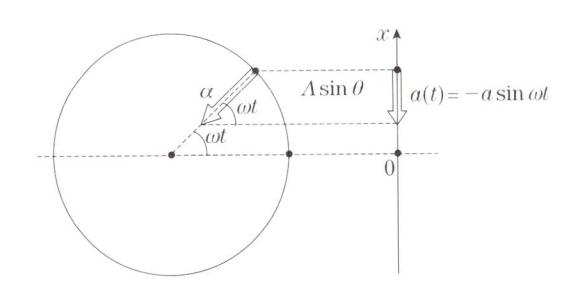

加速度 α で円運動する物体の α ベクトルをそのまま射影します。加速度 α は、円の中心方向を向いていることに注意してください。前の図より、

$$a(t) = -\alpha \sin\omega t$$

となります。ここで、α は円運動の加速度ですから、$\alpha = A\omega^2$ が成立します。よって、

$$a(t) = A\omega^2 \sin\omega t \quad \cdots\cdots\cdots\text{(c)式}$$

と書けることがわかります。

ここまで、すべて幾何学（射影による図形的処理）で求めましたが、もちろん速度、加速度の定義から、$x = A\sin\omega t$ のとき、

$$v(t) = \frac{dx}{dt} = A\omega\cos\omega t$$

$$a(t) = \frac{dv}{dt} = -A\omega^2 \sin\omega t$$

となり、(b)式、(c)式と一致します。

■ 単振動の運動方程式

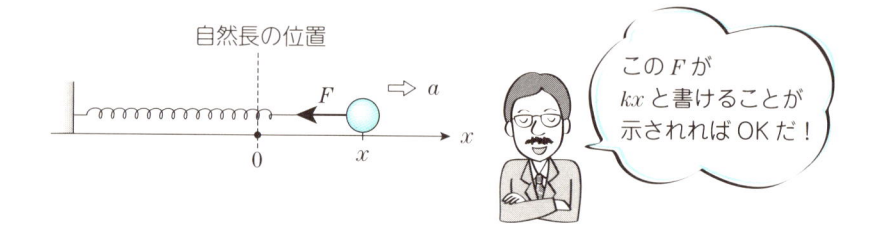

> この F が kx と書けることが示されれば OK だ！

上図のように、なめらかな床の上に、質量 m の物体をバネに取り付けて単振動させた場合を考えましょう。

バネの自然長の位置を x 軸の原点とし、x 軸正方向を右向きに決めます。この図より、任意の位置における物体の運動方程式は、

$$ma = -F$$

となります。

ここで、117～118ページの結果を利用してみましょう。(a)式、(c)式を比較してみます。

$$x(t) = A\sin\omega t \quad \cdots\cdots\cdots (a)式$$
$$a(t) = -A\omega^2 \sin\omega t \quad \cdots\cdots\cdots (c)式$$

2式より、加速度 a は以下のように変形できます。

$$a = -A\omega^2 \sin\omega t = -\omega^2 \cdot A\sin\omega t$$
$$= -\omega^2 \cdot x$$

これを、先の運動方程式 $ma = -F$ に代入すると、

$$m(-\omega^2 \cdot x) = -F$$

となり、$F = m\omega^2 \cdot x$ と書くことができます。

ここで、$m\omega^2$ は定数なので、これを k と置き換えると、

$$F = kx \quad (k = m\omega^2)$$

となり、実験式であるフックの法則（70ページ参照）が成立していることがわかります。

以上より、等速円運動の射影が単振動であるということが実証されたことになります。さらに、単振動の運動方程式は、

$$ma = -kx \qquad a = -\omega^2 \cdot x$$

と書けることがわかります。

■ 単振動の周期

これまでの議論でもわかるように、単振動の周期は、円運動の周期に等しいはずです。

したがって、$k = m\omega^2$ より、

$$\omega = \sqrt{\frac{k}{m}}$$

ですから、求める周期は、

$$T = \frac{2\pi}{\omega} = 2\pi\sqrt{\frac{m}{k}}$$

となることがわかります。

例題 14

(1) なめらかな床上に、一端を固定したバネの先に質量 m の物体を取り付け、自然長の位置で静止させた。物体の大きさは無視できるものとする。この物体の位置を x 座標の原点とする。ここで、物体に座標正方向に初速度 v を与えたとき（このときの時刻を $t = 0$ とする）の単振動について考える。バネのバネ定数を k として、次の問いに答えなさい。

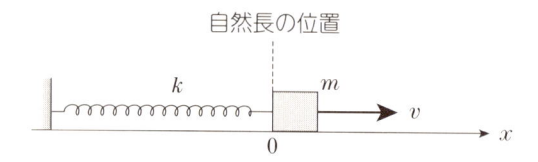

① 運動方程式から、角振動数（円運動における角速度）ω を k と m で表わしなさい。
② エネルギー保存則から、単振動の振幅を求めなさい。
③ 任意の時刻 t における物体の座標 x を求めなさい。
④ 任意の時刻 t における物体の速度 v を求めなさい。
⑤ 任意の時刻 t における物体の加速度 a を求めなさい。

(2) 次ページの図のような鉛直バネにおいて、つり合いの位置を原点 O とする x 軸を定める。原点 O より x 正方向に、距離 A だけ伸ばし、静かに手を放した。このときの時刻を $t = 0$ として、次の問いに答えなさい。

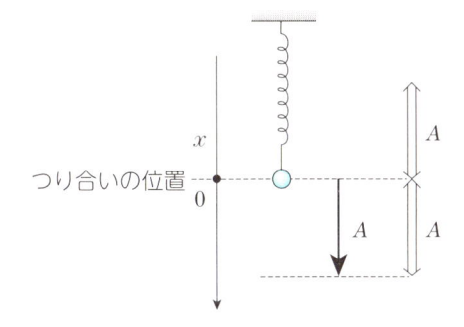

① 運動方程式から、角振動数 ω が(1)①と同じであることを示しなさい。
② 任意の時刻 t における物体の座標 x を求めなさい。

いつも円運動の射影をイメージして単振動を観察するように心がけよう！

解 答

(1)
① 運動方程式より、

$$ma = -kx \qquad a = -\omega^2 \cdot x$$

$$\therefore \ m\omega^2 x = kx \qquad \therefore \ \omega = \sqrt{\frac{k}{m}}$$

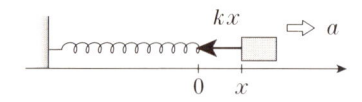

② エネルギー保存則より、振幅を A とすると、

$$\frac{1}{2}mv_0^2 = \frac{1}{2}kA^2 \qquad \therefore \ A = v_0\sqrt{\frac{m}{k}}$$

③ 図より、

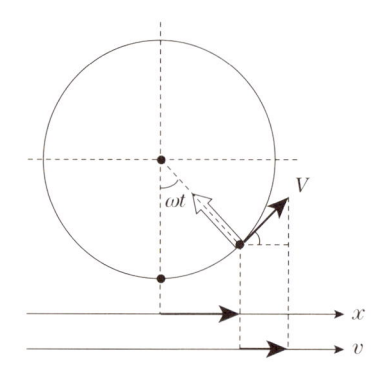

$$x = A\sin\omega t = v_0\sqrt{\frac{m}{k}} \cdot \sin\sqrt{\frac{k}{m}}t$$

④ ③の図より、

$$v = V\cos\omega t = A\omega \cdot \cos\omega t$$

$$= v_0\cos\sqrt{\frac{k}{m}}t$$

⑤　$a = -\omega^2 \cdot x = -v_0 \sqrt{\dfrac{k}{m}} \cdot \sin\sqrt{\dfrac{k}{m}}\, t$

(2)
① 任意の位置での運動方程式は、自然長からつり合いまでの距離を x_0 として、

$$ma = -k(x + x_0) + mg$$

ここで、力のつり合いより、

$$kx_0 = mg \quad \therefore \quad ma = -kx \quad a = -\omega^2 \cdot x$$

であるから、(1)①と同じになる。

$$\left(\omega = \sqrt{\dfrac{k}{m}}\right)$$

② 図のような振動となるので、

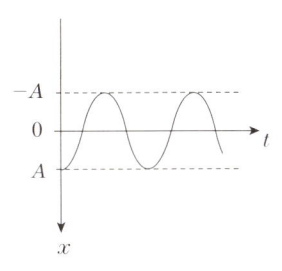

$$x = -A\cos\omega t = -A\cos\sqrt{\dfrac{k}{m}}\, t$$

振動の様子をイメージし、加速度は軸の正方向に仮定して考えるようにしよう！！

第 2 章
電磁気学

　高校物理で扱う「電磁気学」では、大きく分けて2つのことを学びます。1つは「場」です。電場と磁場をどのように数式で表わすかが大切なテーマになります。もう1つは「回路」です。抵抗、コンデンサーを中心に直流回路、交流回路、電気振動回路などを学びます。

　本章を理解するためには、この疑問に的確に答えられることが必要です。さらに、

・電場とは？
・磁場とは？
・コンデンサーとは？
・磁束密度とは？

……物理用語は大変重要です。それを知っているだけではなく、なぜそのような物理量を定義しなければならないのかも、同時に考えていきましょう。

第1講	クーロンの法則	第7講	ジュール熱と抵抗回路
第2講	電場と電位	第8講	電流と磁場
第3講	ガウスの法則	第9講	ファラデーの電磁誘導の法則
第4講	コンデンサー	第10講	荷電粒子の運動
第5講	コンデンサーのエネルギー・回路	第11講	交流回路
第6講	オーム抵抗と非オーム抵抗	第12講	電気振動

第1講
クーロンの法則
クーロン力、クーロン力による位置エネルギー

電磁気学でまず最初に学ぶのがクーロンの法則です。クーロンは、電磁気の世界で初めて実験式を見つけ出した人です。

もちろん、クーロンが登場する前から、電磁気の研究は行なわれていました。琥珀を布で磨くときに埃が吸い寄せられる現象（静電気による）や雷（放電）などがそれに当たります。

しかし、具体的にどのように式で表わすのかは未知でした。

さっそくクーロンの法則から説明していきましょう。

■ クーロンの法則

まずは、点電荷の説明から入ります。

点電荷とは、体積を無視できる小物体が電気を帯びている状態（帯電しているという）をいいます。電荷とは、電気を帯びているものまたはその電気の量を表わすのに用いられる言葉です。

電気の帯電量の記号は Q や q で表わすのが一般的です。単位は [C] で表わします。

また、実験により（経験的にご存じの方は多いと思いますが）、正の電荷同士または負の電荷同士は互いに反発し、正の電荷と負の電荷は互いに引き合うことがわかっています。

これらの反発力（斥力ともいう）や引力の大きさを求めたものが「クーロンの法則」なのです。

帯電量の大きさが Q [C]、q [C] の2つの点電荷が距離 r [m] だけ離れて置かれているとき、互いの点電荷には力が働き、その力の大きさは、帯電量に比例し、距離の2乗に反比例する。
比例定数を k として、

$$F = k \cdot \frac{Qq}{r^2}$$

と書くことができる。
ここで、電気量が互いに同符号のときは反発力、異符号のときは引力となる。

この内容を図で表わすと、以下のようになります。

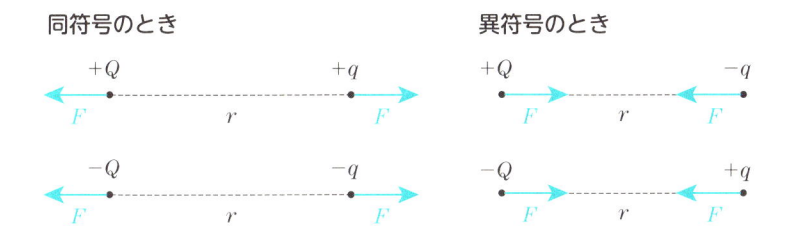

同符号のとき

$+Q$ ←——————→ $+q$
F 　　r 　　 F

$-Q$ ←——————→ $-q$
F 　　r 　　 F

異符号のとき

$+Q$ →——————← $-q$
F 　　r 　　 F

$-Q$ →——————← $+q$
F 　　r 　　 F

上図を見てもわかるように、高校課程では、クーロン力 F の大きさと向きは別々に考えます。ですから、クーロンの法則の Q、q はあくまでも電気量の大きさであることに注意してください。

簡単な例を挙げて考えましょう。

xy 平面座標を考えます。原点に $+Q$、$(a, 0)$ に $+q$、(a, a) に $-Q$ の電荷を固定します。

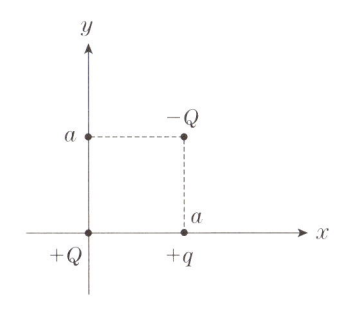

$(a, 0)$ にある $+q$ の点電荷が受ける力の大きさを考えましょう。

まずは、原点の $+Q$ から受ける力の大きさと向きは、

$$F_1 = k \cdot \frac{Qq}{a^2} \qquad +x \text{ 方向（反発力）}$$

一方、(a, a) にある $-Q$ から受ける力の大きさと向きは、

$$F_2 = k \cdot \frac{Qq}{a^2} \qquad +y \text{ 方向（引力）}$$

これより、以下の図のようになります。

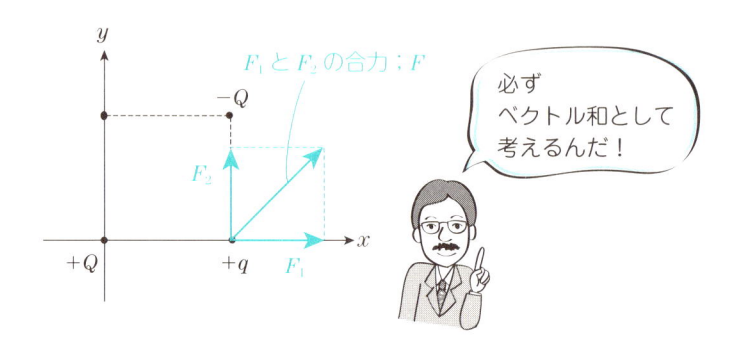

必ずベクトル和として考えるんだ！

上図および三平方の定理より、

$$F = \sqrt{F_1^2 + F_2^2} = \sqrt{2} \cdot k \cdot \frac{Qq}{a^2}$$

となります。

大きさと向きは必ず別々に考え、合力が必要なときにはベクトル図を描いて求めます。

■ クーロン力による位置エネルギー

ここまでの説明でお気づきの方もいらっしゃるのではないでしょうか？
クーロンの法則は、式の形が万有引力の法則にそっくりですよね。

太陽と地球の間に働く力と、電荷同士に働く力の式の形が同じであるということは非常に興味深いことですね。

さて、万有引力のところでも学んだように（109 ページ参照）、万有引力と万有引力による位置エネルギーは次のように書くことができました。

万有引力の法則 $F = G \cdot \dfrac{Mm}{r^2}$

万有引力による位置エネルギー $U = -G \cdot \dfrac{Mm}{r}$

では、クーロンの法則ではどのようになるでしょうか？

単に文字を変えただけではダメですよ。なぜなら、万有引力は読んで字のごとく引力しか存在しませんが、クーロンの法則では引力の場合もあれば反発力の場合もあります。

引力の場合は、万有引力と同様に、

$$F = k \cdot \dfrac{Qq}{r^2} \qquad U = -k \cdot \dfrac{Qq}{r}$$

でよいのですが、反発力の場合は、力の向きが引力のときと逆向きになるので、

$$F = k \cdot \dfrac{Qq}{r^2} \qquad U = k \cdot \dfrac{Qq}{r}$$

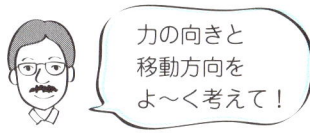

となります。

力の向きと移動方向をよ〜く考えて！

力の向きが逆になれば、無限遠から電荷を運ぶときの仕事の符号も変わりますからね。

さて、この2つの式を1つの式で表わすことはできないでしょうか？

まず、クーロン力による位置エネルギー U を、

$$U = k \cdot \dfrac{Qq}{r}$$

と決めましょう。

この式は、反発力のときの式なので、$+Q$ と $+q$ または $-Q$ と $-q$ のときです。

引力の場合は、U が負とならなければなりませんが、これは $-Q$ と $+q$ または $+Q$ と $-q$ のときです。

したがって、クーロン力のときと違って、Q、q を代入するときは符号を含めて代入すればよいことがわかります。すなわち、以下のようにすれば

よいのです。

〈反発力の場合〉
$$U = k \cdot \frac{(+Q)(+q)}{r} = k \cdot \frac{(-Q)(-q)}{r} = k \cdot \frac{Qq}{r}$$

〈引力の場合〉
$$U = k \cdot \frac{(+Q)(-q)}{r} = k \cdot \frac{(-Q)(+q)}{r} = -k \cdot \frac{Qq}{r}$$

このことをまとめると、以下のようになります。

クーロンの法則

力の大きさ　　$F = k \cdot \dfrac{Qq}{r^2}$　（Q、q は大きさを代入）

力の向き　　同符号；反発力　　異符号；引力

位置エネルギー　$U = k \cdot \dfrac{Qq}{r}$　（Q、q は符号を含めて代入）

位置エネルギーの基準；無限遠　（$r = \infty$）

例題 1

(1) 質量が m で帯電量が $+Q$（$Q > 0$）の電荷が、絶縁体の糸にぶら下げられている。この電荷に、$-q$（$q > 0$）の電荷を水平方向から近づけると、以下の図のような状態になった。重力加速度を g、クーロン力の比例定数を k とするとき、点電荷間の距離 r を求めなさい。

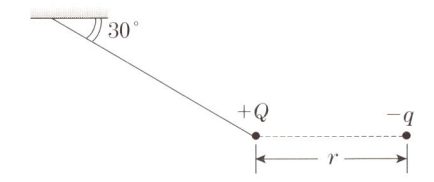

(2) xy 平面座標上の、$(-a, 0)$、$(a, 0)$ の 2 点に、それぞれ $+Q$ $(Q > 0)$ の点電荷を置く。クーロンの法則の比例定数を k として、次の各問いに答えなさい。

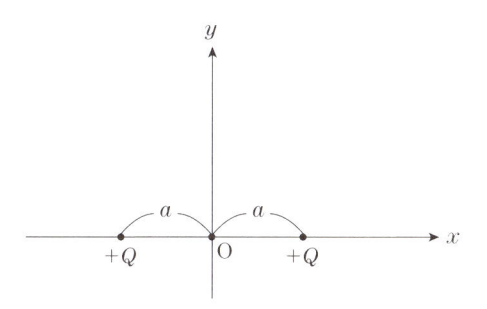

① 原点 O に $-q$ の点電荷を置いたとき、この点電荷に働く力の大きさを求めなさい。
② 上の①で置いた点電荷が持つクーロン力による位置エネルギーはいくらか？ ただし、位置エネルギーの基準は無限遠とする。
③ 先の①で置いた点電荷を $y = -\infty$ の座標までゆっくり移動させるのに必要な仕事を求めなさい。
④ 上の③で $y = -\infty$ の座標まで運んだ点電荷を y 軸上に沿って正方向に初速度 v_0 で原点に向けて打ち出した。原点を通過するときの点電荷の速度 v を求めなさい。ただし、この点電荷の質量を m とする。

> まずは、静電気力を1つずつベクトルで描くことが大切。斥力、引力に気をつけよう！

解答

(1) 力のつり合いより、 $T\sin 30° = mg$　　$T\cos 30° = k\dfrac{Qq}{r^2}$

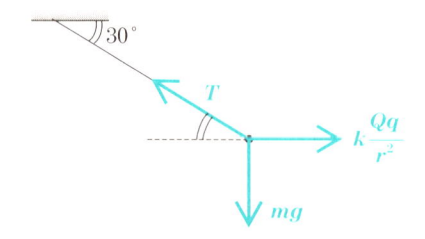

2式より、 $\tan 30° = \dfrac{mgr^2}{kQq}$　　∴ $r = \sqrt{\dfrac{kQq}{\sqrt{3}\,mg}}$

(2)

① 図のような力が働くので、**0**

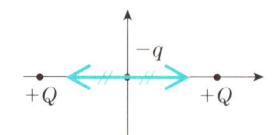

② $U_0 = k\dfrac{(+Q)\cdot(-q)}{a} + k\dfrac{(+Q)\cdot(-q)}{a} = -\dfrac{2kQq}{a}$

③ 仕事とエネルギーの関係より、

$U_0 + W = 0$　　∴ $W = -U_0 = \dfrac{2kQq}{a}$

　　原点　　無限遠

④ エネルギー保存則により、

$\dfrac{1}{2}mv_0^2 + 0 = \dfrac{1}{2}mv^2 + U_0$　　∴ $v = \sqrt{v_0^2 + \dfrac{4kQq}{ma}}$

　　無限遠　　　原点

> 仕事とエネルギーの関係や
> エネルギー保存則を用いるときは、
> 考えている2点を明確にしよう!

第2講

電場と電位
電場の定義、電位の定義

ここでは、電場と電位の定義を学び、理解すべき重要な式を取り上げていきます。これらの量は、これから電磁気学を本格的に学ぶにあたって非常に重要な物理量ですから、ゆっくり確実に理解しながら読み進めてください。

なお、電場のことを電界と呼ぶこともありますが、本書では電場に統一して表記します。

■ 電場の定義

電場は、+1 [C] の点電荷に働く力に等しい

これが、電場の重要な定義です。すなわち、**電場とは力のことであり、ベクトル量である**ということです。

また、+1 [C] の点電荷のことを試験電荷（テストチャージ）と呼ぶこともあります。

たとえば、**ある場所における「電場を求めよ」**と問われたら、そのある場所に +1 [C] の点電荷を置き、この点電荷が受ける力を求めればよいということです。

xy 平面座標系で考えてみましょう。

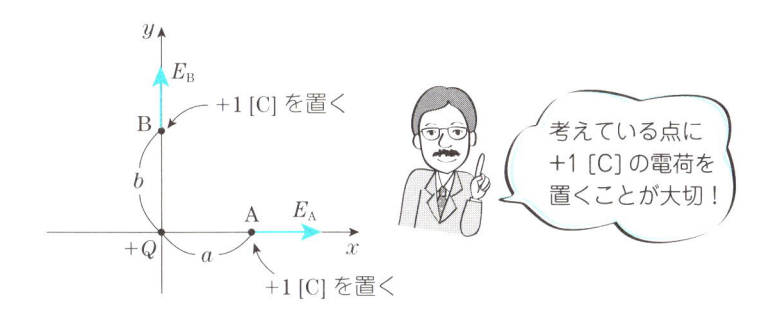

（考えている点に +1 [C] の電荷を置くことが大切！）

原点に、+Q [C] の点電荷が固定されているとします。x 軸上 A $(a, 0)$、y 軸上の B $(0, b)$ の 2 点における電場 E_A、E_B をそれぞれ求めてみましょう。もちろん、クーロンの法則の比例定数は k とします。

まず A 点における E_A を求めます。A 点に +1 [C] を置きます。この 1 [C] の点電荷がどのような力を受けるかを考えれば、それが E_A ということになります。

ここでは、いずれも正の電荷ですから、反発力が働きます。すなわち、前ページの図のような向きに E_A が定義できることになります。

また、E_A の大きさは、クーロンの法則より、

$$E_A = k \cdot \frac{Q \cdot 1}{a^2} = k \cdot \frac{Q}{a^2} \quad \cdots\cdots\cdots\cdots (a)式$$

となります。

同様に、E_B についても、図の向きでその大きさは、

$$E_B = k \cdot \frac{Q \cdot 1}{b^2} = k \cdot \frac{Q}{b^2} \quad \cdots\cdots\cdots\cdots (b)式$$

となります。

点電荷の場合には、上記のように書くことができますが、一般的にはどのように表現すればよいかを考えましょう。

電場はその定義から、+1 [C] に働く力です。言い換えれば、単位電荷当たりの力ですから、

$$F = qE \quad (\text{+1 [C] に働く力が } E \text{ なので、} q \text{ [C] では } qE)$$

または、

$$E = \frac{F}{q}$$

と書くことができます。この式が理解できていれば、点電荷の場合、クーロンの法則を用いて、

$$E = \frac{F}{q} \quad \text{ただし、} F = k \cdot \frac{Qq}{r^2}$$

ですから、

$$E = k \cdot \frac{Q}{r^2}$$

と書くことができ、(a)式、(b)式をただちに書くことができます。

すなわち、電場を理解するうえで大切な内容は以下の2つということになります（電場を E とする）。

電場は、+1 [C] の電荷に働く力に等しい

$$F = qE \quad \text{または、} \quad E = \frac{F}{q}$$

$qE = k\frac{Q}{a^2}$

さて、このように考えると、電場の単位はどのようになるでしょうか？単位電荷当たりの力ですから、

$$E = \frac{F}{q} \quad \rightarrow \quad \frac{[\text{N}]}{[\text{C}]} \quad \rightarrow \quad E\,[\text{N/C}]$$

となります。

これらのことは、定義をしっかりと頭に入れて理解し、式や単位は覚えるのではなく導けるようにしておくことが大切なのです。

■ 電位の定義

電位は、+1 [C] の電荷が持つ電気的位置エネルギーに等しい

これが、電位の定義です。

電気的位置エネルギーとは、クーロン力による位置エネルギーと言い換えてもかまいません。

すなわち、電場が、+1 [C] 当たりの力であるのに対して、電位は、+1 [C] 当たりの位置エネルギーであることがわかり、これらの物理量にとって +1 [C]（試験電荷）がいかに大切であるかが理解できると思います。

先と同様に、A、B 点の電位を考えてみましょう。

ここでは、位置エネルギーの基準を無限遠として考えますので、電位についても基準を無限遠ということになり、無限遠での電位を 0 とします。

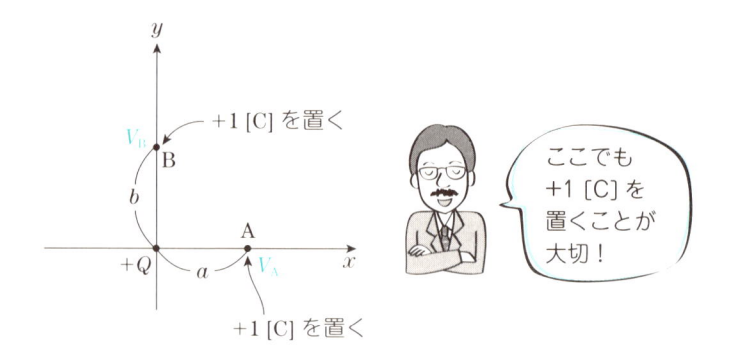

図中のラベル: +1 [C] を置く、B 点 V_B、b、+Q、a、A 点 V_A、+1 [C] を置く

吹き出し: ここでも +1 [C] を置くことが大切！

電位は、位置エネルギーのことですからスカラー量であり、大きさはありますが向きの概念はありません。

電位は一般に記号で V を用いますので、A、B 点の電位を V_A、V_B と置くと、それぞれ電位の定義より、

$$V_A = k \cdot \frac{(+Q)(+1)}{a} = k \cdot \frac{Q}{a} \quad \cdots\cdots\cdots (a)式$$

$$V_B = k \cdot \frac{(+Q)(+1)}{b} = k \cdot \frac{Q}{b} \quad \cdots\cdots\cdots (b)式$$

となります。ここでも、電場のときと同様に、その定義から、

$$U = qV \quad \text{または、} \quad V = \frac{U}{q}$$

と書くことができるはずです。この式を用いると、点電荷の場合は、

$$V = \frac{U}{q} = k \cdot \frac{(+Q)}{r}$$

と書くことができ、(a)式、(b)式をただちに書くことができます。

すなわち、電位を理解するうえで大切な内容は以下の 2 つということになります。

電位は、+1 [C] の電荷が持つ位置エネルギーに等しい

$$U = qV \quad \text{または、} \quad V = \frac{U}{q}$$

ここで、電位の単位を考えましょう。その定義から、

$$V = \frac{U}{q} \quad \rightarrow \quad \frac{[\text{J}]}{[\text{C}]} \quad \rightarrow \quad V\,[\text{J/C}]$$

となります。

しかし一般には、この単位を用いずに、電位の概念を初めて物理学に導入した科学者ボルタの名前から [V]（ボルト）という単位を用います。

聞いたことはありますよね？　でも、もともとは [J/C] ということをしっかり理解しておきましょう。

一定の電場 E [N/C] の中で、+1 [C] の電荷を電場に逆らって距離 d [m] だけ移動させるときに要する仕事は、仕事の定義より、$E \cdot d$ となります。

これは +1 [C] の持つ位置エネルギーに等しいので、一様な電場の中では、$V = E \cdot d$ が成立することになります。

これを変形すると、$E = \dfrac{V}{d}$ と書けるので、電場の単位は [V] を用いて、E [V/m] と書く場合もあります。

どちらを使うにしても、しっかりと意味を考えて使うようにしましょう。

例題 2

(1) xy 平面座標上の 2 点 A $(a, 0)$、B $(0, a)$ にそれぞれ電気量 $-Q$、$-Q$ （$Q > 0$）の点電荷を固定した。クーロンの法則の比例定数を k として、次の問いに答えなさい。

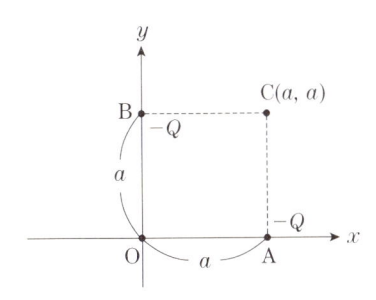

① 原点 O の電場 E_0 の大きさと向きを述べなさい。向きについては、作図で答えなさい。
② 原点 O の電位 V_0 を求めなさい。ただし、無限遠を電位の基準とする。
③ 点 C (a, a) における電場 E_C の大きさと向きを求めなさい。向きについては、作図で答えなさい。
④ 点 C の電位 V_C を求めなさい。
⑤ 電気量 $+q$ $(q > 0)$ の点電荷を原点 O から点 C まで移動させるのに要する仕事は？ このとき、上の②と④の結果を用いなさい。

(2) 一様な電場が以下の図のように鉛直方向に存在している。重力による影響は無視できるものとして次の問いに答えなさい。

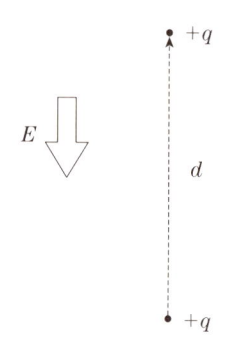

① 任意の位置に電気量 $+q$ $(q > 0)$ の点電荷を置くとき、点電荷が受ける力の大きさを求めなさい。
② 上の①の力に逆らって、距離 d だけ電荷を持ち上げるのに要する仕事はいくらか？ 2点間の電位差 V を用いて表わしなさい。

電場、電位を問われたら、着目している点に +1 [C] の電荷を置いて考えよう！

解 答

(1)
① 原点 O に試験電荷を置いて、これに働く力を考える。

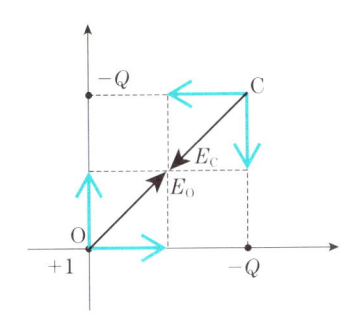

図より、
$$E_O = \sqrt{2} \cdot k\frac{Q \cdot 1}{a^2} = \frac{\sqrt{2}kQ}{a^2}$$

② ①と同様に、
$$V_O = k\frac{(-Q) \cdot (+1)}{a} + k\frac{(-Q) \cdot (+1)}{a} = -\frac{2kQ}{a}$$

③ C 点に試験電荷を置いて、①と同様に考える。
$$E_C = \sqrt{2} \cdot k\frac{Q \cdot 1}{a^2} = \frac{\sqrt{2}kQ}{a^2}$$

④ ③と同様に、
$$V_C = k\frac{(-Q) \cdot (+1)}{a} + k\frac{(-Q) \cdot (+1)}{a} = -\frac{2kQ}{a}$$

⑤ 仕事とエネルギーの関係より、
$$(+q) \cdot V_O + W = (+q) \cdot V_C \quad \therefore \quad W = (+q) \cdot (V_C - V_O) = \mathbf{0}$$

(2)

① 電場の定義より、

$$F = qE$$

② 仕事の定義より、

$$W = qE \cdot d$$

ここで、$V = E \cdot d$ より、

$$W = qV$$

> 電場はベクトル量、
> 電位はスカラー量であることを
> 忘れないこと！
> もともとは
> 力と位置エネルギーですからね

第3講 ガウスの法則
電気力線の密度と電場

電場をより深く理解するためには、電気力線の理解が不可欠になります。必要なときにいつでも電気力線が作図でき、利用できるようになっていると、これ以降に学ぶ「コンデンサー」(149ページ参照) の理解も容易になります。

少しむずかしく感じるかもしれませんが、電気力線の定義からしっかりと理解してください。

■ 電気力線の定義

電場をより視覚的に捉える方法として、「電気力線」を描く方法があります。電場の定義が、$+1$ [C] (試験電荷) が受ける力であったことから、電気力線を以下のように決めましょう。

電場の中で $+1$ [C] (試験電荷) が電場から受ける力の向きに少しずつ移動させたときの道筋 (試験電荷が描く軌跡) を電気力線という

このように考えると、**電気力線が描ければ、その接線の向きが電場の向きとなり、その密度が電場の強さに比例する**ことになり、電場の向きと大きさを視覚的に捉えることが可能になるのです。

たとえば、正の点電荷と負の点電荷が置かれているときの電気力線は以下の図のようになります。

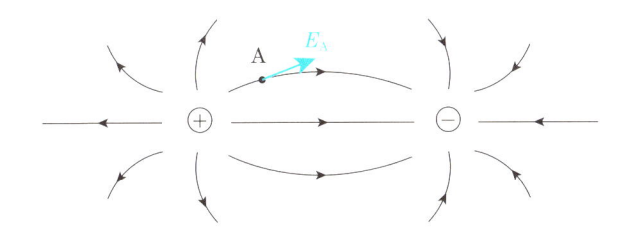

このとき、A 点の電場の向きは接線方向を考えてベクトル E_A であり、電気力線の密度から、電荷付近が、電気力線の密度が大きく、電場が大きいことが理解できます。

また、たとえば十分に広い金属板に一様に正電荷が帯電しているときは、以下の図のようになります。

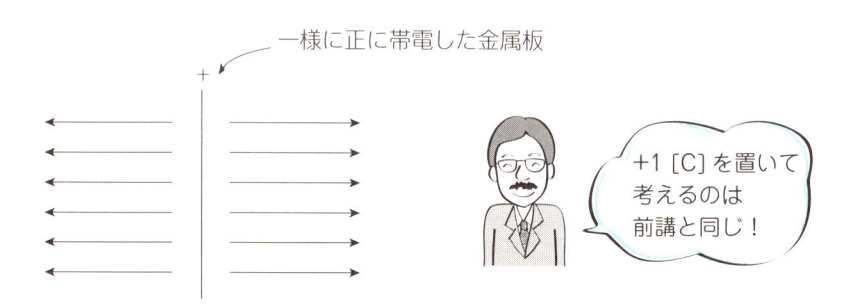

一様に正に帯電した金属板

+1 [C] を置いて
考えるのは
前講と同じ！

さて、このような図を描くためには、何を考えればよいのでしょうか？電場の定義を考えれば簡単です。

電気力線を描きたい空間に +1 [C] をばらまけばよいのです。

その +1 [C] が受ける力の向きを考えれば容易に描けるのです。

このように考えると、「十分に広い金属板に一様に正電荷が帯電しているとき」の電気力線はすぐに描けると思います。

この場合には、金属板の両側に同じ電場が存在し、電気力線が平行なので、電気力線密度は一定だから電場の大きさは、左右で同じ大きさであることもわかります。

このように、電気力線を描くことは、数式を用いなくても定性的に電場の様子を捉えることが可能になるのです。

非常に便利な方法ですから、空間に +1 [C] をばらまくクセをつけておきましょう。

■ ガウスの法則

電気力線は、電場の様子を定性的に捉えるだけでなく、定量的な考え方もできます。

先でも考えた電気力線の密度に着目するのです。
電気力線の密度とは、言い換えれば、

$$1\,[\mathrm{m}^2]\text{当たりの電気力線数} = \text{電場の大きさ}\ E$$

と考えられます。この式のことを**ガウスの法則**といいます。

われわれは、クーロンの法則により、点電荷がつくる電場の大きさを知っていますから、これを利用して点電荷でない場合の電場を求めることに挑戦してみましょう。

実は、このガウスの法則を用いると、クーロンの法則を点電荷だけでなく、一般の電荷にも拡張することができるのです。

大変便利で重要な法則ですから、その使い方をしっかりマスターしていきましょう。

まずは、クーロンの法則における点電荷を考えます。

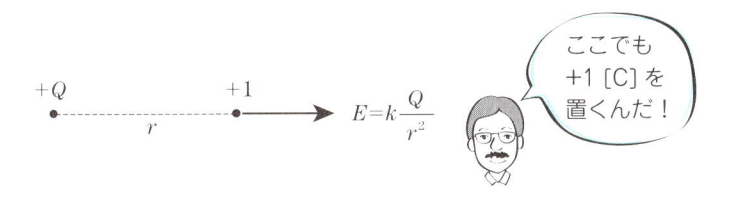

電気量 $+Q$ [C] の点電荷から、距離 r [m] 離れた点での電場の大きさは、クーロンの法則より、

$$E = k \cdot \frac{Q}{r^2}$$

です。

しかし、実際には $+Q$ [C] の電荷からは3次元的に四方八方に電気力線は放射状に出ているはずです。つまり、半径 r の球面を垂直に貫くように電気力線は出ています。

この球面の 1 [m²] に着目すると、ガウスの法則より、この 1 [m²] を垂直に貫く電気力線の本数が、この点での電場の大きさ E ということになります。

いま、点電荷 $+Q$ [C] から出ている電気力線総本数を N [本] とすると、半径 r [m] の球の表面積は $S = 4\pi r^2$ [m^2] ですから、

$$N = E \times S = k \cdot \frac{Q}{r^2} \times 4\pi r^2 = 4\pi kQ \text{ [本]}$$

となります。

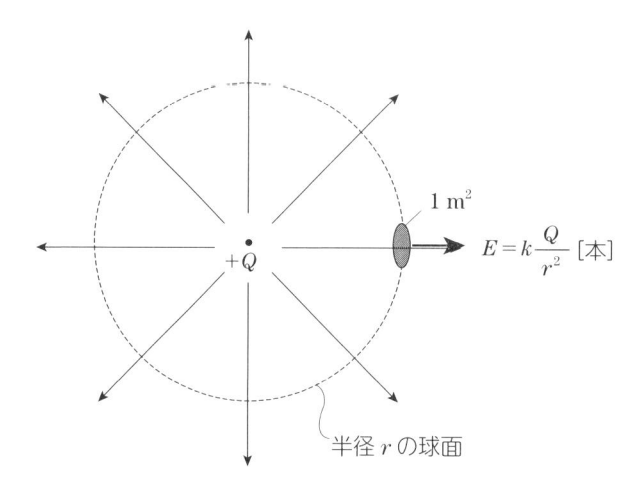

半径 r の球面

すなわち、

$+Q$ [C] から出る電気力線の総本数は $4\pi kQ$ [本] である

と言い換えることができます。

このことを「ガウスの法則」と呼ぶ場合もあります。

1 [m^2] 当たり E [本] の電気力線を引く
$+Q$ [C] からは $4\pi kQ$ [本] の電気力線が出る

いってみれば、上の2つの内容は同じことを表わしているのです。

さて、これらの考えをもとに、前述の「十分に広い金属板に一様に正電荷が帯電しているとき」の電場を求めてみましょう。

面積 S [m^2] の金属板に $+Q$ [C] の電気量が一様に帯電している場合を考えましょう。

●第3講　ガウスの法則●

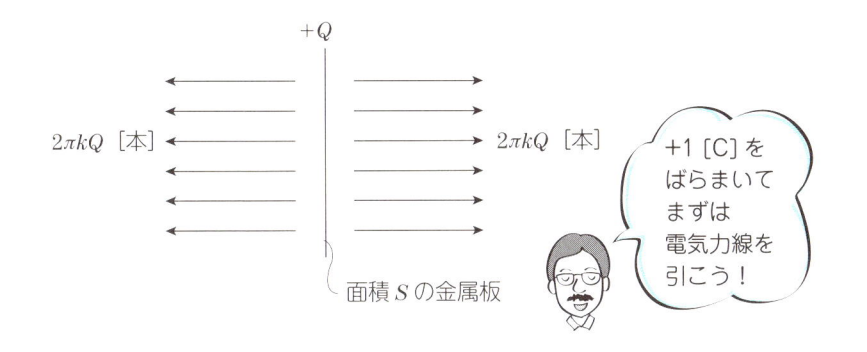

```
                    +Q
        ←──────────  │  ──────────→
2πkQ [本] ←─────────  │  ─────────→ 2πkQ [本]
        ←──────────  │  ──────────→
                    │
                面積 S の金属板
```

「+1 [C] をばらまいてまずは電気力線を引こう！」

　+1 [C] をばらまいて電気力線の様子を考えれば当然、金属板の左右両側の電気力線は上図のようになります。

　さらに、+Q [C] から出る電気力線の総本数は $4\pi kQ$ [本] であるので、左右それぞれ、$2\pi kQ$ [本] ずつの電気力線が、金属板から垂直に出ていることになります。

　よって、この金属板の左右両側の電場の大きさは、単位面積当たりの電気力線の本数を考えて、

$$E_右 = \frac{2\pi kQ}{S} \quad (右向き)$$

$$E_左 = \frac{2\pi kQ}{S} \quad (左向き)$$

となることがわかります。

　すなわち、金属板からの距離に関係なくそれぞれ、金属板の右側、左側ともに同じ大きさで逆向きであることがわかるのです。

　クーロンの法則は点電荷に対する法則で、点電荷に対しては電場を定義することもできました。

　しかし、クーロンの法則だけでは、上の図のような帯電した金属板による電場を求めることはできません。

　ここで、ガウスの法則が重要になるのです。

　われわれが扱う電荷は点電荷ばかりではありません。次に学ぶ「コンデンサー」などは、上の図で扱ったような平面に電荷が分布する場合を扱わなくてなりません。

このような場合は、クーロンの法則ではなく、ガウスの法則を用いることが必要になるのです。

さらに、**電場 E の大きさは、単位面積当たりの電気力線数に等しい**という新たな定義が加わったことになるのです。

大変重要な事項ですから、十分に理解してください。

例題 3

(1) 半径 a の絶縁体の球がある。この球に一様に電荷を帯電させ、全体の帯電量を $+Q$（$Q>0$）とした。クーロンの法則の比例定数を k として、次の問いに答えなさい。

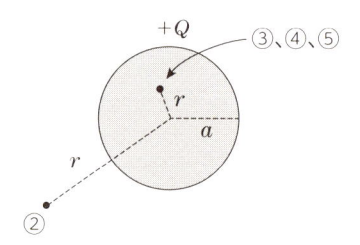

① この帯電体から湧き出る電気力線の総本数を求めなさい。

② 中心から距離 r（$r>a$）の点における電場の大きさ E を求めなさい。

③ 中心から距離 r（$r<a$）の内側の絶縁体に帯電している電気量 q を求めなさい。

④ 上の③で求めた電気量の電荷から湧き出る電気力線の本数 N' を求めなさい。

⑤ 上の④を用いて、中心から距離 r（$r<a$）の位置における電場の大きさ E' を求めなさい。

(2) 面積 S の金属平板がある。この金属平板に一様に電荷を帯電させ、全体の帯電量を $+Q$ $(Q>0)$ とした。クーロンの法則の比例定数を k として、次の問いに答えなさい。

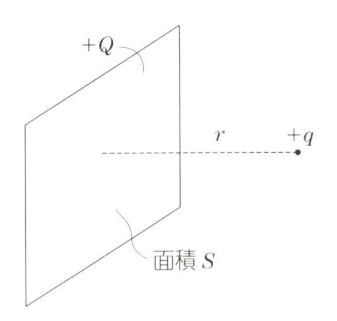

① 金属平板の片側（右側）に湧き出している電気力線の総本数を求めなさい。
② 金属平板から距離 r の位置における電場の大きさを求めなさい。
③ 上の②の位置に電気量 $+q$ の電荷を置いた。この電荷が受ける力の大きさを求めなさい。

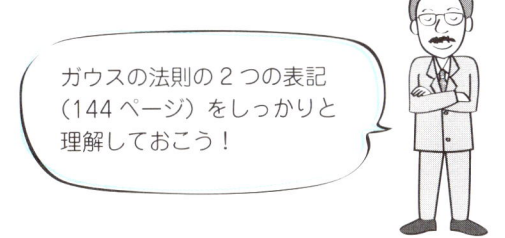

> ガウスの法則の2つの表記（144ページ）をしっかりと理解しておこう！

解 答

(1)
① ガウスの法則より、
$$N = 4\pi kQ \ [本]$$

② $1\,\mathrm{m}^2$ 当たり電場の大きさ E [本] であるから、

$$4\pi r^2 \cdot E = N \quad \therefore \quad E = \frac{N}{4\pi r^2} = k\frac{Q}{r^2}$$

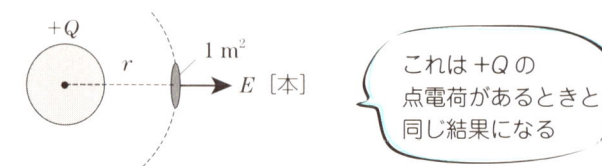

これは $+Q$ の点電荷があるときと同じ結果になる

③ 体積に比例するので

$$\frac{4}{3}\pi a^3 : \frac{4}{3}\pi r^3 = Q : q \quad \therefore \quad q = \frac{r^3}{a^3}Q$$

④ $N' = 4\pi kq = \dfrac{4\pi k r^3 Q}{a^3}$

⑤ $E' = \dfrac{N'}{4\pi r^2} = k\dfrac{Q}{a^3}r$

(2)

① 電気力線の総本数は全体で $4\pi kQ$ [本] であるから、その半分になる。

$$2\pi kQ\ [本]$$

② ガウスの法則より、

$$E = \frac{2\pi kQ}{S}$$

③ $F = qE = \dfrac{2\pi kQq}{S}$

電気力線の様子を常にイメージすることが大切！そのためにも、1 [C] を空間にばらまいてみよう!!

第4講

コンデンサー
ガウスの法則とコンデンサーの原理

コンデンサーは、電荷を極板に蓄えることのできる電気素子（電気部品）です。

電荷を蓄えるといっても、コンデンサーの構造は非常に簡単です。最も簡単なものが、平行平板コンデンサーと呼ばれるものです。これは、2枚の金属板を一定の間隔をあけて平行に並べただけのものです。

いったい、どのようにして電荷を蓄えることができるのでしょうか？まずはその仕組みから考えてみましょう。

■ コンデンサーの仕組み

ともに面積が等しい大きな金属板（極板）A、Bを用意し、一定間隔を保って平行に固定します。

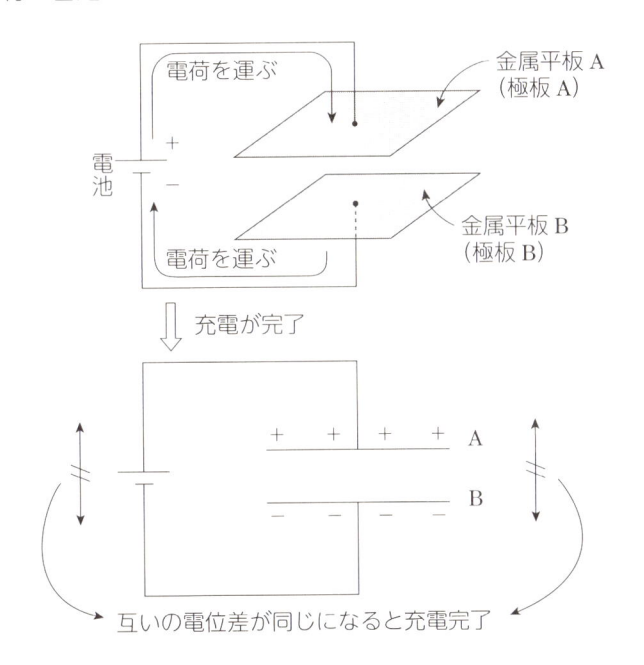

この極板に前ページの図のように電池をつなぐと、電池は、金属板 B 上の正電荷を電池を通して金属板 A 側に運ぶことができます。

> 実際には、A 上の自由電子を B へ運んでいるのですが、コンデンサーが発明された頃には電子の存在はわかっておらず、正の電荷が移動すると考えられていました（電子については 168 ページなどを参照）

　電池は、電荷に位置エネルギーを与えるものですから、電荷を持ち上げたと考えれば、わかりやすいと思います。
　このため、正の電荷を奪われた金属板 B は負に帯電し、正の電荷が入り込んできた金属板 A は正に帯電することになります。
　電池の電位差と極板間の電位差が同じになるまでこの移動は起こりますが、同じになると電荷の移動が止まり、充電完了の状態になります。
　ここで、電池を切り離すとどうなるでしょう。
　実は、A、B 上の互いの電荷はクーロン力で引き合っており、電池を切り離しても、電荷が蓄えられたまま、すなわち A、B は帯電したままになるのです。
　このような状態を、

コンデンサーが電荷を蓄えた

といい、コンデンサーの両極板には必ず同じ大きさで異符号の電荷が蓄えられていることになります。

■ コンデンサーの電気容量

　コンデンサーは、電荷を蓄えられる部品ですが、ではどのくらい蓄えることができるのでしょうか？
　たとえば、バケツで考えてみてください。バケツは水を蓄えることのできるものですが、バケツの底面積や高さ（すなわち体積）によって蓄えることのできる量は異なります。

●第4講　コンデンサー●

　コンデンサーでも、どの程度の電荷を蓄えられるかを表わす量があります。このことを電気容量（または静電容量）と呼んでいます。一般に記号では C を用います。

　コンデンサーに蓄えられる電気量 Q は、電池の電位差 V に比例することが知られています。この比例定数を C として、

$$Q = CV$$

と書いたとき、C が電気容量にあたります。すなわち、**電池の電位差が一定のとき、C が大きいほど蓄えられる電気量 Q は大きく、C が小さいほど蓄えられる電気量 Q は小さい**というわけです。

　このことから、この比例定数 C が「電気容量」と呼ばれる意味がわかりますね。

　さて、ここで電気容量 C の表記について考えます。

　まずは、極板上に蓄えられた電荷を考えるので（点電荷でないので）、ガウスの法則で考えます。

　極板 A、B を別々に考えてみましょう。

　それぞれ極板に蓄えられている電気量をそれぞれ、$+Q$、$-Q$ とします。このとき、極板 A、B をそれぞれ独立に考えると、各極板 A、B の周りの電気力線の様子は以下の図のようになります。

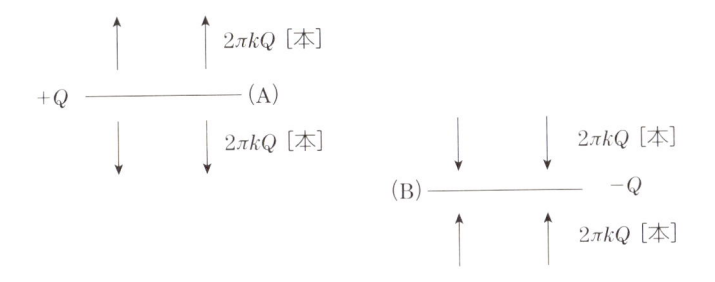

　もちろん、$+Q$ に帯電した金属板からは $4\pi kQ$ 本の電気力線が湧き出ているので、極板 A の両側には $2\pi kQ$ 本の電気力線が湧き出しており、極板 B からは $2\pi kQ$ 本の電気力線が入り込んでくることになります。

この2枚の極板を平行に相対して配置すると、以下の図のようになり、極板A、Bの間には$4\pi kQ$本の電気力線が存在することになります。

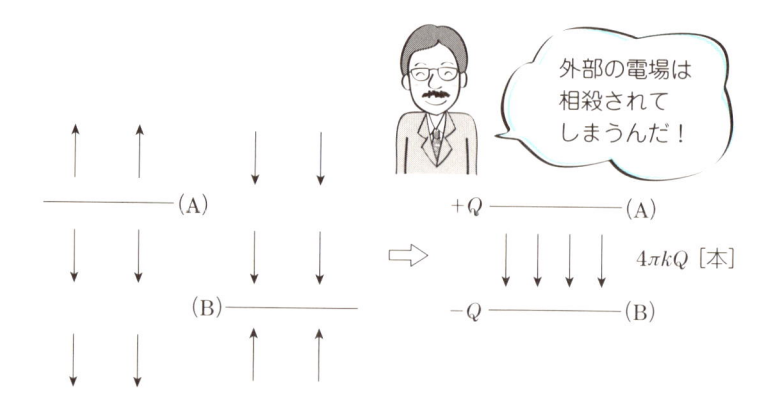

外部の電場は相殺されてしまうんだ！

すなわち、極板Aより上側の電気力線と、極板Bより下側の電気力線は、0本となってしまうのです。

このように考えると、極板A、Bの極板面積をSとすると、極板A、B間の電場の大きさEは、単位面積当たりの電気力線数に着目して、

$$E = \frac{4\pi kQ}{S}$$

となります。

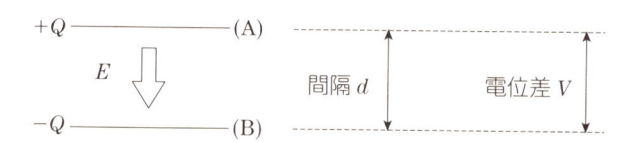

ここで、上図のように、極板A、Bの極板間隔をd、電位差をVと置くと、試験電荷（+1C）に対する仕事とエネルギーの関係より、

$$V = E \cdot d \quad \therefore \quad E = \frac{V}{d}$$

となります。もちろん、これは先のEと同じものでなくてはならないので、

$$E = \frac{4\pi kQ}{S} = \frac{V}{d}$$

となります。したがって、

$$Q = CV \qquad C = \frac{1}{4\pi k} \cdot \frac{S}{d}$$

と書くことができます。ここで、比例定数 $\frac{1}{4\pi k}$ を ε と置くと、

$$Q = CV \qquad C = \varepsilon \frac{S}{d} \quad (※)$$

となります。

（※）式のことを、**コンデンサーの基本式**と呼ぶこともあるよ

このとき、比例定数 ε のことを**誘電率**と呼んでいます。

結局、電気容量 C は、極板面積 S に比例し、極板間隔 d に反比例することがわかります。

また、単位は電気力線の発明者でもある**ファラデー**の名をとって、[F]（ファラド）を用います。極板間が真空のとき誘電率は特別に ε_0 と書き、**真空誘電率**と呼びます。

誘電率では、$\varepsilon > \varepsilon_0$ の関係が常に成立します。これは、極板間が真空のときに最も電気容量が小さいことを示しています。

簡単にいってしまえば、**極板間が真空のとき、電荷を誘い込む物体が何もない状態である**ということなのです。

もう1つ最後に述べておきます。

コンデンサーでは**比誘電率** ε_r という量がよく出てきます。これは、読んで字のごとく、誘電率の比であり、$\varepsilon_r = \dfrac{\varepsilon}{\varepsilon_0} > 1$（$\varepsilon = \varepsilon_r \cdot \varepsilon_0$）で定義される量です。

これを用いると、極板間が真空のときの電気容量を C_0 とすると、

$$C = \varepsilon_r \cdot \varepsilon_0 \frac{S}{d} = \varepsilon_r \cdot C_0$$

となります。

例題 4

(1) 極板面積 S、極板間隔 d の平行平板真空コンデンサーを電位差 V の電池で充電したのち、電池を切り離した。真空誘電率を ε_0 として次の問いに答えなさい。

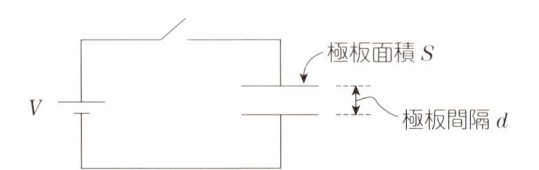

① このコンデンサーの電気容量 C_0 を求めなさい。
② このコンデンサーに蓄えられた電気量 Q を求めなさい。
③ この状態から、コンデンサーの極板間隔を $2d$ にした。このとき、極板間の電位差 V' は V の何倍か？
④ 上の③の状態から再びスイッチを閉じてコンデンサーを電池と接続した。このとき、コンデンサーに蓄えられる電気量 Q' を求めなさい。
⑤ 上の④の状態から、コンデンサーの極板と同じ面積で、厚さ d の金属板を極板間に挿入した。このとき、コンデンサーに蓄えられた電気量 Q'' はいくらか？

(2) 電気容量が C_0 の平行平板真空コンデンサーがある。このコンデンサーを次のように変化させたとき、電気容量はいくらになるか。それぞれについて答えなさい。

① 極板間隔を半分にする。
② 極板面積の 2 倍にする。

③ 比誘電率2の物体で極板間を満たす。
④ 極板間隔を2倍にした後、比誘電率2の物体で極板間を満たす。
⑤ 極板面積を半分にした後、比誘電率2の物体で極板間を満たす。

> 電気容量の式から、蓄えられる電気量がどんな量に比例、反比例するかを考えよう

解答

(1)
① 電気容量の式より、
$$C_0 = \varepsilon_0 \frac{S}{d}$$

② 基本式 $Q = CV$ より、ここでは
$$Q = C_0 V = \frac{\varepsilon_0 SV}{d}$$

③ 電池から切り離されているので、②の Q は不変である。
極板間隔を2倍にすると、容量は
$$C = \varepsilon_0 \frac{S}{2d} = \frac{1}{2} C_0$$

となるので、基本式 $Q = CV$ より、ここでは
$$Q = \frac{1}{2} C_0 \cdot V' \quad \therefore \quad V' = \frac{2Q}{C_0} = 2V$$

④ 容量は $\frac{1}{2} C_0$ であるから、
$$Q' = \frac{1}{2} C_0 V = \frac{\varepsilon_0 SV}{2d}$$

⑤ 容量はさらに2倍になるので、結局 C_0 となる。

$$\therefore \quad Q'' = \frac{1}{2}C_0 V = \frac{\varepsilon_0 S V}{d}$$

②の解答と同じになるよ

(2)
① 極板間隔に反比例するので、$2C_0$
② 極板面積に比例するので、$2C_0$
③ 比誘電率に比例するので、$2C_0$
④ 極板間隔を2倍にすることで $\frac{1}{2}C_0$ となり、比誘電率2の物体を入れることで2倍になるので、C_0
⑤ 極板面積を半分にすることで $\frac{1}{2}C_0$ となり、比誘電率2の物体を入れることで2倍になるので、C_0

極板や極板間の状態、また極板間の電場の様子をイメージしながら解くようにしよう

第5講
コンデンサーのエネルギー・回路
静電エネルギーと回路の解法

　第4講で学んだように、コンデンサーは電荷を蓄えることができます。ということは、この蓄えられた電気量を使って仕事をすることができるはずです。

　仕事をする能力があるわけですから、コンデンサーはエネルギーを持っていることになります。このコンデンサーの持っているエネルギーのことを、コンデンサーの静電エネルギーといいます。

　ここでは、コンデンサーのエネルギーおよび回路について詳しく述べていきましょう。

■ コンデンサーの静電エネルギー

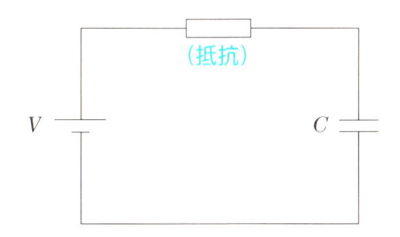

　電気容量 C のコンデンサーを電位差 V の電池に接続して充電をします。このとき、導線や電池には抵抗が必ず存在するので、便宜上、回路に抵抗を書き加えておきます。

　この状態で充電が完了すると、コンデンサーには電気量 $Q = CV$ が蓄えられます。

　このとき、コンデンサーの両端の電位差 V と蓄えられる電気量 Q の関係は、基本式（$Q = CV$）より、グラフで表わすと次ページの図のようになります。

　そして、V はその定義から 1 [C] 当たりの位置エネルギーに等しいことになります。

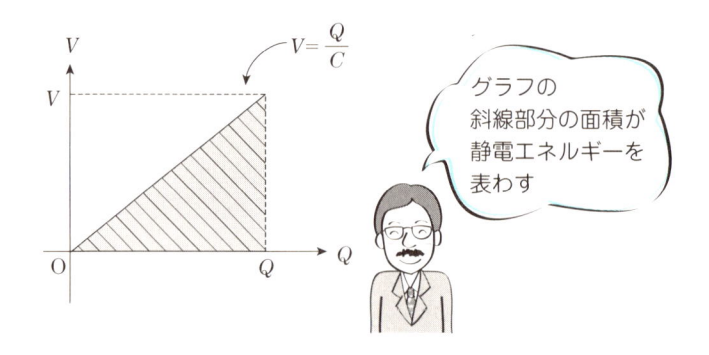

グラフの斜線部分の面積が静電エネルギーを表わす

　ということは、電気量 Q、電位差 V のとき、このグラフの斜線部分の面積が、コンデンサーの持つ静電エネルギーであると考えることができます。

　これは、電位差 V まで充電するのにコンデンサーが必要とする仕事が斜線部分の面積と考えることもできます。

　結局、コンデンサーの静電エネルギー U は、

$$U = (グラフの斜線部分の面積) = \frac{1}{2} \cdot QV$$

と書けることがわかります。

　ここで、$Q = CV$ より、この式は、

$$U = \frac{1}{2} \cdot QV = \frac{1}{2} \cdot CV^2 = \frac{Q^2}{2C}$$

と書くこともできます。

　このとき電池は、電位差 V で電気量 Q を運んだので、電池のした仕事 W は、

$$W = QV$$

と書くことができます。

　このように考えると、電池は QV の仕事をし、コンデンサーはその半分の $\frac{1}{2} \cdot QV$ の静電エネルギーを蓄えていることになります。

では、残りの半分 $\frac{1}{2} \cdot QV$ はどこへ行ったのでしょうか？

実はこれが、**抵抗で消費されたエネルギー**なのです。

一般には、抵抗内を電荷が移動するとき、熱が発生するのです。この熱のことをジュール熱と呼んでいます。静電エネルギーと合わせて名前もぜひ覚えておきましょう。

ジュール熱については、抵抗のところ（174ページ参照）でもう一度詳しく説明します。

■ コンデンサー回路の解法

コンデンサー回路の解法は非常に容易です。

まず次の3つのことを頭に入れておきましょう。

> **コンデンサーの数だけ基本式 $Q = CV$ を考える**
> 電位の式**を考える（V について成り立つ式を考える）**
> 電荷保存則**を考える（Q について成り立つ式を考える）**

これだけが基本的な回路の解法です。

では、具体例を挙げながら考えてみましょう。

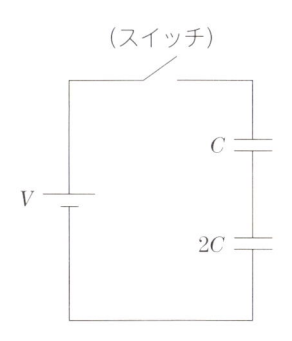

2つのコンデンサー（電気容量 C と $2C$）が、電位差 V の電池に接続されている場合を考えます。

スイッチを閉じる前は、コンデンサーは帯電していないものとします。

スイッチを閉じて十分時間が経過したとき、それぞれのコンデンサーに蓄えられた電気量を求めてみましょう。

まずは、それぞれのコンデンサーに対して基本式を立てられるように、蓄えられる電気量と、電位差を以下の図のように仮定してみましょう。

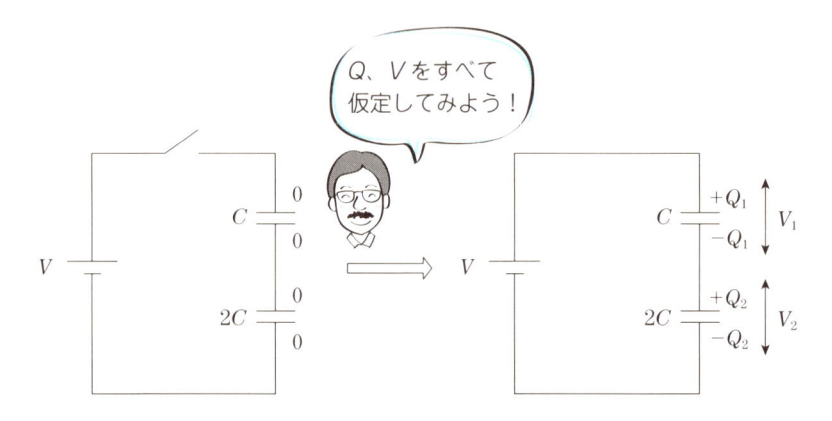

Q_1、Q_2、V_1、V_2 を用いて、基本式より、

$$Q_1 = CV_1 \qquad Q_2 = 2CV_2 \quad \cdots\cdots\cdots \text{(a)式}$$

となります。

さらに、電位差に着目すると、それぞれのコンデンサーに V_1、V_2 の電位差を生じさせたのは電池の電位差 V ですから、

$$V = V_1 + V_2 \quad \cdots\cdots\cdots \text{(b)式}$$

が成立します。

また、電荷保存則を考えると、

$$0 + 0 = -Q_1 + Q_2 \quad \cdots\cdots\cdots \text{(c)式}$$

が成立します。

この式は、電池から独立している部分に着目して、その部分に対して電気量の増減がないことを示しています。

上の図からその部分を抜き出すと、次ページの図のようになります。これを式で表わしたものです。

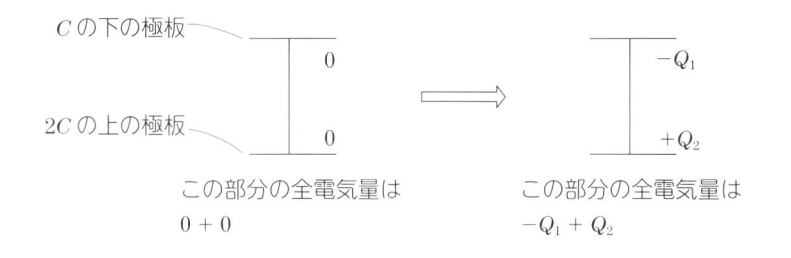

```
         Cの下の極板              ┌─── 0            ┌─── −Q₁
                                 │                 │
                                 ┌─── 0            ┌─── +Q₂
         2Cの上の極板

                        この部分の全電気量は      この部分の全電気量は
                             0 + 0                  −Q₁ + Q₂
```

　以上(a)～(c)式全部で 4 式を連立することで、Q_1、Q_2、V_1、V_2 をすべて求めることができるのです。

　実際にこれを解いてみると、

$$V_1 = \frac{2V}{3} \qquad V_2 = \frac{V}{3}$$

$$Q_1 = \frac{2CV}{3} \qquad Q_2 = \frac{2CV}{3}$$

となります。

　(c)式からもわかるように、このような回路の場合、蓄えられる電気量は同じになるんですね！

　しかし、だからといって結果を覚えてはいけません。

　これは、スイッチを入れる前にそれぞれのコンデンサーに蓄えられている電気量が 0 だったから、(c)式の左辺が 0 となり、Q_1 と Q_2 は等しくなっているのです。

　もし、スイッチを入れる前にコンデンサーが電荷を持っていれば、このような関係が成立するとは限らないので注意が必要です。

　また、電位の関係式(b)式についても注意が必要です。

　電位とは、もともとの定義から考えると、試験電荷の持つ位置エネルギーです。すなわち、回路の左側（電池側）の最下点を基準にするとスイッチの位置の電位は V ということになります。

　一方、回路の右側（コンデンサー側）も同様に考えると、スイッチの位置は、電位が $V_1 + V_2$ となることがわかります。もちろん、スイッチの位置での電位は、左右どちら側から見ても同じでなくてはならないので、(b)式が成立することになるのです。

結局、大切なのは、

コンデンサーの数だけ基本式を立てる
電位の式（位置エネルギーをイメージして）
電荷保存則（電池から独立した部分に着目）

となります。

例題 5

(1) 3つのコンデンサー C_1、C_2、C_3（電気容量はそれぞれ、C、$3C$、$3C$）と2つのスイッチ S_1、S_2、電位差 V の電池を用いて、以下の図のような回路をつくった。最初、コンデンサーに電荷は蓄えられていないものとする。次の問いに答えなさい。

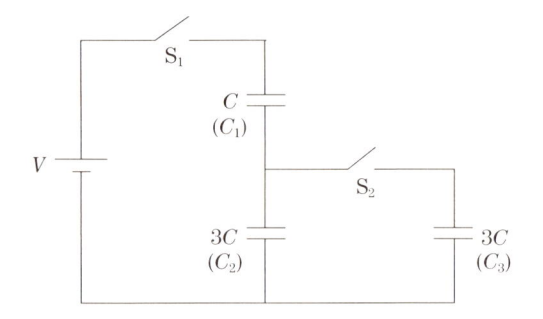

① スイッチ S_1 だけを閉じた。このとき、コンデンサー C_1 に蓄えられた電気量はいくらか？
② 上の①のとき、コンデンサー C_2 に蓄えられた電気量はいくらか？
③ 次に、スイッチ S_1 を開き、スイッチ S_2 を閉じた。このとき、コンデンサー C_2、C_3 に蓄えられた電気量はそれぞれいくらか？
④ 次に、スイッチ S_2 を開き、スイッチ S_1 を閉じた。このとき、コンデンサー C_1、C_2 に蓄えられた電気量はいくらか？

(2) 電位差 5 V の電池、電気容量 $2C$、$3C$ のコンデンサーおよび抵抗を用いて、以下の図のような回路をつくった。充電が完了した後の状態について、次の問いに答えなさい。最初、電荷は蓄えられていないものとする。

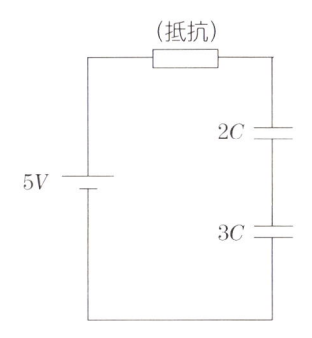

(抵抗)

$2C$

$5V$

$3C$

① それぞれのコンデンサーに蓄えられた電気量を求めなさい。
② それぞれのコンデンサーが持つ静電エネルギーを求めなさい。
③ 充電が完了するまでに電池がした仕事を求めなさい。
④ 充電が完了するまでに抵抗で発生するジュール熱を求めなさい。

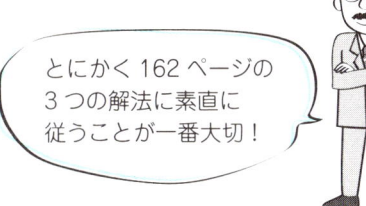

> とにかく162ページの3つの解法に素直に従うことが一番大切！

解答

(1)

① 、②

C_1、C_2 に蓄えられた電気量を q_1、q_2 と仮定すると、基本式 $Q = CV$ より、それぞれの電位差は $\dfrac{q_1}{C}$、$\dfrac{q_2}{3C}$ である。

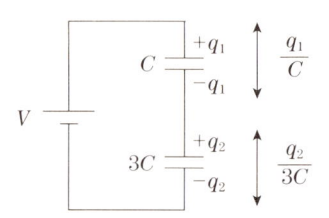

電位の式；$V = \dfrac{q_1}{C} + \dfrac{q_2}{3C}$

電荷保存則；$0 = -q_1 + q_2$

この2式より、

$$q_1 = \dfrac{3}{4}CV \qquad q_2 = \dfrac{3}{4}CV$$

③ 図のように Q_2、Q_3 を仮定すると、

電位の式；$\dfrac{Q_2}{3C} = \dfrac{Q_3}{3C}$

電荷保存則；$\dfrac{3}{4}CV = Q_2 + Q_3$

∴ $Q_2 = Q_3 = \dfrac{3}{8}CV$

④ (1)の①、②と同様に、

$$V = \frac{q_1'}{C} + \frac{q_2'}{3C} \qquad -\frac{3}{4}CV + \frac{3}{8}CV = -q_1' + q_2'$$

2式より、

$$q_1' = \frac{21}{32}CV \qquad q_2' = \frac{33}{32}CV$$

(2)

① 蓄えられた電気量を q_1、q_2 と仮定すると、

$$5V = \frac{q_1}{2C} + \frac{q_2}{3C} \qquad 0 = -q_1 + q_2 \qquad \therefore \quad q_1 = q_2 = 6CV$$

② $U_1 = \dfrac{q_1^2}{2 \cdot 2C} = 9CV^2 \qquad U_2 = \dfrac{q_2^2}{2 \cdot 3C} = 6CV^2$

③ $W = q_1 \cdot 5V = 30CV^2$

④ コンデンサーの全エネルギーは

$$U_1 + U_2 = 15CV^2$$

よって、ジュール熱は

$$W - (U_1 + U_2) = 15CV^2$$

> 理解しにくくなったら
> 必ずスイッチ切換えの前後の
> 図を描いてみること！
> どんな式を立てるべきかが
> すぐにわかります

第6講

オーム抵抗と非オーム抵抗
オームの法則と $V \sim i$ グラフ

ここでは、抵抗について学んでいきます。抵抗とは、電流の流れにくさの度合いを表わすもので、一般に記号で R や r（レジスタンス）を用い、単位は [Ω]（オーム）を使います。

■ オームの法則

オームは、抵抗を流れる電流 i と抵抗にかかる電圧（電位差）V が比例関係にあることを実験で確かめました。これを式で表わす際に、比例定数を R と置いて、

$$V = R \cdot i$$

と書きました。このとき、**R が抵抗に相当する**のです（つまり抵抗値）。

電位差 V が一定の場合で考えると、電流 i が小さいとき抵抗値 R は大きく、逆に i が大きいとき R は小さくなります。したがって、R という比例定数は、やはり電流の流れにくさの度合いを示していることになるのです。この法則のことをオームの法則といいます。

■ オーム抵抗

オーム抵抗とは、抵抗値が、流れる電流やかかる電圧に、またその他の要因に依存せず一定の値を示す抵抗のことをいいます。

すなわち、オームの法則を $V \sim i$ グラフで表わすと、

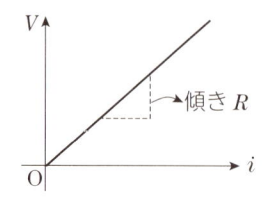

（図：$V \sim i$ グラフ、傾き R の直線）

となり、原点 O を通る直線で表わすことができます。

さて、ここで抵抗 R はどのように表記できるかを考えましょう。

1本の抵抗線があるとします。この抵抗線が長ければ長いほど、抵抗が大きくなるということは容易に想像できます。また、この抵抗線が太い場合はどうでしょう？ 細いよりも太いほうが、電流が流れやすくなるのです。

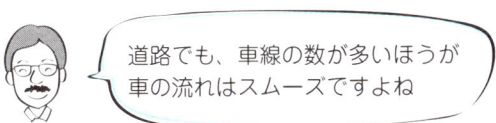

> 道路でも、車線の数が多いほうが車の流れはスムーズですよね

以上のことから、抵抗の長さを L、抵抗の断面積を S とすると、抵抗の値 R は L に比例、S に反比例することがわかり、比例定数を ρ と置いて、

$$R = \rho \cdot \frac{L}{S}$$

と書くことができます。

このとき、ρ のことを抵抗率と呼んでいます。

オーム抵抗とは、この抵抗率 ρ が一定の抵抗のことをいいます。

■ 電子論的考察

ここで、オームの法則をミクロの世界から考えてみましょう。

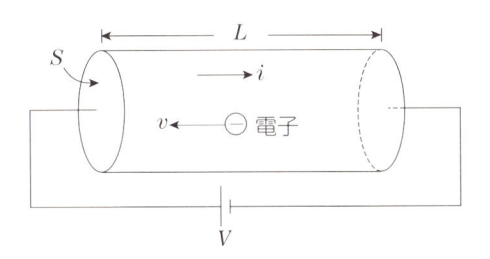

長さ L、断面積 S の抵抗線に電位 V の電池を接続して、抵抗線に電流 i を流したとします。

電子の電気量を $-e$、電子数密度（単位体積当たりの電子の数）を n、電子の移動平均速度の大きさを v とします。

電流とは、単位時間当たりに任意の断面を通過する電気量のことですから、

$$i = |-e| \cdot (単位時間当たり通過する電子の数)$$
$$= e \cdot n \cdot (長さ\, v、断面積\, S\, の体積)$$
$$= envS$$

と書くことができます（電流の定義）。

電子は、抵抗線の中を電場からの力を受けながら運動しています。しかし、電場からの力だけでなく、電子の速さに比例した抵抗力を受け、一定の速さで運動していると考えます。

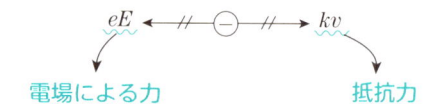

$$eE \longleftarrow \ominus \longrightarrow kv$$

電場による力　　　　　　抵抗力

力のつり合いより、

$$eE = kv \quad ただし、V = EL$$
$$\therefore \quad v = \frac{eE}{k} = \frac{eV}{kL}$$

となります。これを上の電流 i の式に代入すると、

$$i = en \cdot \frac{eV}{kL} \cdot S$$

となり、これを書き直して、

$$V = \frac{kL}{e^2 nS} \cdot i = \frac{k}{e^2 n} \cdot \frac{L}{S} \cdot i$$

と書くことできます。

この式をオームの法則 $V = Ri$ と比較すると、抵抗 R が、L に比例し、S に反比例することがわかるのです。

また、抵抗率 ρ が $\frac{k}{e^2 n}$ と書けることもわかります。

■ 非オーム抵抗

非オーム抵抗とは、抵抗値 R が一定でない抵抗のことをいい、**非線形抵抗**とも呼ばれます。

たとえば、電球などがこれに当たります。

電球などは電圧を上げると電流が多く流れるのですが、それに伴って熱（ジュール熱）が発生します。

白熱電球が熱を持つことは、読者の皆さんもおわかりだと思います。抵抗が熱を持つと、電子は抵抗線内を通過しにくくなるのです。すなわち、抵抗率が上昇してしまい、かかる電圧が上がるほど抵抗が大きくなるのです。

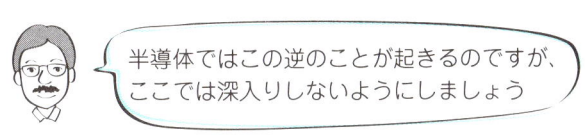

> 半導体ではこの逆のことが起きるのですが、ここでは深入りしないようにしましょう

このような抵抗のことを非オーム抵抗といいます。

グラフで比較して書いてみると、以下のようになります。

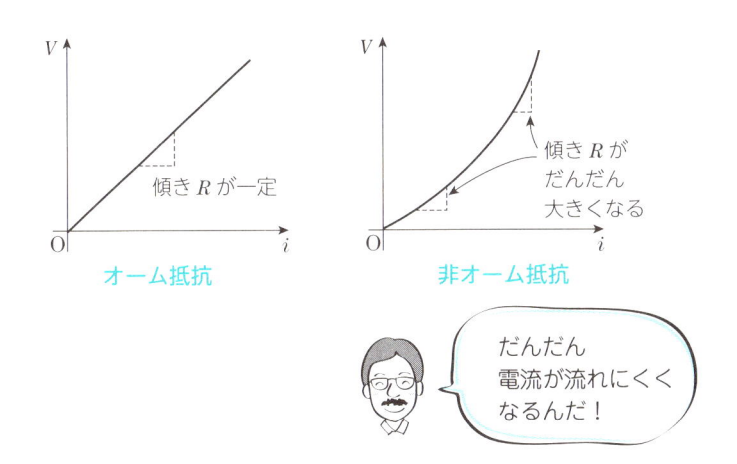

オーム抵抗（傾き R が一定）　　非オーム抵抗（傾き R がだんだん大きくなる）

> だんだん電流が流れにくくなるんだ！

一般に電圧をかけ、電流が流れるときに熱を発する抵抗は、すべてこの非オーム抵抗になります。電球や電熱器、電気ストーブなどはグラフが直線にはならずに、曲線になるのです。

■ 温度依存性

先の非オーム抵抗でふれた「温度依存性」（温度によって抵抗の値が異なる現象）をもう少し詳しく述べておきましょう。

一般に抵抗率 ρ は、

$$\rho = \rho_0 (1 + \alpha t)$$

と書くことができます。

ρ_0 は温度が 0 ℃ のときの抵抗率であり、t は温度（単位は [℃]）、α は温度係数と呼ばれる量です。

先に述べた電球や電熱器などでは $\alpha > 0$ です。

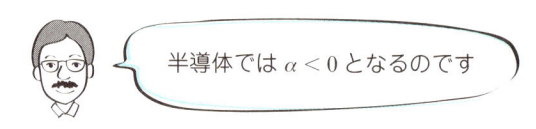

半導体では $\alpha < 0$ となるのです

■ 抵抗率と温度係数

抵抗率は、

$$R = \rho \cdot \frac{L}{S} \quad \therefore \quad \rho = R \cdot \frac{S}{L} \quad [\Omega] \cdot [m^2]/[m]$$

となるので、単位は [$\Omega \cdot m$] となります。

一方、温度係数は、$\rho = \rho_0(1 + \alpha t)$ の式より、単位は [1/℃] と書くことができます。

例題 6

(1) 次ページ上の左の図のような回路をつくり、電池の電源電圧を徐々に上げたとき、抵抗に流れる電流を測定すると、右のグラフのような直線の関係が得られた。この抵抗 R について、次の問いに答えなさい。

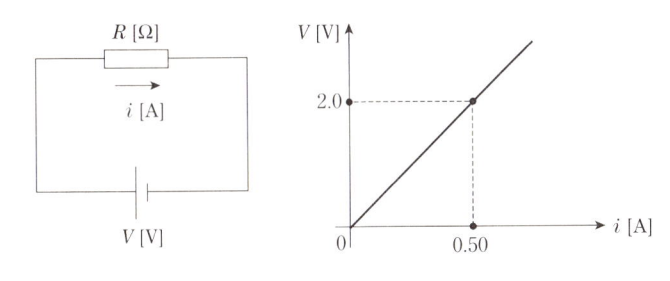

① この抵抗線の抵抗を求めなさい。
② 上の①の抵抗線と同じ材質で長さだけが 2 倍の抵抗をつくった。このとき、この抵抗の抵抗値はいくらになるか？
③ 先の①の抵抗線と同じ材質で断面積だけが 2 倍の抵抗をつくった。このとき、この抵抗の抵抗値はいくらになるか？
④ 先の①の抵抗線と同じ材質で長さが 2 倍、断面積が 2 倍の抵抗をつくった。このとき、この抵抗の抵抗値はいくらになるか？

(2) 以下の図のような $i \sim V$ 特性を持つ非オーム抵抗がある。次の問いに答えなさい。

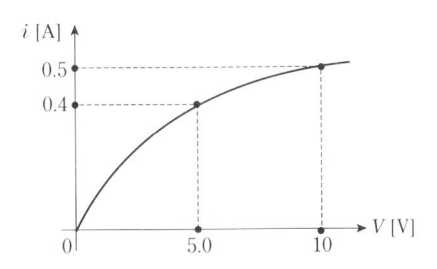

① この抵抗に 5.0 [V] の電圧をかけたとき、この抵抗の抵抗値を求めなさい。
② この抵抗に 0.5 [A] の電流を流したとき、この抵抗の抵抗値を求めなさい。

> まずはグラフの意味をしっかりと考えよう。
> どんな電圧でどれだけの電流が
> 流れるのかを確認しよう

解 答

(1)

① オームの法則 $V = Ri$ より、グラフの傾きが抵抗値に等しい。

$$\therefore\ R = \frac{V}{i} = \frac{2.0}{0.50} = \mathbf{4.0\,[\Omega]}$$

② 抵抗値は抵抗の長さに比例するので、2倍になる。

$$\therefore\ 2 \times R = \mathbf{8.0\,[\Omega]}$$

③ 抵抗値は断面積の大きさに反比例するので、$\frac{1}{2}$倍になる。

$$\therefore\ \frac{1}{2} \times R = \mathbf{2.0\,[\Omega]}$$

④ 長さを2倍にすることで2倍に、断面積の大きさを2倍にすることで$\frac{1}{2}$倍になるので、

$$2 \times \frac{1}{2} \times R = \mathbf{4.0\,[\Omega]}$$

(2)

① 例題文のグラフより、$V = 5.0\,[\mathrm{V}]$ のとき、$i = 0.4\,[\mathrm{A}]$ である。

$$\therefore\ R = \frac{V}{i} = \frac{5.0}{0.4} = \mathbf{12.5\,[\Omega]}$$

② 例題文のグラフより、$i = 0.5\,[\mathrm{A}]$ のとき、$V = 10\,[\mathrm{V}]$ である。

$$\therefore\ R = \frac{V}{i} = \frac{10}{0.5} = \mathbf{20\,[\Omega]}$$

「非オーム抵抗」とはいっても $V = Ri$ は成立しますよ！「Rが一定でない」というだけです

第7講
ジュール熱と抵抗回路
消費電力、抵抗回路の解析

ここでは、抵抗に関するエネルギーについて議論しましょう。
たとえば、オーブントースターでパンを焼くときは、抵抗で発生したジュール熱を利用しているのです。抵抗に電流を流すと、電気的エネルギーの一部が熱エネルギーに変換されるのです。電気ストーブなどもこの方法で部屋を暖めています。

この現象を、定性的、定量的に考えてみましょう。

■ 抵抗で発生するジュール熱

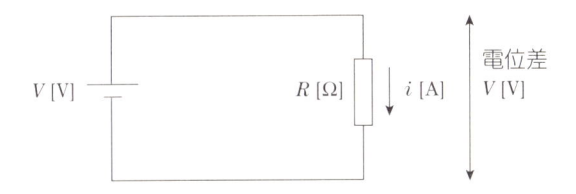

上図のように、電源電圧 V [V] の電池に抵抗値 R [Ω] の抵抗を接続したときに流れる電流を i [A] とすると、オームの法則より、

$$V = Ri$$

が成立します。

このとき、当然、上図のように抵抗の両端の電位差(抵抗間の電位の差)も V [V] です。

電位差 V [V] とは、もともと単位電荷当たりの位置エネルギーを示すものですから、この抵抗では、単位電荷当たり V だけのエネルギーが失われていることになります。

また、電流が i [A] 流れているということは、1 [s] 間当たり、1 [C] の電荷が抵抗を通過しているという意味なので、結局は 1 [s] 間に抵抗で失われ

る電気的エネルギーは、$V \cdot i$ ということになります。

このことを、消費電力と呼び、一般に記号で P、単位は [W]（ワット）を使います。すなわち、

$$P = V \cdot i \; [\text{W}]$$

となります。

生活の中でも、「この電球は 100 ワットだ」とか「このドライヤーは 1200 ワットです」などと言いますね？　その**ワット数とは、単位時間当たりに使用しているエネルギーのこと**なのです。

そういう意味では、ワットという単位は、単位時間当たりのエネルギーなので、

$$[\text{W}] = [\text{J/s}]$$

ということがわかります。

前ページの図の場合には、$V = Ri$ が成立していますから、消費電力は、

$$P = Vi = i^2 R = \frac{V^2}{R}$$

とも書くことができます。

ここまで議論した消費電力 P は、単位時間当たりのものでした。

では、これをどのくらいの時間使用するかを考えなくてはいけません。それが消費電力量と呼ばれるもので、一般に記号は W（Q を用いることもある）、単位は [J]（ジュール）で表わされます。

使用時間（電流を流していた時間）を t [s] とすると、電流値が一定のときは、

$$W = P \cdot t = Vi \cdot t \; [\text{J}]$$

となります。まさにこれがジュール熱と呼ばれるものなのです。

前ページの図の回路では、電池のした仕事がすべて、抵抗でジュール熱になっていることがよくわかります。

オームの法則 $V = Ri$ の両辺に i をかけ算すると、

$$V \cdot i = i^2 R$$

となり、単位時間に電池が供給するエネルギーがすべて抵抗で、ジュール熱に変換されていることがわかります。

このように、単に消費電力 P や消費電力量 W の式を丸覚えするのではなく、電位差や電流の定義（意味）をしっかり理解したうえで、P や W がなぜそのような表記を持っているのかを考えることが大切です。

■ 抵抗回路

抵抗を複数個含む回路の解析方法を考えてみましょう。

コンデンサー回路の解法（159 ページ参照）でも学んだように、基本式 $V = Ri$ をもとに解法を探ってみましょう。

コンデンサーで大切な解法は以下のとおりでした。

コンデンサーの数だけ基本式を立てる
電位の式（位置エネルギーをイメージして）
電荷保存則を考える（電池から独立した部分に着目）

これを抵抗に当てはめて考えると、以下のようになります。

抵抗の数だけ基本式を立てる
電位の式
電流保存則

となるのです。

実際の例を考えて議論しましょう。

このような回路では、基本式を立てるために抵抗に流れる電流をそれぞれ i_1、i_2、抵抗にかかる電圧をそれぞれ V_1、V_2 と仮定します。

上記の3項目について順に考えてみましょう。

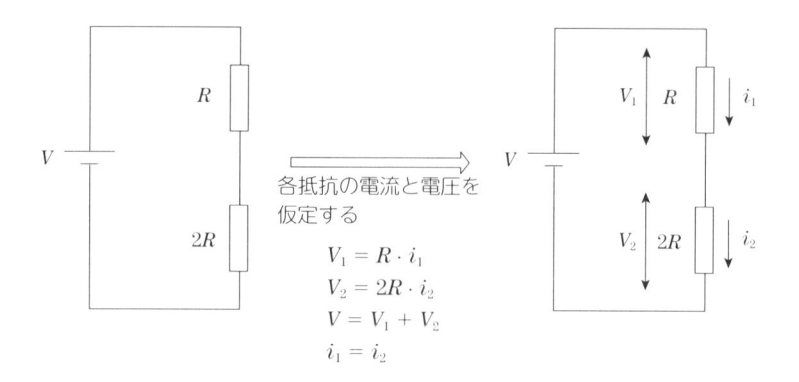

$$V_1 = R \cdot i_1$$
$$V_2 = 2R \cdot i_2$$
$$V = V_1 + V_2$$
$$i_1 = i_2$$

各抵抗の電流と電圧を仮定する

以上、4式を連立すればよいことになります。計算すると、

$$i_1 = i_2 = \frac{V}{3R} \qquad V_1 = \frac{V}{3} \qquad V_2 = \frac{2V}{3}$$

となります。

では、各抵抗での消費電力はどうなるかを計算してみましょう。

抵抗値 R の抵抗での消費電力を P_1 とすると、

$$P_1 = V_1 i_1 = \frac{V}{3} \cdot \frac{V}{3R} = \frac{V^2}{9R}$$

$$P_2 = V_2 i_2 = \frac{2V}{3} \cdot \frac{V}{3R} = \frac{2V^2}{9R}$$

となります。ここでは、$P = Vi$ の式を用いましたが、$P = i^2 R$ や $P = \frac{V^2}{R}$ を用いても、同じ結果になります。

たとえば、

$$P_1 = i_1{}^2 R = \left(\frac{V}{3R}\right)^2 \cdot R = \frac{V^2}{9R}$$

となり、上記の P_1 と一致することがわかります。

さらに、電池のした単位時間当たりの仕事を計算してみましょう。

電池の電圧が V で、流れる電流（単位時間に流れる電気量）が $\frac{V}{3R}$ ですから、

$$W = V \cdot \frac{V}{3R} = \frac{V^2}{3R}$$

となります。

一方で、各抵抗での消費電力の和 $P = P_1 + P_2$ を計算すると、

$$P = P_1 + P_2 = \frac{V^2}{9R} + \frac{2V^2}{9R} = \frac{V^2}{3R}$$

となることがわかります。

これらの式が何を意味するかはもうおわかりですね！

$W = P$ が成立しています。

この回路では、電池が仕事をし、その仕事分を各抵抗で消費し、ジュール熱に変換していることになるのです。したがって、単位時間当たりで考えても、電池のした仕事と抵抗でのジュール熱の和は等しいことになります。まさに、単位時間当たりの仕事とエネルギーの関係（エネルギー保存則）が成立しているのです。

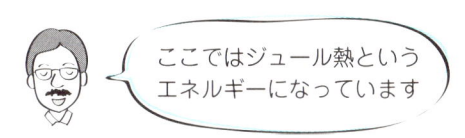

> ここではジュール熱というエネルギーになっています

例題 7

(1) すべての抵抗値が R の抵抗 R_1、R_2、R_3 を用いて、以下の図のような回路をつくった。電池の電圧を V として、次の問いに答えなさい。

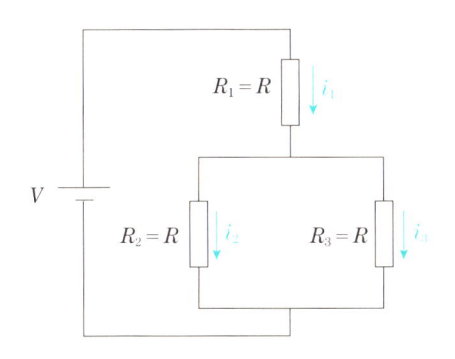

① 抵抗 R_1 に流れる電流を求めなさい。
② 抵抗 R_2 に流れる電流を求めなさい。
③ 抵抗 R_3 に流れる電流を求めなさい。
④ 抵抗 R_1 にかかる電圧を求めなさい。
⑤ 抵抗 R_2 にかかる電圧を求めなさい。
⑥ 抵抗 R_3 にかかる電圧を求めなさい。
⑦ 各抵抗での消費電力を求め、これが電池が単位時間当たりにする仕事に等しいことを示しなさい。

(2) 以下の図のような2つの回路（回路1、回路2）において、抵抗 R_1、R_2、R_3 はいずれも抵抗値が $R_1 > R_2 > R_3$ の関係にある。次の問いに答えなさい。

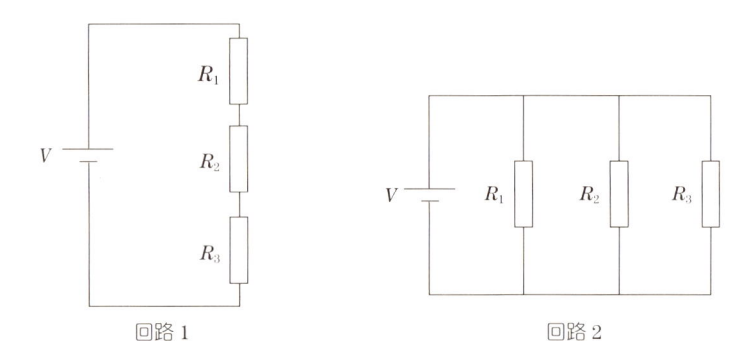

回路1

回路2

各抵抗での消費電力を P_1、P_2、P_3 とするとき、
① 回路1において、P_1、P_2、P_3 の大小関係を示しなさい。
② 回路2において、P_1、P_2、P_3 の大小関係を示しなさい。

抵抗回路の解法（175ページ）の
3つを確実に行なうことが
大切です

解 答

(1) 各抵抗に流れる電流を i_1、i_2、i_3 とする。

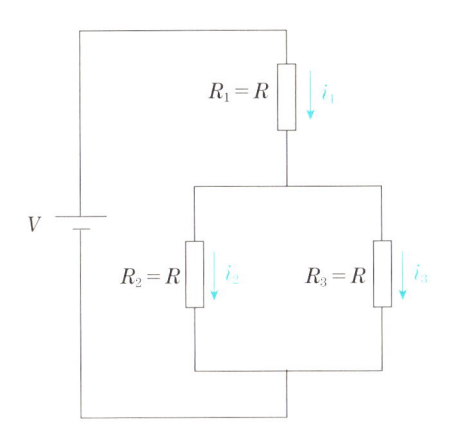

電流保存則より、

$$i_1 = i_2 + i_3$$

電位の式より、

$$V = Ri_1 + Ri_2 \qquad Ri_2 = Ri_3$$

以上の3式より、

① $\quad i_1 = \dfrac{2V}{3R}$

② $\quad i_2 = \dfrac{V}{3R}$

③ $\quad i_3 = \dfrac{V}{3R}$

④ $\quad V_1 = Ri_1 = \dfrac{2}{3}V$

⑤ $\quad V_2 = Ri_2 = \dfrac{1}{3}V$

⑥ $\quad V_3 = Ri_3 = \dfrac{1}{3}V$

⑦ 各抵抗の消費電力を P_1、P_2、P_3 とすると、

$$P_1 = V_1 \cdot i_1 = \frac{4V^2}{9R} \qquad P_2 = V_2 \cdot i_2 = \frac{V^2}{9R} \qquad P_3 = V_3 \cdot i_3 = \frac{V^2}{9R}$$

電池の単位時間当たりにする仕事は

$$W = V \cdot i_1 = \frac{2V^2}{3R}$$

一方、

$$P_1 + P_2 + P_3 = \frac{4V^2}{9R} + \frac{V^2}{9R} + \frac{V^2}{9R} = \frac{2V^2}{3R}$$

となり、一致する。

(2)

① 流れる電流が共通であるから、これを i と置くと、

$$P_1 : P_2 : P_3 = i^2 R_1 : i^2 R_2 : i^2 R_3 = R_1 : R_2 : R_3 \qquad \therefore \quad P_1 > P_2 > P_3$$

② かかる電圧が共通であるから、これを V と置くと、

$$P_1 : P_2 : P_3 = \frac{V^2}{R_1} : \frac{V^2}{R_2} : \frac{V^2}{R_3} = \frac{1}{R_1} : \frac{1}{R_2} : \frac{1}{R_3} \qquad \therefore \quad P_1 < P_2 < P_3$$

消費電力を計算するときは
$$P = Vi = i^2 R = \frac{V^2}{R}$$
のどれを用いると便利かを考えてから計算しよう

第8講 電流と磁場
電流と磁場の関係、磁束密度と磁束

　読者の皆さんは、小学生のときに電磁石をつくったことはありますね。実際につくったことがなくても、電磁石を見たことはあると思います。

　導線を釘などの鉄芯にぐるぐると巻き付けて電流を流してみると、鉄芯に鉄などがくっつく実験をされた方もいらっしゃると思います。

　このように考えると、電流が磁場を発生させていることになります。

　ここでは、まず最初にこの電流と磁場の関係を見ていきましょう。

■ 電流と磁場

　一般に磁場の強さは、記号 H を用いて表わし、単位は [A/m] を用います。これは、導線に電流を流したときにどんな磁場ができているかを、方位磁針などを用いた実験で確かめることができるのです。

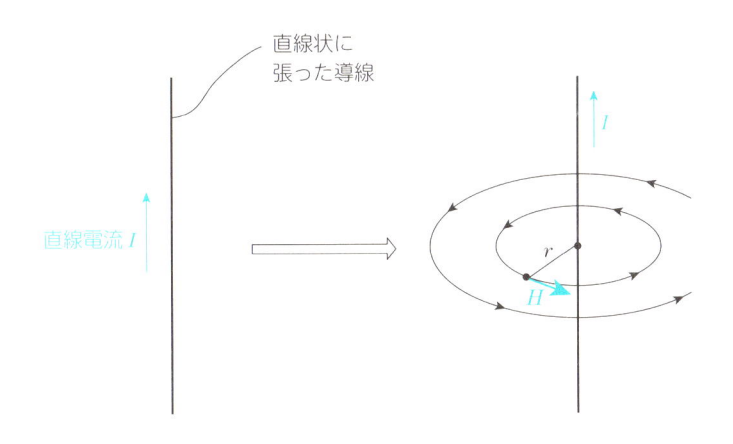

　上図のように、直線電流 I を用意します。直線電流とは、導線を直線状に張り、そこに電流を流した状態のことをいいます。

　このとき、直線電流の周りには上図のように、同心円状の磁場が発生し、

直線電流からの距離が r の位置では、磁場の強さが、

$$H = \frac{I}{2\pi r} \quad \cdots\cdots\cdots\cdots (\text{a})式 \quad 直線電流$$

であることがわかっています。

　磁場の向きは、右ねじが進む向きに電流の向きを一致させたとき、右ねじの回る向きになります。簡単にいうと、ねじを打ち込むときのドライバーの回転方向になります。

　このことを、右ねじの法則と呼んでいます。

　(a)式から、電流 I の単位が [A]、距離 r の単位が [m] であることを考えると、磁場の強さ H の単位が [A/m] になることがわかります。

円電流が円形の中心部につくる磁場は、以下のようになります。

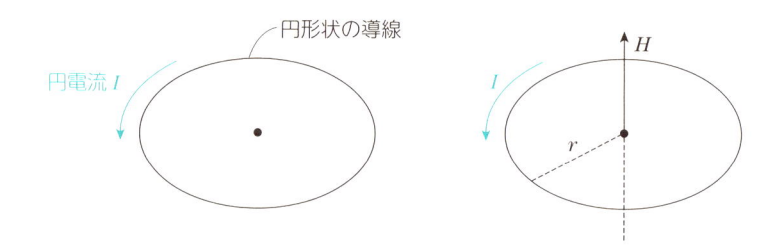

　円形状の導線の半径を r とすると、中心部にはやはり右ねじの法則に従う向きに磁場ができ、この磁場の強さは、

$$H = \frac{I}{2r} \quad \cdots\cdots\cdots\cdots (\text{b})式 \quad 円電流$$

となることが確かめられています。これを見ても、やはり単位は [A/m] となることがわかりますね！

　これらの(a)式、(b)式を見るとわかるように、流す電流の大きさが大きければ、それだけ磁場の大きさが大きくなります。また、電流からの距離が大きければ、それだけ磁場の強さが小さくなることもわかります。重要な式なので、覚えておくとよいと思います。

■ 磁束密度（もう1つの磁場の強さを表わす量）

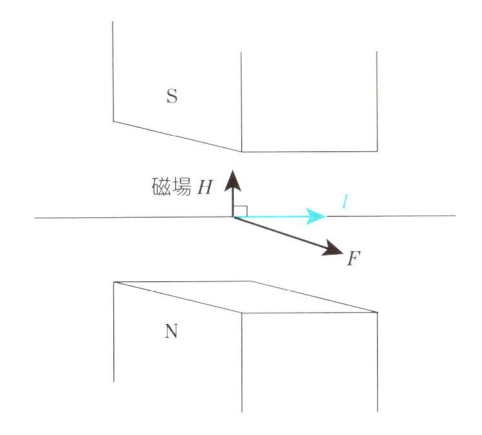

上図のように、永久磁石N極とS極の間に直線電流を置いてみましょう。

永久磁石がつくる磁場は一様な磁場で、N極からS極に向かうものであると決め、その大きさをHとしましょう。

この一様な磁場Hの中に電流Iの直線電流を置くと、直線電流は力Fを受けることが実験で確かめられました。

このとき、この力の向きは、下図の<u>フレミング左手の法則</u>に従います。

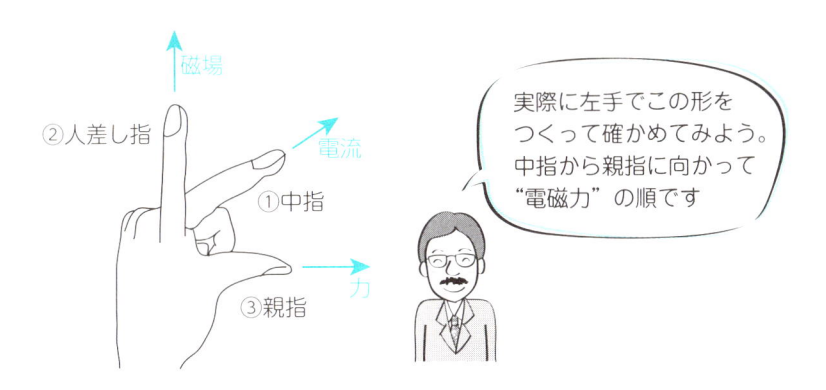

実際に左手でこの形をつくって確かめてみよう。中指から親指に向かって"電磁力"の順です

すなわち、**親指を力の向きに、人差し指を磁場の向きに、中指を電流の向きに合わせた関係**になります。

また、このときの力の大きさFは、磁場の強さH、流れる電流Iおよび磁場内の導線の長さLに比例します。

比例定数を μ として、

$$F = \mu HIL \quad \cdots\cdots\cdots\cdots (c)式$$

と書くことができます。

このとき、μ は透磁率と呼ばれ、周囲の物質の種類によって決まる量で、真空の場合は特に真空透磁率と呼ばれ、一般に μ_0 で表わされます。

上式からもわかるように、磁場による力 F を表わすとき、μ と H の積が式の中に現われます。これは、単に磁場の強さ H の μ 倍と考えることができるので、これを改めて磁場の強さとして表現する場合があります。これを磁束密度と呼び、一般に記号 B を用いて表わし、(c)式は、

$$B = \mu H \qquad F = BIL$$

と書くことができます。このとき、磁束密度 B は、

$$B = \frac{F}{IL}$$

と書くことができるので、単位として [N/Am] を用います。

これより、磁束密度 B は、1 [A]、1 [m] 当たりの力であると考えることもできます。

■ 磁束

磁場 H が大きさと向きを持つベクトル量であることから、それを μ 倍しただけの磁束密度 B も当然ベクトル量であるということになります。

そこで、電場のときに考えた電気力線と同様に、磁束線というものを考えましょう。

電場の大きさが E の電場では、1 [m^2] 当たり E [本] の電気力線を引くと決めました。これとまったく同様に、磁場においても磁束密度が B の磁場では、1 [m^2] 当たり B [本] の磁束線を引くものと考えましょう。

このように考えると、電気力線の本数を N としたとき、面積を S と置くと、$N = ES$ と書くことができるのと同様に、全磁束数は、

$$\Phi = BS$$

と書くことができます。

このとき、この Φ のことを特別に磁束とよび、ここにあるように記号 Φ で表わします。Φ の単位は、一般には［本］を用いずに、科学者の名前を用いて [Wb]（ウェーバ）で表わします。

この式から、

$$B = \frac{\Phi}{S}$$

と書くこともできるので、磁束密度 B は、単位として [Wb/m^2] を用いることもあります。また、B は科学者の名前を用いて [T]（テスラ）とする場合もあります。

電流が一定で、強い電磁石をつくろうとするとき、コイルの中に鉄芯を入れたりします。なぜなら、真空（中空）のコイルよりも強い磁場が得られるからです。

これを、これまで学んだ式で説明すると、B が大きくなるということを表わしています。電流が一定ならば H は一定のはずですから、鉄芯を入れるということは、透磁率 μ が大きくなり、磁束密度 B が大きくなったと考えることができます。

例題 8

(1) 以下の図のように、2本の導線を間隔 L だけ離して平行に並べる。この2本の導線には、抵抗値 R の抵抗と電圧 V の電池およびスイッチが接続されている。

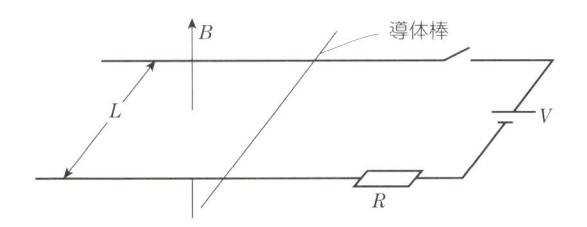

この回路に対して鉛直上向きに一様な磁束密度 B の磁場をかけた。2本の導線に垂直に導体棒を置き、スイッチを閉じた場合について、次の問いに答えなさい。

① スイッチを閉じた瞬間、導体棒に流れる電流の大きさを求めなさい。

② 導体棒は、上の①で流れる電流によって力を受ける。スイッチを閉じた瞬間、導体棒を流れる電流が磁場から受ける力の大きさを求めなさい。

③ 導体棒は、上の②で求めた力によって動き出す。動き出す向きを答えなさい。

(2) 2本の直線導線 P、Q が平行に間隔 L だけ離して置かれており、以下の図のようにそれぞれに電流 I_1、I_2 が流れている。これについて、次の問いに答えなさい。

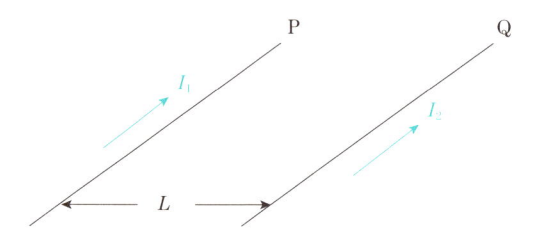

① 直線導線 P を流れる電流が、直線電流 Q の位置につくる磁束密度の大きさを求めなさい。ただし、透磁率は μ とする。

② 直線導線 Q が、上の①で求めた磁場から受ける単位長さ当たりの力の大きさと向きを求めなさい。

> 磁場による力を考えるときは、大きさと向きは必ず別々に考えよう！

解答

(1)

① 流れる電流を I とすると、
$$V = IR \quad \therefore \quad I = \frac{V}{R}$$

② $F = BIL$ より、
$$F = B \cdot \frac{V}{R} \cdot L = \frac{BVL}{R}$$

③ フレミング左手の法則より、図のようになるので、**左向き**。

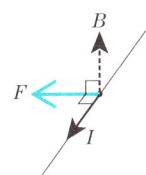

(2)

① 直線電流がつくる磁場は $H = \dfrac{I}{2\pi r}$ と書けるので、ここでは
$$H = \frac{I_1}{2\pi L}$$

また、$B = \mu H$ より、$B = \dfrac{\mu I_1}{2\pi L}$

② $F = BI_2 \cdot 1 = \dfrac{\mu I_1}{2\pi L} \cdot I_2 = \dfrac{\mu I_1 I_2}{2\pi L}$

直線導線 P が Q の位置につくる磁場は、右ねじの法則より、鉛直下向きである。

フレミング左手の法則より、図のようになるので、**左向き**。

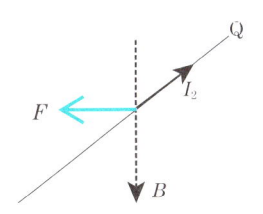

> フレミング左手の法則と右ねじの法則を正しく使い分けよう。前者は「3つの関係」、後者は「2つの関係」を示します

第9講
ファラデーの電磁誘導の法則
電磁誘導現象

第8講で、電流が磁場から受ける力について学びました。われわれの生活の中では、「モーター」が最も身近なものでしょう。モーターは、電流を流すと回転し始めます。電流を大きくするとより力強く速く回転します。モーターを流れる電流が磁場から力を受けているからです。

イギリスの物理学者ファラデーは、この事実から逆転の発想を用いて、電磁誘導現象に気づきます。「モーターを電池につないで電圧をかけたらモーターは回転をする。であるならば、モーターを力学的に回転させれば電圧が生まれるのではないか？」と考えました。

皆さん、自転車のライトの発電機を思い出してみてください。もうおわかりですね？　自転車のライトは速く走れば走るほど明るいことも、これでよくわかりますね。

■ 電磁誘導の法則

電磁誘導は、磁場の強さが強いほど、また磁場の変化の速さが大きいほど、大きな電圧を生み出すことができます。

ファラデーは、電磁誘導で生じる電圧（誘導起電力という）が、コイルを貫く磁束の変化の割合に比例することを発見し、のちにノイマンがこれを数式化しました。

1巻きコイルを上向きに磁束 Φ が上向きに貫いているとします。この磁束が時間 Δt の間に、$\Delta\Phi$ だけ変化したとき、この1巻きコイルに生じる誘導起電力の大きさは、

$$V = \left|\frac{\Delta\Phi}{\Delta t}\right| = \left|\frac{\Delta BS}{\Delta t}\right|$$

と書くことができます。

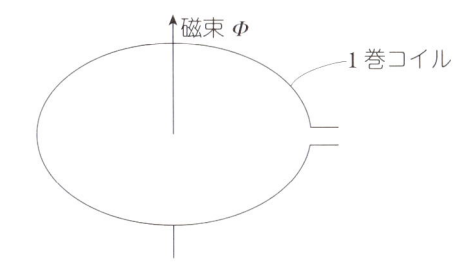

これを、ファラデーの電磁誘導の法則といいます。

また、**誘導起電力の向きは、必ず磁束の変化を妨げる向きに生じる**ことがわかりました。これを、レンツの法則と呼んでいます。

1つ例を挙げて考えてみましょう。

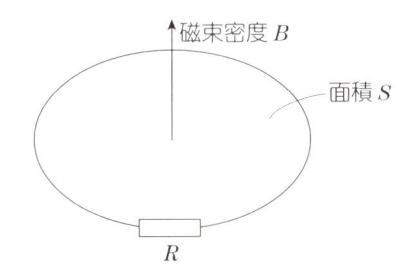

面積 S の1巻きコイルを磁束密度 B の磁場が垂直に上向きに貫いている場合を考えましょう。1巻きコイルの抵抗は R であるとします。

さてここで、磁束密度 B の大きさを時間 Δt の間に ΔB だけ増加させたとしましょう。すると、コイルに生じる誘導起電力 V は、ファラデーの電磁誘導の法則より、

$$V = \left|\frac{\Delta \Phi}{\Delta t}\right|$$

$$= \left|\frac{\Delta B}{\Delta t}\right| \cdot S \quad (\because \ \Phi = BS)$$

$$= \frac{\Delta B}{\Delta t} \cdot S \quad (\because \ \frac{\Delta B}{\Delta t} > 0)$$

となります。

ここで、この 1 巻きコイルに流れる電流を I とすると、$V = RI$ より、

$$I = \frac{V}{R} = \frac{\Delta BS}{\Delta t R}$$

と計算することができます。

また、レンツの法則より、コイルを上向きに貫く磁束の増加を妨げようと、下向きの磁束をつくろうとする電流がコイルに流れるので、右ねじの法則より、時計回りに電流 I が流れることになります。

これを図で表わすと、以下のようになります。

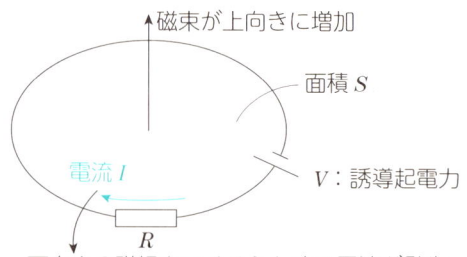

磁束が上向きに増加
面積 S
電流 I
V：誘導起電力
R
下向きの磁場をつくろうとする電流が発生

このときに生じる電流 I のことを**誘導電流**といいます。

■ 誘導電流が磁場から受ける力

上図のような状態になったときをより深く考察してみましょう。

ここでは、上向きの磁場の中でコイルに電流が流れているのですから、当然この導線には力が働くことになります。もちろん、フレミング左手の法則に従う向きの力になります。

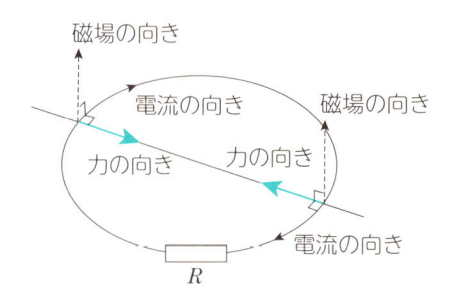

磁場の向き
電流の向き
磁場の向き
力の向き
力の向き
電流の向き
R

このように考えると、導線に働く力は、このコイルの面積を小さくしようとする方向であることがわかります。これもレンツの法則の現われであることはもうおわかりですね？

コイルにしてみれば、上向きに貫く磁束が増加するので、これを妨げようとします。そのためには、**コイルそのものの大きさ（面積）を小さくしてしまえば、磁束は、（磁束密度）×（面積）ですから、磁束の増加を妨げることができるのです。**

ですから、誘導起電力や誘導電流の立場からいえば、下向きの磁束をつくり、上向きの磁束の増加を妨げていることになり、コイルの変形という立場からいえば、コイル自身の面積を小さくすることで、上向きの磁束の増加を妨げていることになるのです。

自然界というのは、変化を嫌う傾向にあるのですね。

このような現象を電気的慣性と呼ぶこともあります。

■ 磁場の中を横切る導体棒

鉛直上向きの一様な磁場（磁束密度 B）の中に抵抗 R 付きのコの字型導線を置き、その上に導体棒を 2 本のレールに垂直になるように置き、速さ v で移動させることを考えます。

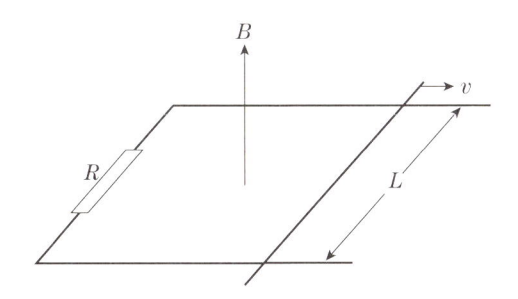

この場合、磁束密度 B は一定でも、回路の面積が導体棒の移動とともに増加するので、やはり電磁誘導現象が起きます。

この場合は、ファラデーの電磁誘導の法則より、

$$V = \left|\frac{\Delta \Phi}{\Delta t}\right|$$

$$= B \cdot \left|\frac{\Delta S}{\Delta t}\right| \quad (\because \quad \Phi = BS)$$

$$= B \cdot \left|\frac{v\Delta t L}{\Delta t}\right| \quad (\because \quad S = v\Delta t \cdot L)$$

$$= BvL$$

と書くことができます。

これを見ると、導体棒を速く動かせば動かすほど誘導起電力が大きくなることがわかります。

自転車を速くこぐとライトが明るくつくことと同じですね！

流れる電流 I は、

$$I = \frac{V}{R} = \frac{BvL}{R}$$

となります。このとき、抵抗で発生する単位時間当たりのジュール熱は、

$$P = VI = BvL \cdot I$$

となりますが、導体棒に働く力が $F = BIL$ なので、

$$P = F \cdot v \quad (単位時間当たりの仕事になる)$$

と書くことができ、エネルギー保存則が成立していることもわかります。

例題 9

(1) 一辺の長さが a の正方形のコイル ABCD がある。また、コイルの右方には、磁束密度 B の磁場がある空間があり、磁場は紙面の裏から表に向かう向きにかかっている。コイルの一辺 CD が、磁場との境界面（点線）に一致したときを時刻の原点（$t = 0$）とする。コイル全体の電気抵抗を R として、次の問いに答えなさい。

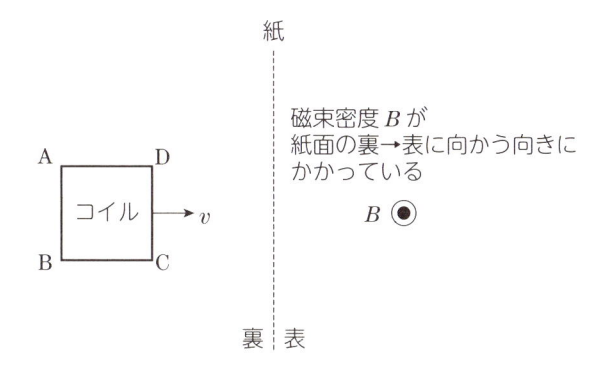

● 第9講　ファラデーの電磁誘導の法則 ●

紙

磁束密度 B が
紙面の裏→表に向かう向きに
かかっている

A　　D
コイル　→ v
B　　C

B ⊙

裏｜表

① 時刻 $t=0$ から $t=\dfrac{2a}{v}$ までのコイルを貫く磁束 $\varPhi$ のグラフを描きなさい。

② 上の①のとき、コイルに流れる電流 I のグラフを描きなさい。ただし、電流の流れる向きは、時計回りを正とする。

③ 先の①のとき、コイルに働く力 F のグラフを描きなさい。ただし、右向きの力を正とする。

④ コイルを磁場内に挿入するのに必要な仕事が、コイルで発生するジュール熱に等しいことを示しなさい。

(2) 以下の図のような鉛直上向きの磁束密度 B の磁場中に、抵抗値 R の抵抗を含むコの字型導線を置き、この上に垂直に導体棒を置いて、右向きに一定の速さ v で移動させた。次の問いに答えなさい。

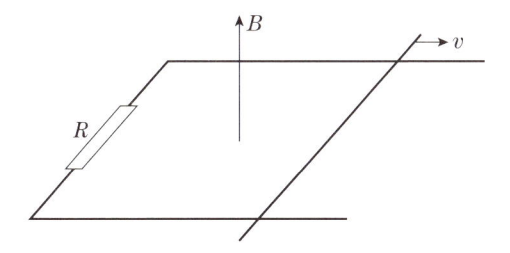

① 導体棒を流れる電流の大きさ I を求めなさい。

② 導体棒が磁場から受ける力 F の大きさを求めなさい。

③ 導体棒を一定の速さ v で移動させるための外力 f を求めなさい。
④ I、F、f の向きをすべて答えなさい。

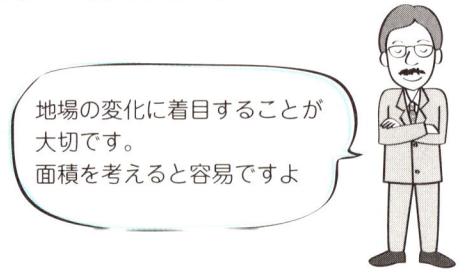

> 地場の変化に着目することが大切です。
> 面積を考えると容易ですよ

解 答

(1)
① 任意の時刻 t では、

$$S = a \cdot vt \quad \therefore \quad \Phi = BS = Bavt \quad (直線)$$

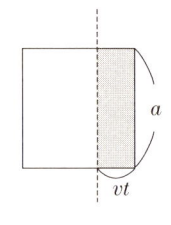

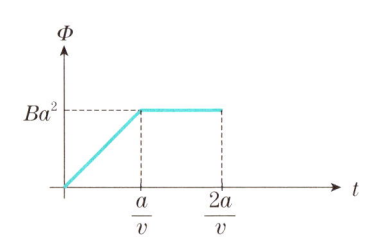

② ファラデーの電磁誘導の法則より、

$$V = \frac{\Delta \Phi}{\Delta t} = Bav \quad \therefore \quad I = \frac{Bav}{R}$$

レンツの法則、右ねじの法則より、時計回りの電流となるので、

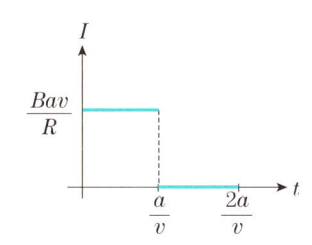

●第9講 ファラデーの電磁誘導の法則●

③ $F = BIa = \dfrac{B^2a^2v}{R}$ （左向き）

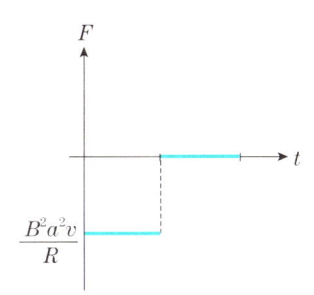

(グラフ: 縦軸 F、横軸 t、値 $-\dfrac{B^2a^2v}{R}$)

④ F に逆らって a だけ挿入するので、その仕事は

$$F \cdot a = \dfrac{B^2a^3v}{R}$$

一方、ジュール熱は、$VI \cdot \dfrac{a}{v} = \dfrac{B^2a^3v}{R}$　よって、一致する。

(2)

① $BLv = IR$ より、$I = \dfrac{BLv}{R}$

② $F = BIL = \dfrac{B^2L^2v}{R}$

③ $f = F = \dfrac{B^2L^2v}{R}$

④ ①時計回り（レンツの法則、右ねじの法則）
　②左向き（レンツの法則）
　③右向き

回路図を描いて、実際に誘導起電力や誘導電流を書き込んでみよう！

第10講

荷電粒子の運動
電場内、磁場内で荷電粒子が受ける力

荷電粒子とは、帯電した粒子のことをいい、高校課程では一般に大きさの無視できる粒子として考えます。

この荷電粒子が、電場や磁場の中でどのような力を受け、どのように運動するかを考えてみましょう。

■ 電場による力

電場の定義を説明したときも述べましたが（133ページ参照）、+1 [C] の電荷が受ける力が電場 E に等しいので、電気量 q の正の荷電粒子が受ける力は、

$$F = qE \quad （F の向きと E の向きは同じ）$$

となります。

一様な電場 E 中での荷電粒子の運動について考えてみましょう。

話を簡単にするために、重力の影響はないものとします。

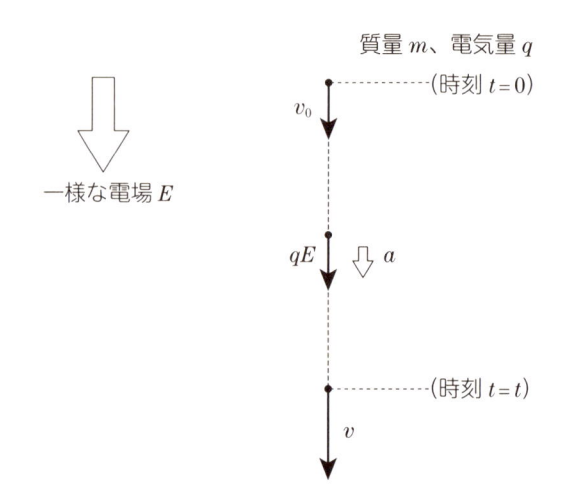

質量 m、電気量 q（> 0）の荷電粒子が一様な電場内で、初速 v_0 で電場と同じ向きに投げ出されたとしましょう。

この粒子が受ける力は、前ページの図のように qE ですから、運動方程式から加速度を求めると、

$$ma = qE \quad \therefore \quad a = \frac{qE}{m}$$

となり、等加速度運動することがわかります。したがって、任意の時刻 t における荷電粒子の速さ v は、等加速度運動の式より、

$$v = v_0 + at = v_0 + \frac{qE}{m} \cdot t$$

また、変位 x は、

$$x = v_0 t + \frac{1}{2} \cdot at^2 = v_0 t + \frac{qE}{2m} \cdot t^2$$

と書くことができます。

ここでは、運動方程式から加速度を求め、等加速度運動に代入しましたが、電場による力 qE の時間的効果、距離的効果をそれぞれ考えることで求めることもできます。すなわち、

時間的効果 $\quad mv = mv_0 + qE \cdot t$

距離的効果 $\quad \dfrac{1}{2} \cdot mv^2 = \dfrac{1}{2} \cdot mv_0^2 + qE \cdot x$

が成立します。ぜひこの式も書けるようになってください。

■ 磁場による力

荷電粒子が磁場から受ける力を考える前に、まず、電流が磁場から受ける力から考えてみましょう。

磁束密度 B の定義から、電流 I が流れる長さ L の導線が受ける力 F は、$F = BIL$ と書くことができます。

ここで、電流の定義（168 ページ参照）から、電子密度を n、電気素量

を e、電子の平均の速さを v、導線の断面積を S と置くと、$I = envS$ と書くことができます。したがって、

$$F = BIL = B \cdot envS \cdot L$$

と書くことができます。

　ここで、この式中の nSL は、考えている導線中の全電子数を表わすことになります。したがって、

$$F = evB \cdot nSL$$

と書き直すと、この式は、電子 1 個 1 個に力 evB が働き、それらの合力が、$F = BIL$ になっていることがわかります。

　このことから、電子 1 個が磁場から受ける力が evB と書けるので、一般の荷電粒子（電気量 q）が受ける力は、qvB と書けることがわかります。

　この力のことをローレンツ力と呼んでいます。

　また、$F = BIL$ の向きがフレミング左手の法則に従うことより、ローレンツ力もフレミング左手の法則に従うことになります。

　しかし、ここで注意が必要です。フレミング左手の法則では、電流の流れる向きと中指を一致させますが（183 ページ参照）、ローレンツ力では、荷電粒子の電気量が正の場合は、荷電粒子の移動方向と中指を一致させます。荷電粒子の電気量が負の場合は逆に合わせることになります。

　以下にその例を挙げておきます。

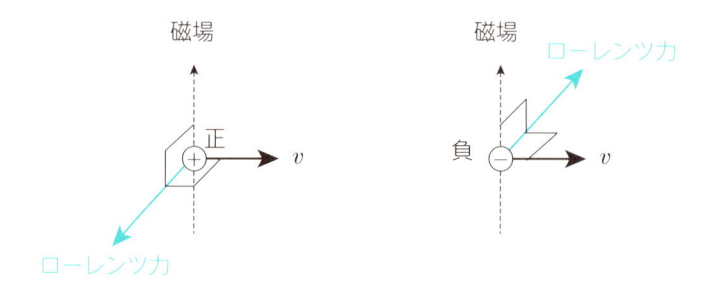

　いずれの場合も、ローレンツ力は、磁場および荷電粒子の移動方向と垂直になることがわかります。

■ 磁場中での荷電粒子の運動

　磁場中では、荷電粒子に働く力（ローレンツ力）が必ず移動方向と垂直に働くため、円運動することになります。正の電気量を持つ荷電粒子で考えてみましょう。

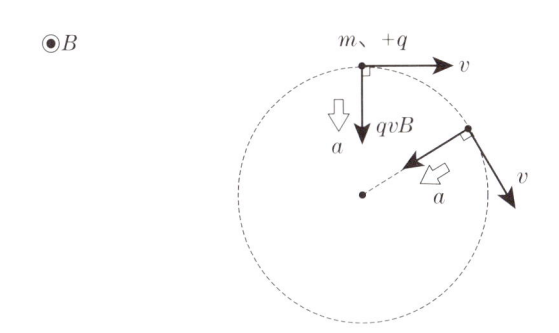

　上図に示すように、紙面裏から表向きに磁束密度 B の一様な磁場をかけ、その中を水平方向に荷電粒子（質量 m、電気量 $+q$）が速さ v で移動している場合を考えます。

　このとき、フレミング左手の法則より、上図の向きにローレンツ力 qvB が働くことになります。

　しかし、この力は移動方向に垂直に働くので、荷電粒子の速さを増加させることも減少させることもできません。すなわち、等速のまま向きを変えることしかできません。向きが変わっても、移動方向に垂直に力が働くので、ローレンツ力が向心力となって円運動することになるのです。

　このように考えると、荷電粒子はローレンツ力から仕事をされることはなく、ローレンツ力の距離的効果を考えることはできなくなります。

　そこで、運動を解析するために、円運動の運動方程式を立ててみましょう。上図より、円運動の半径を r とすると、

$$ma = qvB \qquad a = \frac{v^2}{r}$$

と書くことができます。これより、円運動の半径 r は、$r = \dfrac{mv}{qB}$ と求めることができます。

すなわち、円運動の半径は m、q、B が一定のとき速さ v に比例することがわかります。速さが速ければ速いほど大きな半径で回転するということになります。

ここで、回転の周期 T（1 回転するのに要する時間）を求めてみましょう。

円周の長さは、$2\pi r$ と書くことができるので、

$$T = \frac{2\pi r}{v} = \frac{2\pi m}{qB}$$

となります。

この結果より、荷電粒子が磁場中で円運動するとき、1 周回転するのに要する時間は、m、q、B が一定のとき、一定値をとることがわかります。

すなわち、一周回転するのに要する時間が、荷電粒子の速さ v にも、円運動の半径にも依存しないことになるのです。

おもしろい結果ですね！　大きな半径で回転するときには非常に速く、小さな半径で回転するときにはゆっくり回転していることになります。

このように説明すればもうおわかりですね。先に説明したとおり、円運動の半径と荷電粒子の速さは比例関係にあるために、このような不思議なことが起こるのです。

荷電粒子が磁場中で回転するときには必ずこの性質が成立します。磁場中での性質として、この現象は理解したうえで、覚えておくべき事実だと思います。

例題 10

(1) 質量 m、電気量 $+q$ の荷電粒子を xy 座標系のもとで原点から x 軸となす角 θ で初速 v_0 で打ち出した。このときの時刻を $t = 0$ とする。$-y$ 方向に、電場の大きさ E の電場がかけられている。重力の影響は無視できるものとして、次の問いに答えなさい。

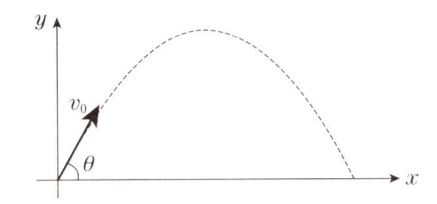

① x、y 方向の加速度を求めなさい。
② y の値が最大になるときの時刻を求めなさい。
③ x 軸上を再び通過するときの時刻を求めなさい。
④ 上の③のときの x 座標を求めなさい。
⑤ 上の④で求めた x 座標を最大にするための θ を求めなさい。

(2) 質量 m、電気量 $+q$ の荷電粒子を以下の図のような幅 L の磁場中に垂直に打ち込んだところ、偏向角 θ で磁場の空間から飛び出してきた。磁場は紙面の表から裏に向かっており、磁束密度の大きさを B とする。重力の影響は無視できるものとして、次の問いに答えなさい。

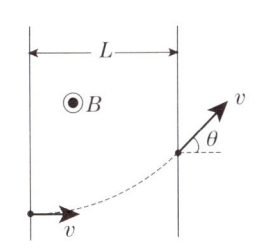

① 磁場中での円運動の半径を求めなさい。
② $\sin \theta$ を求めなさい。

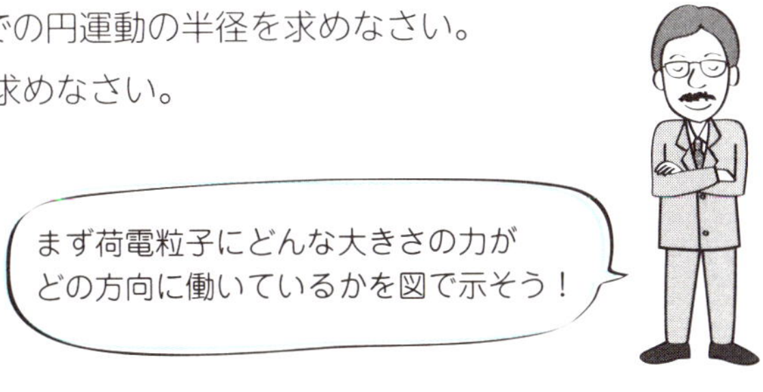

> まず荷電粒子にどんな大きさの力がどの方向に働いているかを図で示そう！

解 答

(1)
① それぞれの運動方程式は
$$ma_x = 0 \qquad ma_y = -qE \qquad \therefore \quad a_x = 0 \qquad a_y = -\frac{qE}{m}$$

② y 方向の速さ v_y が 0 になるときを考えて、
$$0 = v_0 \sin\theta + a_y t \qquad \therefore \quad t = -\frac{v_0 \sin\theta}{a_y} = \frac{mv_0 \sin\theta}{qE}$$

③ 対称性より、②の結果の 2 倍になる。
$$t' = 2t = \frac{2mv_0 \sin\theta}{qE}$$

④ $x = v_0 \cos\theta \cdot t' = \dfrac{2mv_0^2 \sin\theta \cos\theta}{qE} = \dfrac{mv_0^2 \sin 2\theta}{qE}$

⑤ $\sin 2\theta = 1$ のとき、 $\therefore \quad 2\theta = 90°$ $\therefore \quad \theta = 45°$

(2)
① 円運動の運動方程式は
$$ma = qvB \qquad a = \frac{v^2}{r} \qquad \therefore \quad r = \frac{mv}{qB}$$

② 図より、偏向角 θ は回転角 θ に等しい。
$$\therefore \quad \sin\theta = \frac{L}{r} = \frac{qBL}{mv}$$

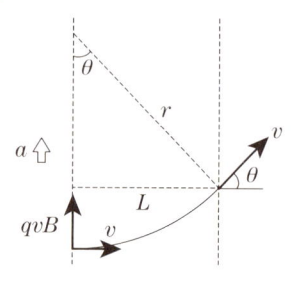

> 運動方程式を立てた後に問われている量を考え、加速度や半径・速さの関係を導こう！

第11講 交流回路
R回路、L回路、C回路

交流とは、一般家庭で用いているコンセントで得られるものが最も代表的です。交流に対して、電池などで得られるものを直流と呼んでいます。

たとえば、直流電圧と交流電圧を、横軸を時間の関数としてグラフに描くと、以下のようになります。

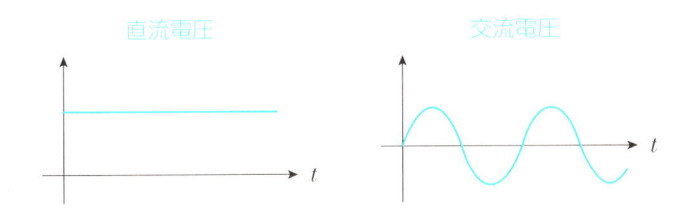

直流電圧　　　　　　交流電圧

簡単にいえば、直流はプラスとマイナスが決まっていますが、交流はプラスとマイナスが交互に入れ替わっている電圧のことなのです。したがって、交流電流も、一定の方向に流れるのではなく、行ったり来たりする電流のことをいいます。

■ 交流電圧と交流電流

前述したように、交流では一般に電圧、電流の最大値を V_0、I_0 として、

電圧 $v(t)$　　　$v(t) = V_0 \sin \omega t$
電流 $i(t)$　　　$i(t) = I_0 \sin \omega t$

などと表わします。このとき、ω のことを角周波数（または角振動数）と呼び、$\omega = \dfrac{2\pi}{T} = 2\pi f$ が成立します。

もちろん、単振動で学んだように T は周期です。また、f は周波数（または振動数）と呼ばれ、東日本では 50 [Hz]、西日本では 60 [Hz] です。

■ R 回路

R 回路とは、交流電源に抵抗値 R の抵抗を 1 つつないだときのことをいいます。

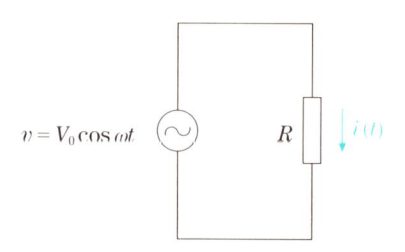

このとき、電位の関係式より、流れる電流 i は、

$$V_0 \sin \omega t = Ri \quad \therefore \quad i = \frac{V_0}{R} \cdot \sin \omega t$$

となり、電流の最大値は、$I_0 = \dfrac{V_0}{R}$ となり、sin の電圧に対して sin の電流が流れるので、「**電圧と電流の間に位相のずれがない**」といいます。

また、消費電力を考えると、

$$P = vi = \frac{V_0^2}{R} \cdot \sin^2 \omega t$$

となるので、グラフで表わすと以下のようになります。

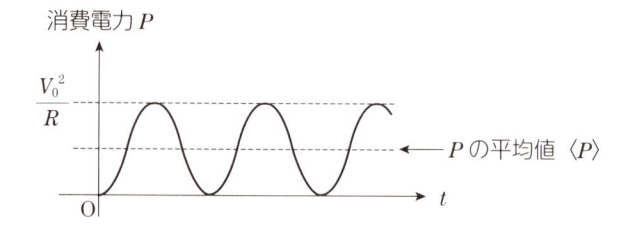

この消費電力の平均値は、上図より最大値の半分と考えられるので、

$$\langle P \rangle = \frac{V_0^2}{2R}$$

となります。これを直流のように、

$$\langle P \rangle = \frac{V_0{}^2}{2R} = \frac{\left(\dfrac{V_0}{\sqrt{2}}\right)^2}{R}$$

と書き直すと、電圧がずっと $\dfrac{V_0}{\sqrt{2}}$ であるときの消費電力と同じになります。

この値のことを、実効電圧と呼び、日本の一般家庭では 100 [V] と決まっています。

同様に $\dfrac{I_0}{\sqrt{2}}$ のことを実効電流と呼んでいます。これは各家庭での契約によるもので、一般には配電盤のブレーカーのところに表示してあります。

■ L 回路

まずは、コイルの話を簡単にしておきましょう。

コイルでは電磁誘導現象のため、電流の変化に比例して誘導起電力が発生するので、電流が増加しようとするとそれを妨げる向きに電圧が生じます。

このとき、比例定数を L（自己インダクタンスという）として、

$$V = L \cdot \frac{\Delta i}{\Delta t}$$

と書くことができます。

$v = V_0 \sin \omega t$　　L　　$i(t)$

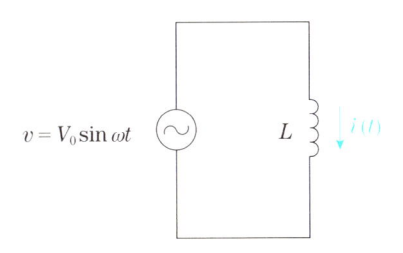

上記の回路では、電位の関係式は、

$$V_0 \sin \omega t = L \cdot \frac{\Delta i}{\Delta t}$$

と書くことができます。

これは微分方程式なのですが、あまり深入りせずに結論だけ述べることにします。
　これを解くと、電流は、

$$i = \frac{V_0}{\omega L} \cdot \sin\left(\omega t - \frac{\pi}{2}\right)$$

と書くことができます。
　したがって、**電流の最大値は、$I_0 = \dfrac{V_0}{\omega L}$ と書け、電流位相が電圧位相よりも $\dfrac{\pi}{2}$ 遅れている**ことになります。この電流の最大値と位相のずれは覚えておきましょう。
　ここで電流の最大値の式から、$V_0 = \omega L \cdot I_0$ と書けるので オームの法則と比較すると、ωL はコイルが入ることによる抵抗のような量を表わしていることがわかります。
　この ωL のことを**誘導リアクタンス**と呼び、単位は抵抗と同じ [Ω]（オーム）を用います。

■ C 回路

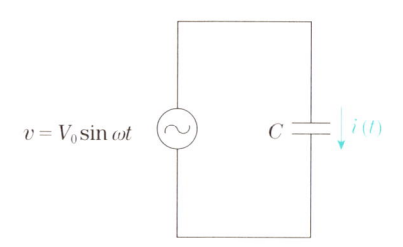

コンデンサーをつないだ場合の電位の関係式は、

$$V_0 \sin\omega t = \frac{q}{C}$$

となります。
　電流が単位時間当たりの電荷移動量ということを用いると、やはりこれも微分方程式となります。
　ここでも深入りしませんが、これを解くと、

$$i = \omega C V_0 \sin\left(\omega t + \frac{\pi}{2}\right)$$

となります。

これより、**電流の最大値は、$I_0 = \omega C V_0$ と書け、電流位相が電圧位相よりも $\frac{\pi}{2}$ 進んでいる**こともわかります。

最大値の式から、$V_0 = \frac{1}{\omega C} \cdot I_0$ となり、コンデンサーでは、抵抗に相当する量が、$\frac{1}{\omega C}$ と表わされることがわかります。

この量のことを容量リアクタンスと呼び、やはり単位は [Ω] を用います。

以上のように、交流で大切なのは、電流の最大値と位相のずれです。微分方程式をいちいち解くのではなく、これらの結果を覚えておいて、電流などが逆算できるように練習をしておきましょう（例題 11 を参照）。

例題 11

交流電源 $v = V_0 \sin \omega t$ を用いて以下のような回路 1、回路 2 をつくった。V_0 は交流電源の最大値、ω は角周波数である。また、図中の L、C はそれぞれコイルの自己インダクタンス、コンデンサーの電気容量である。次の問いに答えなさい。

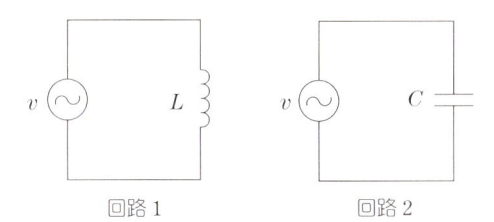

回路 1　　　　　回路 2

① 回路 1 においてコイルを流れる電流の最大値を求めなさい。

② 回路 1 においてコイルを流れる電流は電圧位相と比べてどれだけどうなっているかを答えなさい。

③ 回路 2 においてコンデンサーを流れる電流の最大値を求めなさい。

④ 回路2においてコンデンサーを流れる電流は電圧位相と比べてどれだけどうなっているかを答えなさい。
⑤ 先の①、②より、回路1においてコイルに流れる電流を求め、cos関数を用いて表わしなさい。
⑥ 先の③、④より、回路2においてコンデンサーに流れる電流を求め、cos関数を用いて表わしなさい。
⑦ さらに、抵抗値Rの抵抗を用いて以下の回路をつくった。電源を流れる電流が抵抗を流れる電流と一致するとき、ωをLとCだけを用いて表わしなさい。

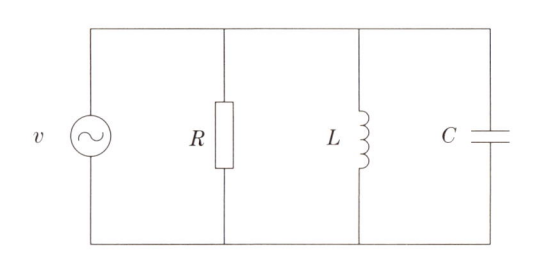

常に電流や電圧の最大値と位相のずれに着目しよう！

解答

① コイルの誘導リアクタンスは ωL なので、

$$V_0 = \omega L \cdot I_{0L} \quad \therefore \quad I_{0L} = \frac{V_0}{\omega L}$$

② $\dfrac{\pi}{2}$ だけ遅れる。

③ コンデンサーの容量リアクタンスは $\dfrac{1}{\omega C}$ なので、

$$V_0 = \frac{1}{\omega C} \cdot I_{0C} \quad \therefore \quad I_{0C} = \omega C V_0$$

④ $\dfrac{\pi}{2}$ だけ進む。

⑤ ①、②より、

$$i_L = I_{0L} \sin\left(\omega t - \frac{\pi}{2}\right) = -\frac{V_0}{\omega L}\cos\omega t$$

⑥ ③、④より、

$$i_C = I_{0C} \sin\left(\omega t + \frac{\pi}{2}\right) = \omega C V_0 \cos\omega t$$

⑦ 電源を流れる電流は $i_R + i_L + i_C$ である。これが、i_R と等しくなるということは、$i_L + i_C = 0$ のときである。

⑤、⑥より、

$$i_L + i_C = V_0\left(-\frac{1}{\omega L} + \omega C\right)\cos\omega t$$

これが常に 0 になるのは

$$-\frac{1}{\omega L} + \omega C = 0 \quad \therefore \quad \omega = \frac{1}{\sqrt{LC}}$$

> R、L、C それぞれに $v = V_0 \sin \omega t$ の電圧がかかったときの電流は、必ず求められるようにしておこう!

第12講

電気振動
単振動とのアナロジー

「電気振動」という言葉はあまり聞き慣れない言葉だと思いますが、無線工学においては非常に重要な項目です。携帯電話で特定の人と話したり、テレビやラジオで自分の好きなチャンネルを選んだりするときの根本原理なのです。

ここでは、力学の「単振動」（116ページ参照）とのアナロジーから学習してみましょう。アナロジーとは「現象の類似性」という意味で、式の形が同じになることを確認します。

■ 電気振動回路とは？

電気容量 C のコンデンサーと自己インダクタンス L のコイルを並列につないだ回路のことを、電気振動回路と呼びます。

たとえば、コンデンサーに電荷をためておき、スイッチを閉じたときのことを考えてみましょう。

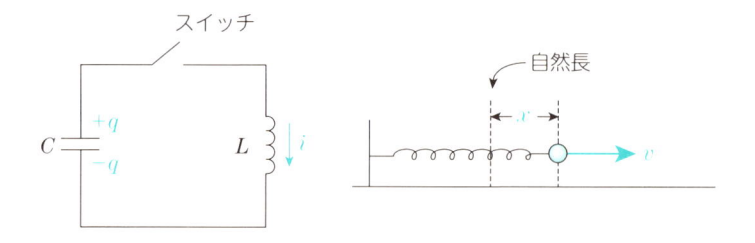

スイッチを閉じた瞬間を時刻の原点として、任意の時刻 t におけるコンデンサーに蓄えられている電気量を q、コイルに流れる電流を i と置きます。一方、バネを縮めておいて手を離したとき、やはり任意の時刻におけるバネの伸び（縮み）を x、そのときの物体の速さを v とします。

ここで、エネルギー保存則を考えてみましょう。単振動におけるエネルギー保存則は容易ですね。

$$\frac{1}{2} \cdot mv^2 + \frac{1}{2} \cdot kx^2 = (一定)$$

となります。これを電気振動の場合と比較してみるのです。

CL並列回路においてもエネルギー保存則は成立していなくてはならないので、この回路のエネルギー保存則は、アナロジーから、

$$\frac{1}{2} \cdot Li^2 + \frac{1}{2} \cdot \frac{q^2}{C} = (一定)$$

と書けることがわかります。すなわち、対応関係は、

$$L \to m \quad |i| \to |v|$$
$$\frac{1}{C} \to k \quad |q| \to |x|$$

となっています。

電気振動では、物体の単振動のように電荷が振動することになるのです。

この対応関係さえわかっていれば、容易に流れる電流などを求めることができます。

エネルギー表記の対応 $\left(\frac{1}{2} Li^2 \leftrightarrow \frac{1}{2} mv^2、\frac{1}{2} \frac{q^2}{C} \leftrightarrow \frac{1}{2} kx^2 の対応 \right)$ を頭に入れておきましょう。

単振動において周期 T は、$T = 2\pi \sqrt{\frac{m}{k}}$ ということがすでにわかっています。これを上記の対応関係で考えると、

$$T = 2\pi \sqrt{LC}$$

となることも容易にわかります。

ここで、$T = \frac{2\pi}{\omega}$ですから、電気振動における角振動数 ω は、

$$\omega = \frac{1}{\sqrt{LC}}$$

であることもわかります。

この電気振動の原因は、「レンツの法則にある」といってもよいでしょう。すなわち、コンデンサーから放電しようとすると、それを妨げる向き

にコイルで誘導起電力が生じ、電荷の移動が止まろうとすると、止めないようにコイルで誘導起電力が生じ、コンデンサーは正負が逆転した状態で帯電するのです。

このことは、単振動する物体が最初ゆっくりと動き出し、自然長のところで止まらずにそのまま通過し、自然長を挟んで反対側まで変位することと同じなのです。

例題 12

(1) 時刻 $t = 0$ において、以下の図のようにコンデンサーには電荷 Q が蓄えられ、コイルには電流が流れていないものとする。時刻 $t = 0$ にスイッチ S を閉じたときの現象について、次の問いに答えなさい。ただし、コンデンサーの電気容量を C、コイルの自己インダクタンスを L とする。

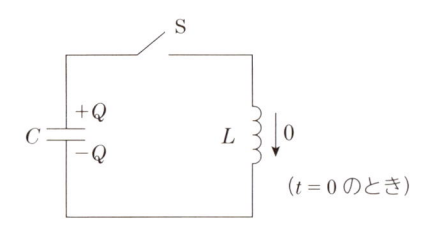

① この電気振動の周期 T を求めなさい。
② この電気振動の角振動数 w を L と C で表わしなさい。
③ 任意の時刻 t における、コンデンサーに蓄えられた電気量 q を時間の関数としてグラフで示し、関数で表記しなさい。
④ 任意の時刻 t における、コイルを流れる電流 i を時間の関数としてグラフで示し、関数で表記しなさい。

(2) 電源電圧 V の電池、抵抗値 R の抵抗、電気容量 C のコンデンサー、自己インダクタンス L のコイルおよびスイッチを用いて、次ページ

の図のような回路をつくった。次の問いに答えなさい。

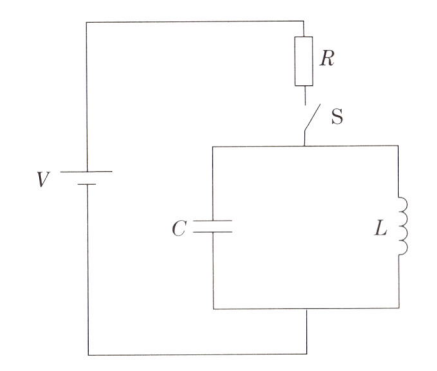

① スイッチを閉じて十分時間が経ったとき、コンデンサーに蓄えられている電気量はいくらか？
② 上の①のとき、コイルに流れる電流はいくらか？
③ 先の①の状態からスイッチをあけた。このときを時刻の原点とする。コイルに流れる電流を時間の関数として求めなさい。

常に単振動と比較しながら問題を解くようにしよう！

解 答

(1)

① 単振動の周期 $T = 2\pi\sqrt{\dfrac{m}{k}}$ のアナロジーより、

$$T = 2\pi\sqrt{LC}$$

② $T = \dfrac{2\pi}{\omega}$ と比較して、

$$\omega = \dfrac{1}{\sqrt{LC}}$$

③ 最初 Q で、徐々に減少するので、以下のようになる。

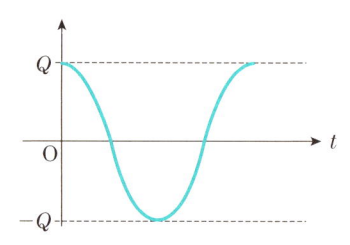

上のグラフより、

$$q = Q\cos\omega t = Q\cos\dfrac{1}{\sqrt{LC}}t$$

④ 最初 0 で、徐々に増加するので、以下のようになる。

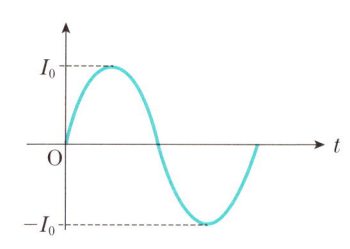

また、エネルギー保存則より、

$$\frac{1}{2}LI_0^2 = \frac{Q^2}{2C} \quad \therefore \ I_0 = \frac{Q}{\sqrt{LC}} \quad \therefore \ i = \frac{Q}{\sqrt{LC}}\sin\frac{1}{\sqrt{LC}}t$$

(2)

① 両端の電位差は 0 なので、**0**

② $V = I_0 R + 0 \quad \therefore \ I_0 = \dfrac{V}{R}$

③ 最初 $I_0 = \dfrac{V}{R}$ で、徐々に小さくなるので、

$$i = I_0 \cos\omega t = \frac{V}{R}\cos\frac{1}{\sqrt{LC}}t$$

> LC 並列回路が問題に出たときには、単振動のどのような現象と対応するのかを考えて、単振動の解法を用いて解こう！

第 3 章
波 動 学

　高校物理で扱う「波動」は、われわれの生活と密接な関係があり、身近なものを中心に扱います。主に光波、音波を取り上げ、波としての性質と現象を具体化して考えていきます。
　また、屈折光学、レンズ、ドップラー効果、干渉などを取り上げて、生活との関係も明らかにしていきましょう。
　本章を理解するためには、読みながらでいいですから、

・波の波長とは？
・波の振動数とは？
・音の高さ、大きさ、音色は何で決まる？
・干渉とは？

……などの問いに答えられるようになりましょう。
　これらについて意識しながら読んでいくと、波動を理解するのに何が大切なのかも理解できると思います。

第 1 講　反射と屈折
第 2 講　レンズ光学
第 3 講　波のグラフと式
第 4 講　弦や気柱の共鳴
第 5 講　ドップラー効果
第 6 講　波の干渉

第1講

反射と屈折
反射の法則、屈折の法則

光の進み方については、古代ギリシャ時代より研究が進められていました。

実際に、反射の法則が成立することについては、理由はともかくとして、多くの研究者たちが気づいていました。反射の法則とは、光を鏡に当てたときに入射する角度と反射する角度が等しいというもので、多くの方は経験的にご存じだと思います。

屈折については、現象は発見されていましたが、どのような物質を用いたときにどの程度屈折するのかは、1600年代に入ってからようやくわかるようになります。

ここでは、波の進み方に関するホイヘンスの原理を学び、これを用いて「反射の法則」や「屈折の法則」を理論的に考えてみましょう。

■ ホイヘンスの原理

波の進み方に関して、ホイヘンスは次のような原理を考え、波の進む理論を構築しました。

ある任意の波面の各点が波源となり素元波をつくる。この素元波の共通接線が次の波面となり、波は進行する。

これが「ホイヘンスの原理」です。

なんだかむずかしい用語がたくさん出てきましたね。じっくりと解説していきましょう。

まず、「波面」とは、波の山や谷の部分を線で結んだものと考えてください。たとえば、プールに長い板を浮かべてそれを上下に振動させたとき、波ができます。このときの波面は、真上から見ると次ページ上の図のようになります。

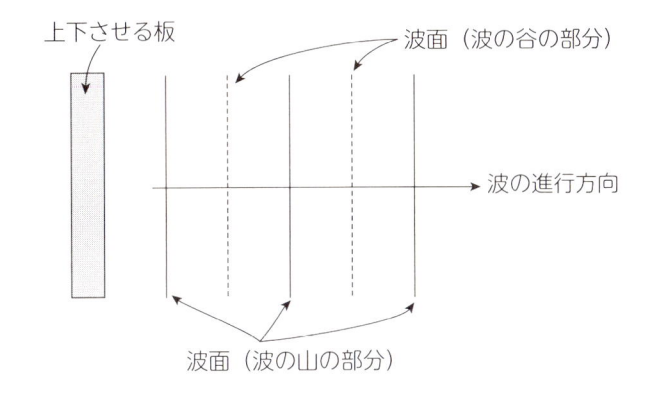

●第1講　反射と屈折●

```
上下させる板        波面（波の谷の部分）
                           → 波の進行方向
              波面（波の山の部分）
```

　上図の実線や破線のことを**波面**といいます。この波面が次々に右側へ移動していく様子を考えたのがホイヘンスの原理です。
　下の図を見ながら詳しく説明します。

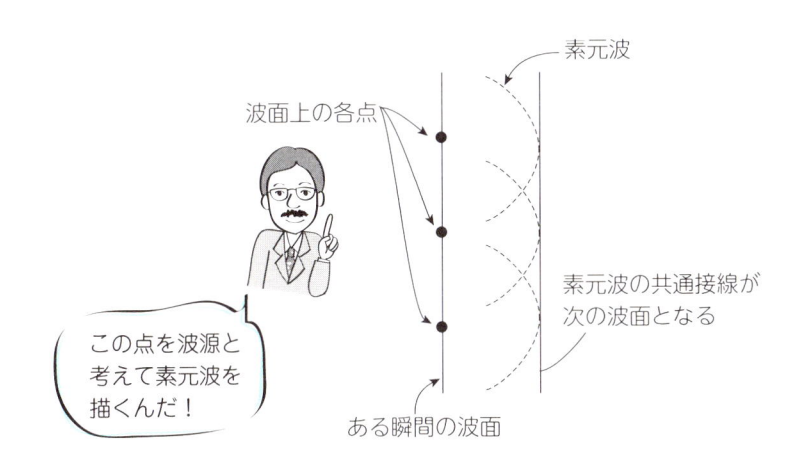

```
                        素元波
       波面上の各点
                        素元波の共通接線が
                        次の波面となる
  この点を波源と
  考えて素元波を
  描くんだ！
                   ある瞬間の波面
```

　ある瞬間の波面をまず描きます。次に、この波面の各点（黒点）を**波源**として**素元波**（破線）を描きます。この素元波という波は仮定した波で、実在するものではありませんが、考え方は簡単で、波源（黒点）の位置に石を投げ込んだときにできる円形の波を描いたものと考えてください。
　この多数の素元波の共通接線が次の波面となります。
　このように考えると、波の進み方を理論的に説明することができるようになるのです。

これらを用いて、波の反射や屈折について考えてみましょう。

■ 反射の法則

話を簡単にするために、光（レーザー光線のようなもの）で考えましょう。光を鏡に当てると反射しますね。これをホイヘンスの原理で考えてみましょう。

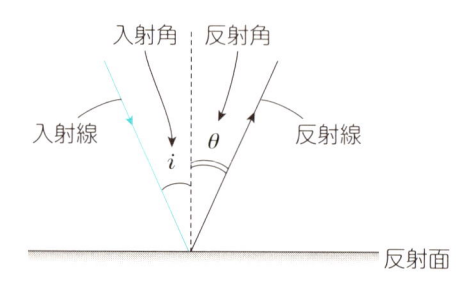

上図のように光が入射角 i で入射し、反射角 θ で反射したとします。この図を見れば、**入射角 i ＝ 反射角 θ** であることは、経験的にもご存じだと思いますが、いざ証明するということになると、ホイヘンスの原理が必要になります。

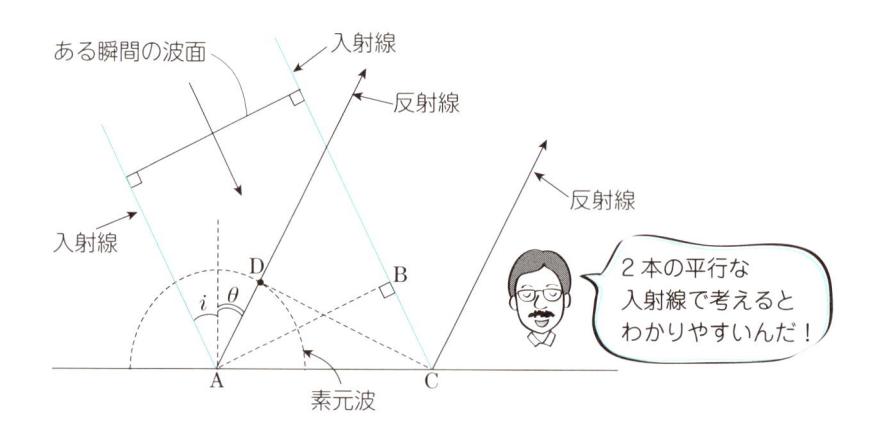

2本の平行な入射線で考えるとわかりやすいんだ！

ここで、2本の平行な入射線と、それに垂直な波面を考えます。

波面はホイヘンスの原理で説明できるように進行し、AB の位置まで達

します。

Aに入った波は反射されますが、B点の波面は直進します。

Bを通過した波がCに達する間に、Aの波はBCと同じ距離だけ進むはずですから、Aを中心とする半径BCの素元波を描き、C点を通る接線を引けば、反射後の波面が得られます。

当然、△ABCと△CDAは合同ですから（**三辺共通**）、結局入射角と反射角が等しくなります。

■ 屈折の法則

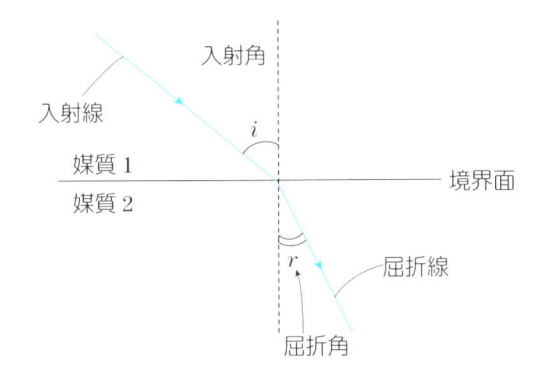

上図で、媒質1に対する媒質2の屈折率を n と定義しましょう。

屈折率とは読んで字のごとく、屈折する度合いを示すものです。これは、媒質が決まれば常に一定の値をとることがわかっています。

その式は以下のように表わすことができます。

$$n = \frac{\sin i}{\sin r}$$

なぜ、入射角や屈折角の sin の比になるのでしょうか？　ここでもホイヘンスの原理から説明してみましょう。

まず、媒質1、2中での光の速さをそれぞれ v_1、v_2 と仮定し、$v_1 > v_2$ とします。

屈折の場合も、先と同様に考えます。

Bを通過した波がCに達したとき、Aを通過した波はBCよりも短い距

離しか進むことができません（$v_1 > v_2$ より）。

このため、A を中心として BC よりも短い半径で素元波を描き、C を通る接線を考えると屈折波の波面を得ることができます。

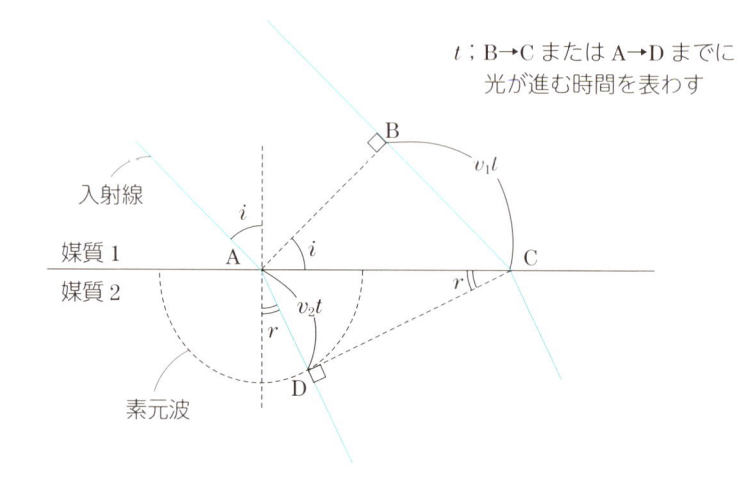

t；B→C または A→D までに光が進む時間を表わす

入射線
媒質 1
媒質 2
素元波

この図より、

$$BC = v_1 t = AC \cdot \sin i$$
$$AD = v_2 t = AC \cdot \sin r$$

となり、2 式の商を考えて

$$\frac{BC}{AD} = \frac{v_1}{v_2} = \frac{\sin i}{\sin r} = （一定） = n$$

となることがわかります。

この n のことを、媒質 1 に対する媒質 2 の屈折率（相対屈折率という）と定義しています。大切な法則なのでまとめておきましょう。

反射の法則　入射角 i ＝ 反射角 θ

屈折の法則　$n = \dfrac{\sin i}{\sin r} = \dfrac{v_1}{v_2} = （一定）$

真空に対するある媒質の相対屈折率を絶対屈折率という。これは、真空の屈折率を 1 と決めているためである。

例題 1

(1) 媒質 1 に対する媒質 2 の屈折率が $n = 1.5$ であるとする。このとき、媒質 1 中での波の速さを v_1 とするとき、媒質 2 中での波の速さはいくらになるか？

(2) 真空に対する媒質 1 の屈折率を n_1、真空に対する媒質 2 の屈折率を n_2 とするとき、媒質 1 に対する媒質 2 の屈折率 n はいくらになるか？

(3) 1つの角が直角のガラス片があり、これに光を当てると、以下の図のように屈折して進んだ。ガラスの周りは真空であるとして、ガラスの真空に対する屈折率は n であるとする。

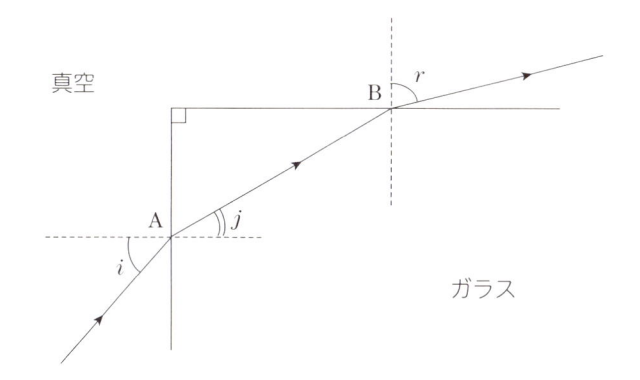

① A 点において成立する屈折の法則を書きなさい。
② B 点において成立する屈折の法則を書きなさい。
③ 上の①、②で求めた関係より、角度 i と角度 r の関係を求めなさい。
④ 角度 r が 90°となるときの角度 i と n の関係を求めなさい。

> B 点で④のような状態になることを**全反射**といいます

(4) 2枚の平面ガラス板が重なって真空中にあり、これに光を当てると以下の図のように屈折して進んだ。ガラスの周りは真空であるとして、媒質1、2の真空に対する屈折率は n_1、n_2 とする。

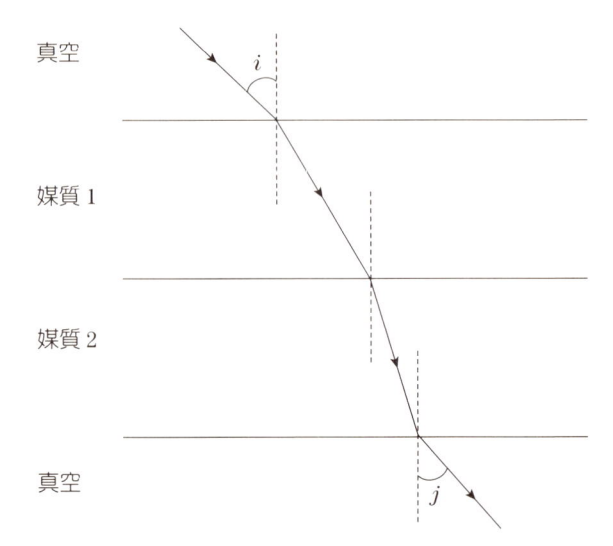

真空

媒質1

媒質2

真空

① n_1 と n_2 の大小関係を求めなさい。
② 図の角度 i と角度 j の関係を求めなさい。

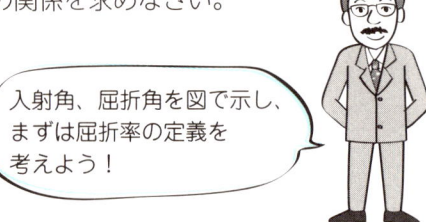

入射角、屈折角を図で示し、まずは屈折率の定義を考えよう！

解答

(1) 屈折の法則より、

$$\frac{v_1}{v_2} = 1.5 \qquad \therefore \quad v_2 = \frac{v_1}{1.5} = \frac{2}{3}v_1$$

(2) 真空の屈折率は 1 であるから、

$$n_1 = \frac{n_1}{1} \qquad n_2 = \frac{n_2}{1}$$

と考えられる。

よって、媒質 1 に対する媒質 2 の屈折率は

$$n = \frac{n_2}{n_1}$$

(3)

① $1 \cdot \sin i = n \cdot \sin j$

② 入射角は $90° - j$ であるから、

$$n \cdot \sin(90° - j) = 1 \cdot \sin r \qquad \therefore \quad n \cdot \cos j = 1 \cdot \sin r$$

③ ①より、$\sin i = n \cdot \sqrt{1 - \cos^2 j}$

②より、$\cos j = \dfrac{\sin r}{n}$

$$\therefore \quad \sin i = n \cdot \sqrt{1 - \frac{\sin^2 r}{n^2}} = \sqrt{n^2 - \sin^2 r}$$

④ $r = 90°$ とすると、②より、

$$n \cdot \cos j = 1 \cdot \sin 90° = 1 \qquad \therefore \quad \cos j = \frac{1}{n}$$

①より、

$$\sin i = n\sqrt{1 - \cos^2 j} = n\sqrt{1 - \frac{1}{n^2}} = \sqrt{n^2 - 1}$$

(4)

① 図より、

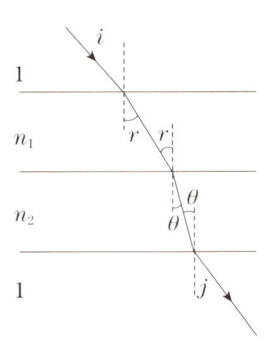

$$\frac{n_2}{n_1} > 1 \quad \therefore \quad n_2 > n_1$$

② 上の図のように角度を決めると、それぞれの屈折点における屈折の法則は

$1 \cdot \sin i = n_1 \cdot \sin r$

$n_1 \cdot \sin r = n_2 \cdot \sin \theta$

$n_2 \cdot \sin \theta = 1 \cdot \sin j$

∴ $1 \cdot \sin i = 1 \cdot \sin j$

∴ $i = j$

屈折の法則は積の形
$n_1 \cdot \sin i = n_2 \cdot \sin j$
$n_1 v_1 = n_2 v_2$
などとして理解しておくと便利ですよ！

第2講

レンズ光学
写像公式、倍率公式

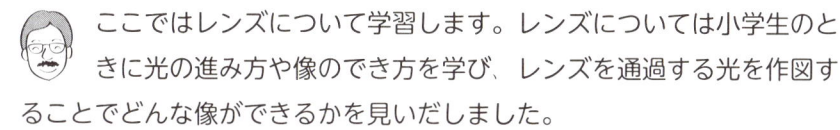

ここではレンズについて学習します。レンズについては小学生のときに光の進み方や像のでき方を学び、レンズを通過する光を作図することでどんな像ができるかを見いだしました。

ここでは、最終目標として、作図しなくてもどんな像がどこにできるかを見いだすことのできる式を考えます。これが、写像公式、倍率公式と呼ばれるものです。

1つずつていねいに考えていきましょう。

■ 写像公式

まずは、凸レンズで実像ができる場合を考えましょう。

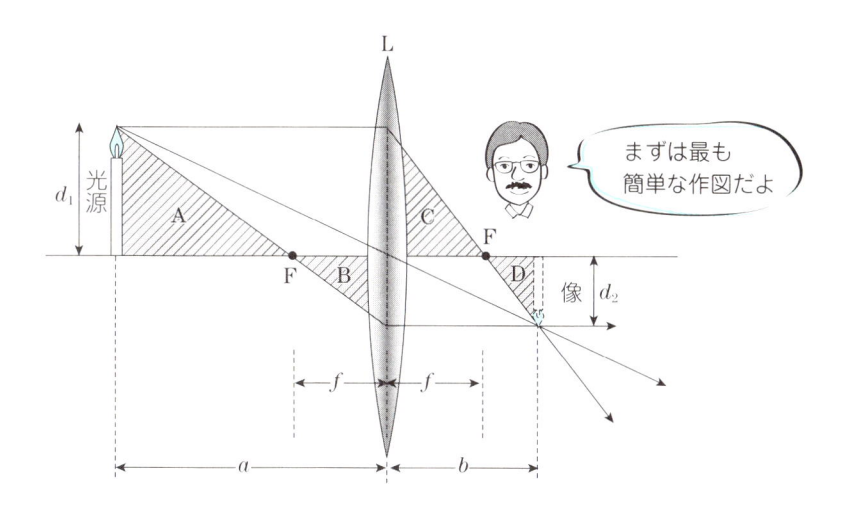

まずは最も簡単な作図だよ

Lがレンズ、Fは焦点です。

上図のように、光源からレンズまでの距離を a、レンズから像までの距離を b、焦点距離を f とします。

また、光源の大きさ（長さ）を d_1、像の大きさ（長さ）を d_2 とします。

前ページの図において、斜線部分の4つの三角形 A、B、C、D に着目すると、それぞれ2角共通で△Aと△B、△Cと△D が相似であることがわかります。

これより比例関係を用いて、

$$d_1 : d_2 = a - f : f \quad (\triangle \text{A} と \triangle \text{B})$$
$$d_1 : d_2 = f : b - f \quad (\triangle \text{C} と \triangle \text{D})$$

が成立することがわかります。

2式において左辺は同じですから、

$$a - f : f = f : b - f$$

が成立します。

これは a、b、f の関係式になっているので、「**たとえば、a、f が決まれば b が決まる。すなわち、どこに像ができるかわかる**」ことになるのです。

この比例式 ($a - f : f = f : b - f$) を変形すると、

〈展開する〉

$$(a - f) \cdot (b - f) = f^2$$
$$ab - af - bf + f^2 = f^2$$
$$\therefore \quad bf + af = ab$$

〈abf で割る〉

$$\therefore \quad \frac{1}{a} + \frac{1}{b} = \frac{1}{f}$$

という関係式が得られることになります。

しかし、これはまだ写像公式とは呼べません。

なぜなら、この式は、凸レンズの場合でしかも「実像」ができるときに限って成立する式だからです。

次に、凹レンズで「虚像」ができる場合を考えてみましょう。次ページの図を見てください。

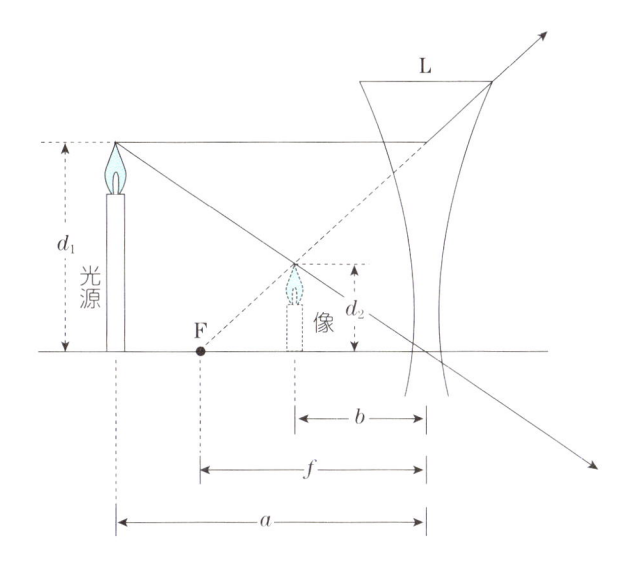

上図のように作図した後、相似関係を用いると、

$d_1 : d_2 = a : b$

$d_1 : d_2 = f : f - b$

となります。

先と同様に計算すると、

$$\frac{1}{a} - \frac{1}{b} = -\frac{1}{f}$$

が得られます。

これを凸レンズのときに得られた式と比較してみると、$\frac{1}{b}$ と $\frac{1}{f}$ の前に－（マイナス記号）がついていることがわかります。

したがって、凹レンズで虚像ができるときには、b や f が負になると考えれば、凸レンズのときと同じ式で考えることができるのです。

以上をまとめましょう。

まずは、レンズを原点とする座標を決めます。a は光源側を正とし、b はその反対側を正とします。また、凸レンズでは f を正に、凹レンズでは f を負として代入します。

そうすると、次ページのようになります。

写像公式　　$\dfrac{1}{a}+\dfrac{1}{b}=\dfrac{1}{f}$

凸レンズ；$f>0$　　凹レンズ；$f<0$
a、b はレンズの位置を原点とする座標

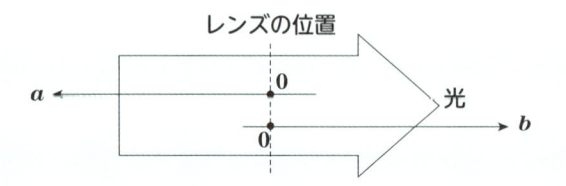

$b>0$ のとき、実像　　$b<0$ のとき、虚像

■ 倍率公式

倍率公式については、先に結論から書きましょう。以下のように決めます。

倍率公式　　$m=-\dfrac{b}{a}$

$|m|$；倍率
$m>0$ のとき、正立像　　$m<0$ のとき、倒立像

ここでももちろん、a、b は距離ではなく座標と考えます。
たとえば、以下の図のように光源、レンズ、像ができたとします。

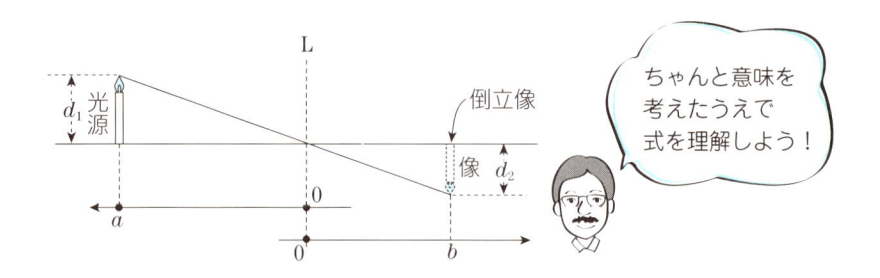

ちゃんと意味を
考えたうえで
式を理解しよう！

するとa、bを座標で考えて、$a > 0$、$b > 0$となります。したがって、倍率公式を用いると、

$$|m| = \left|-\frac{b}{a}\right| = \frac{b}{a} = \frac{d_2}{d_1} \quad (三角形の相似関係)$$

となり、倍率を表わしていることがわかります。

では、マイナスの記号は何を表わしているのでしょうか？

この場合は先にも述べたように、a、bともに正ですから、$m < 0$となります。

前ページの図をよく見てください。像は倒立になっています。

ひっくり返っていますね。

この、**ひっくり返った状態を表わすのがマイナス記号なのです**。たとえば$m = -2$なら、2倍の「倒立像」となるのです。

もうここまで述べれば簡単だと思います。

もしも、$b < 0$であれば像はレンズより左側にでき、$m > 0$となります。すなわち、「正立像」になるということを示しているのです。

図で描くと以下のようになります。

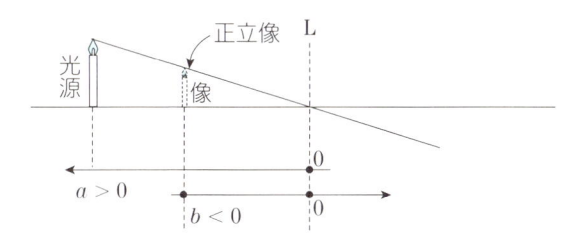

以上をまとめて表記すると、以下のようになります。

写像公式　$\dfrac{1}{a} + \dfrac{1}{b} = \dfrac{1}{f}$　　倍率公式　$m = -\dfrac{b}{a}$

$b > 0$; 実像　　$b < 0$; 虚像

$m > 0$; 正立像　　$m < 0$; 倒立像

これらの式を用いると、作図しなくてもどこにどんな像ができるかがわかることになります。

a、b を座標化することによって、像の位置や種類（実・虚像、正立・倒立像）の判断ができるようになったのです。

写像公式や倍率公式を用いるときには、必ず座標軸上で a、b を考えるように心がけてください。

例題2

(1) 焦点距離が 3 cm の薄い凸レンズの前方 12 cm の位置に長さ 6 cm の光源を光軸に垂直に立てました。このときにできる像について作図せずに、次の問いに答えなさい。

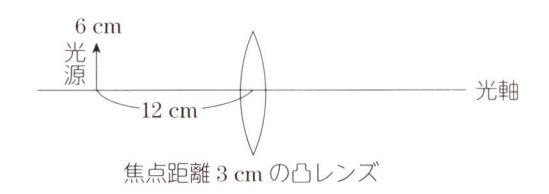

① 像のできる位置はどこか？
② 像は実像か？ 虚像か？
③ 像の大きさは何 cm になるか？
④ 像は正立像か？ 倒立像か？

(2) 焦点距離 20 cm の凸レンズの前方 40 cm の位置に光源を置く。

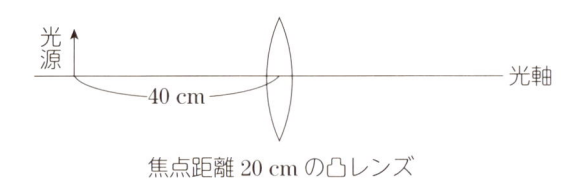

① 像のできる位置はどこか？

② 像は実像か？　虚像か？
③ 像は光源の何倍の大きさか？
④ 像は正立像か？　倒立像か？

さらに、凸レンズの後方 10 cm の位置に、同じ凸レンズをもう1枚置いた。このレンズを入れると像の状態が変化した。

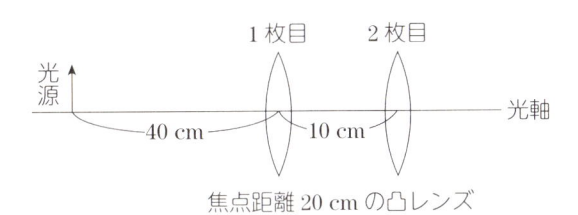

焦点距離 20 cm の凸レンズ

⑤ 像のできる位置はどこか？
⑥ 像は実像か？　虚像か？
⑦ 像は光源の何倍の大きさか？
⑧ 像は正立像か？　倒立像か？

ここで、2 枚のレンズの中央に平面鏡を置いた。

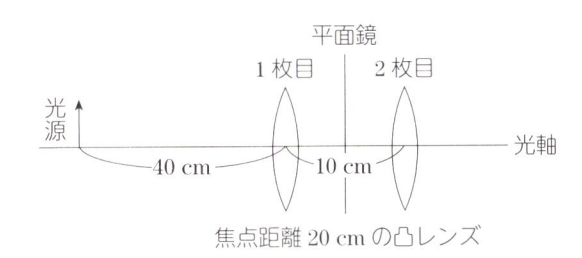

焦点距離 20 cm の凸レンズ

⑨ 像のできる位置はどこか？
⑩ 像の状態は上の⑥、⑦、⑧と比べてどうなるか？

まずは寸法図を考えて、これを座標化しよう！

解 答

(1)

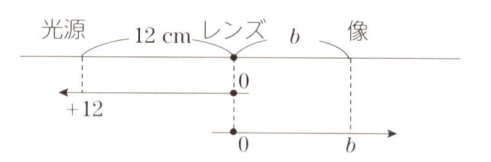

　　光源　12 cm　レンズ　b　像
　　　　　　　　　　0
　　　　+12
　　　　　　　　　0　　　b

① 写像公式より

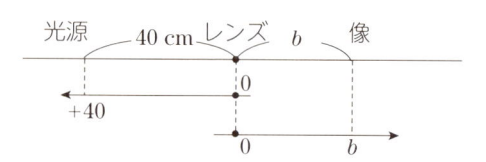

$$\frac{1}{+12}+\frac{1}{b}=\frac{1}{+3} \quad \therefore \ b=+4$$

∴ **レンズ後方 4 cm の位置**

② $b=+4>0$ より、**実像**

③ 倍率公式より、

$$m=-\frac{+4}{+12}=-\frac{1}{3} \quad \therefore \ |m|=\frac{1}{3} \text{倍}$$

これより、

$$6\times\frac{1}{3}=2 \quad \therefore \ \textbf{2 cm の像}$$

④ $m<0$ より、**倒立像**

(2)

　　光源　40 cm　レンズ　b　像
　　　　　　　　　　0
　　　　+40
　　　　　　　　　0　　　b

①、② $\dfrac{1}{+40}+\dfrac{1}{b}=\dfrac{1}{+20} \quad \therefore \ b=+40>0$

∴ **レンズ後方 40 cm の位置、実像**

③、④ $m=-\dfrac{+40}{+40}=-1<0 \quad \therefore \ \textbf{1 倍、倒立像}$

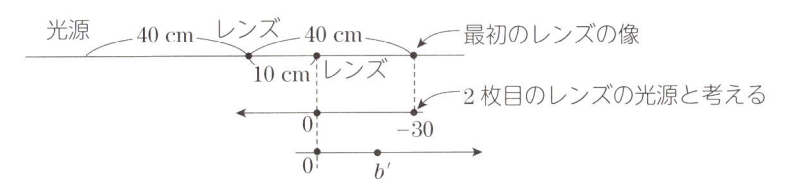

●第 2 講　レンズ光学●

```
光源 ─── 40 cm ─── レンズ ─── 40 cm ─── 最初のレンズの像
                   10 cm  レンズ
                                    2 枚目のレンズの光源と考える
              ←─────────────────
                   0           −30
                   0      b'
```

⑤、⑥　レンズが 2 枚あるときは、最初のレンズの像を 2 枚目のレンズの光源と考えればよい。

$$\frac{1}{-30} + \frac{1}{b'} = \frac{1}{+20} \quad \therefore \quad b' = +12 > 0$$

∴　**2 枚目のレンズ後方 12 cm の位置、実像**

⑦、⑧　$m = \left(-\dfrac{+40}{+40}\right) \cdot \left(-\dfrac{+12}{-30}\right) = -\dfrac{2}{5} < 0 \quad \therefore \quad \dfrac{2}{5}$ **倍、倒立像**

⑨　鏡で折り返すと、⑤、⑥と同じ問題になるので、**1 枚目のレンズ前方 12 cm の位置**

⑩　**変化しない**

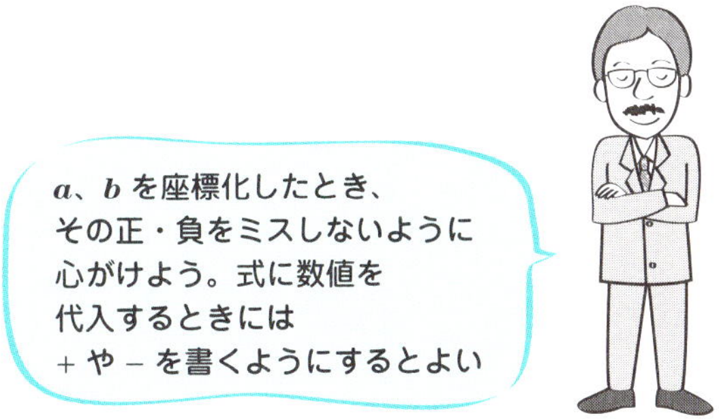

> a、b を座標化したとき、その正・負をミスしないように心がけよう。式に数値を代入するときには + や − を書くようにするとよい

第3講

波のグラフと式
y-x グラフと y-t グラフ

1本のロープが水平に張ってあり、その端を持って上下に振動させロープに波をつくることを想像してください。

このときのロープの波の状態を表わすのに、もともとロープのあった位置からの変位として、一般に y を用いて表わします。

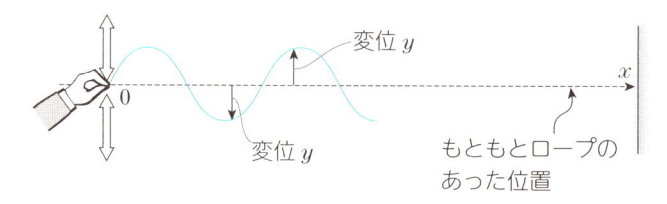

手で持っているところを原点として書いています

上図は、ある瞬間の波の様子を書いたものですが、変位は、ロープの場所 x だけで決まっているように見えます。

しかし、この波は時間とともに右側へ進行するはずですから、変位 y は、位置 x だけでは決まらず、時間 t も関わってくることになります。

すなわち、変位 y は、x と t の関数として、$y(x, t)$ と書くことができるのです。

とはいうものの、x、t がどちらも変数と考えると、変位 y の様子を簡単にイメージすることができません。そこで、片方ずつ固定して考えることにしましょう。

■ y-x グラフ（時間 t の固定）

時間を固定して考えるのですから、ロープに伝わる波の波形を表わすものと考えればよいのです。

簡単にいえば、時間固定ですから、ロープに波が伝わっているときの、ある瞬間の「**写真**」です。

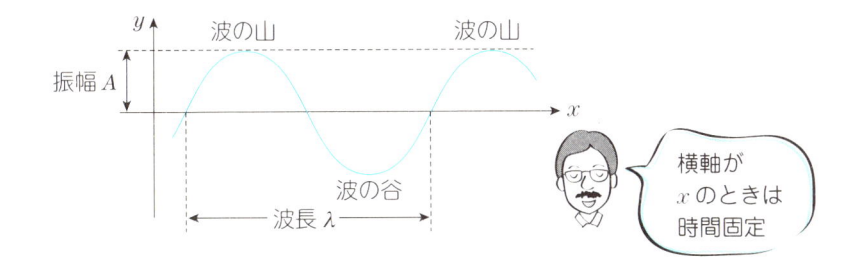

(図：y-x グラフ。振幅 A、波長 λ、波の山、波の谷。横軸が x のときは時間固定)

上図は、ある瞬間のロープの様子の一部を描いたもので、**y-x グラフ**と呼ばれます。

図中にあるように、それぞれの長さを、振幅 A、波長(ランダム) λ、それぞれの位置を波の山、波の谷と呼びます。

また、波の数を数えるときには、波長 1 個分で波 1 個と数えます。

「**1 個の波が x 軸正方向に伝わる**」現象を考えてみましょう。時間 t の間にこの波形が進む距離 x は、波の速さを v とすると、$x = vt$ となります。

■ y-t グラフ（位置 x の固定）

今度は、位置を固定して考えます。

ロープのある任意の位置に印をつけます。この印が時間とともにどのように運動するかを表わしたものが **y-t グラフ**なのです。

いってみれば、ロープの単振動の様子を表わしたものです。

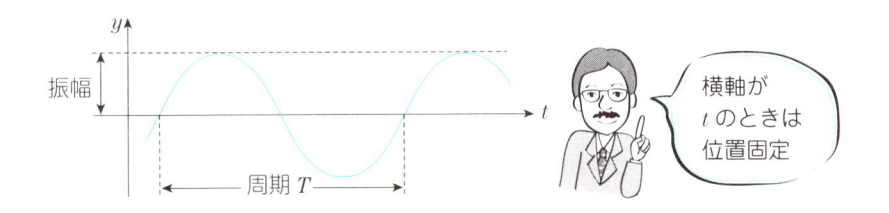

(図：y-t グラフ。振幅、周期 T。横軸が t のときは位置固定)

今度は横軸が時間 t ですから、周期 T が上図のように表わされます。1 周期 T の間に波の先頭はちょうど波長の長さ λ だけ進むので、$x = vt$ の式

において、$t = T$ のとき $x = \lambda$ となり、すなわち、$\boldsymbol{\lambda = vT}$ が成立します。

ここで、この波の振動数（1 秒間に振動する回数）を f [Hz]（ヘルツ）と置くと、$T = \dfrac{1}{f}$ が成立するので、$\lambda = vT$ の式は、$\boldsymbol{v = f\lambda}$ と書き換えることができます。一般に、T を [s] で表わすと、f の単位は [Hz] を用います。

この 2 つの式は波の基本式と呼ばれ、非常に重要な式です。意味も含めてしっかり理解しておきましょう。

波の基本式

$\lambda = vT$（T の間に進む距離は λ に等しい）

$v = f\lambda$（距離 v の中に λ が f 個入っている）

■ 波の式

では、今度は波の変位 $y(x, t)$ を式で表わしてみましょう。

話を簡単にするために、波源は原点 $x = 0$ にあり、時間 t とともに、

$$y(0, t) = A \sin \omega t$$

と表わされる単振動をしているとしましょう。

ここで、ω は角振動数を表わします。

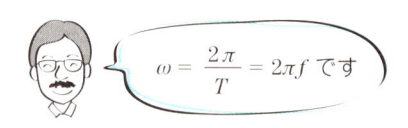

$\omega = \dfrac{2\pi}{T} = 2\pi f$ です

この単振動が、時間とともに x 正方向に伝わると考えればよいのです。

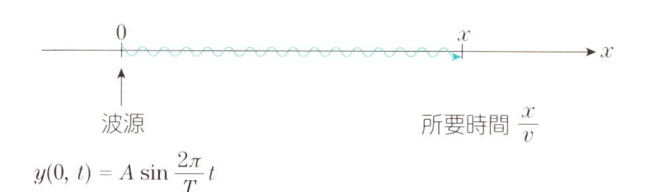

波源　　所要時間 $\dfrac{x}{v}$

$y(0, t) = A \sin \dfrac{2\pi}{T} t$

波源（原点）の振動 $y(0, t)$ が、座標 x の位置まで伝わるのに要する時間は、波の速さを v とすると、$\dfrac{x}{v}$ となります。すなわち、座標 x での振動の変位 $y(x, t)$ は、

現時刻 t よりも時間 $\dfrac{x}{v}$ だけ前の原点の変位

に等しいことがわかります。

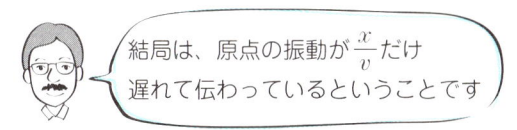

> 結局は、原点の振動が $\dfrac{x}{v}$ だけ遅れて伝わっているということです

これを式で表わすと、

$$y(x, t) = y\left(0, t - \frac{x}{v}\right) = A \sin \omega \left(t - \frac{x}{v}\right)$$

ここで、$\omega = \dfrac{2\pi}{T}$ と代入すると、

$$y(x, t) = A \sin \left\{\frac{2\pi}{T}\left(t - \frac{x}{v}\right)\right\} = A \sin \left\{2\pi \left(\frac{t}{T} - \frac{x}{\lambda}\right)\right\} \quad (\because \ \lambda = vT)$$

となります。

この式が、**原点の振動が $y = A \sin \dfrac{2\pi}{T} t$ で表わされるとき、x 正方向に伝わる波の式**ということになります。

もちろん、これは覚える式ではありません。大切なことは、時間がずれて原点の振動が伝わっているという現象です。あくまでもそれを式で表わしただけですからね。

■ 波の固定端反射と自由端反射

波の反射の仕方には2種類あります。

ロープの一端を固定してあるとき、ここに波が入ってくると、波は**固定端反射**します。固定端とは、ロープの端が固定してあって動けないということです。固定端反射すると、波は反転します。すなわち、山の部分が谷となって反射します。

その理由は、固定端での入射波の変位を $y_{入射}$、反射波の変位を $y_{反射}$ とすると、われわれの目には、この2つの波が重なったものが観測されます。しかし、固定端ではロープの端は動けないので、$y_{入射} + y_{反射} = 0$ となり、反射波の変位は、

$$y_{反射} = -y_{入射}$$

となって、反転することがわかります。

一方、自由端反射ではこのようなことは起こりません。端が自由に動けるので、山は山として跳ね返されることになります。すなわち、

$$y_{反射} = y_{入射}$$

となるのです。

固定端反射と、自由端反射の場合の図を以下に示しておきます。いずれの場合にも、波の山が1つだけ入射した場合について描かれています。

固定端反射の場合

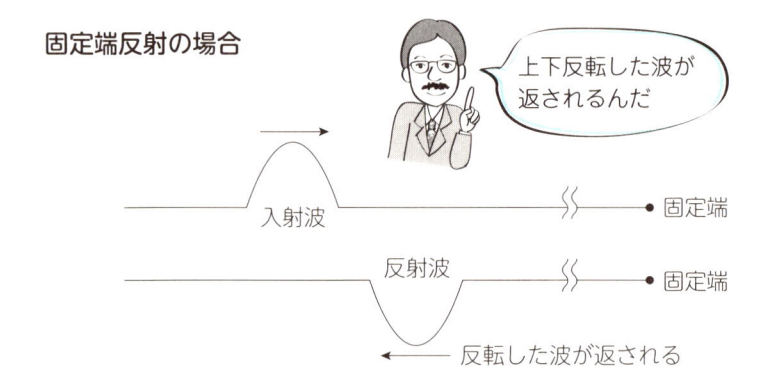

上下反転した波が返されるんだ

入射波 → 固定端

反射波 ← 固定端

← 反転した波が返される

自由端反射の場合

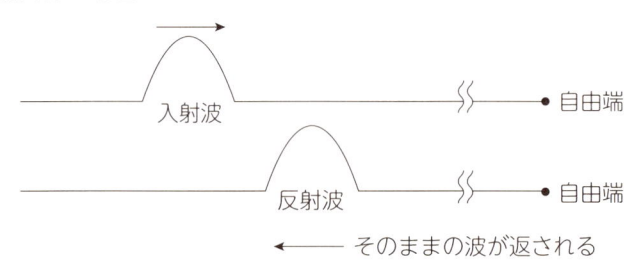

入射波 → 自由端

反射波 ← 自由端

← そのままの波が返される

例題 3

(1) 空気中を音が伝わっている。このときの音速を 340 [m/s] とする。この音の振動数が 170 [Hz] のとき、次の問いに有効数字 2 桁で答えなさい。
   ① この音の周期はいくらか？
   ② この音の波長はいくらか？

(2) x 軸上の原点に波源があり、振動の変位が、

$$y(0,t) = A\sin\left(\frac{2\pi}{T}t\right)$$

で表わされるとする。ここで、A は振幅、T は振動の周期である。これについて、次の問いに答えなさい。
   ① x 軸正方向に伝わる波の式を波の速さ v を含む式で書きなさい。
   ② x 軸負方向に伝わる波の式を波の速さ v を含む式で書きなさい。
   ③ $x = x_0 > 0$ の位置に固定端反射するような反射板を置いた。この反射板で反射した波の式を書きなさい。
   ④ この反射板が自由端反射するような反射板である場合は、反射波の波はどうなるか？

(3) 以下の図は、x 軸正方向に伝わるある波の時刻 $t = 0$ における波形のグラフである。

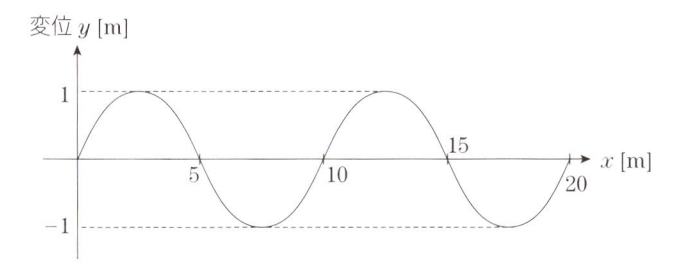

波の速さが 200 [m/s] のとき、次の問いに答えなさい。
① 振幅はいくらか？
② 波長はいくらか？
③ 振動数はいくらか？
④ 周期はいくらか？
⑤ 原点での振動の様子を y-t グラフに描きなさい。
⑥ この波の式を求めなさい。

波の基本式や波源からの所要時間を正確に求めることが大切

●第3講 波のグラフと式●

解 答

(1)

① $T = \dfrac{1}{f} = \dfrac{1}{170} \fallingdotseq \mathbf{5.9 \times 10^{-3}\,[s]}$

② $\lambda = vT = \dfrac{v}{f} = \dfrac{340}{170} = \mathbf{2.0\,[m/s]}$

(2)

① $y(x,t) = y\left(0, t - \dfrac{x}{v}\right) = \boldsymbol{A\sin\dfrac{2\pi}{T}\left(t - \dfrac{x}{v}\right)}$

② $y'(x,t) = y\left(0, t - \dfrac{-x}{v}\right) = \boldsymbol{A\sin\dfrac{2\pi}{T}\left(t + \dfrac{x}{v}\right)}$

③ 図より、

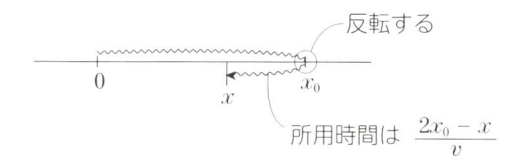

所用時間は $\dfrac{2x_0 - x}{v}$

$$y''(x,t) = -y\left(0, t - \dfrac{2x_0 - x}{v}\right) = \boldsymbol{-A\sin\dfrac{2\pi}{T}\left(t - \dfrac{2x_0 - x}{v}\right)}$$

④ 自由端反射では変位は反転しないので、

$$y''(x,t) = \boldsymbol{A\sin\dfrac{2\pi}{T}\left(t - \dfrac{2x_0 - x}{v}\right)}$$

(3)

① 241ページのグラフより、

$A = \mathbf{1\,[m]}$

② 241ページのグラフより、

$\lambda = \mathbf{10\,[m]}$

③ $v = f\lambda$ より、

$$f = \frac{v}{\lambda} = \frac{200}{10} = \mathbf{20\,[Hz]}$$

④ $T = \dfrac{1}{f} = \dfrac{1}{20} = \mathbf{0.05\,[s]}$

⑤ 波形を少しずらすと、$x = 0$ では $y < 0$ へ向かう。

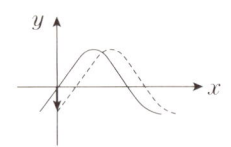

$$\therefore\ y = -A\sin\frac{2\pi}{T}t = \mathbf{-1\cdot\sin 40\pi t}$$

⑥ $y(x, t) = y\left(0, t - \dfrac{x}{v}\right) = \sin 40\pi\left(t - \dfrac{x}{200}\right)$

> 波の式をつくるときは、必ず和訳しながら式を立てることが大切！

第4講

弦や気柱の共鳴
横波と縦波、定常波

ここではまず、高校課程で学ぶ2種類の波（**横波**、**縦波**）について説明します。のちに、**弦**や**気柱**にできる**定常波**について詳しく解説していきます。

気柱は、あまり聞き慣れない用語ですが、簡単にいえば「楽器の笛」を想像してもらえればよいので、あまりむずかしく考えないでください。

■ 横波と縦波

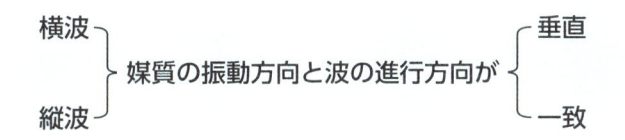

横波 ┐
　　 ├ 媒質の振動方向と波の進行方向が ┬ 垂直
縦波 ┘　　　　　　　　　　　　　　　　└ 一致

このことを図で描くと、以下のようになります。

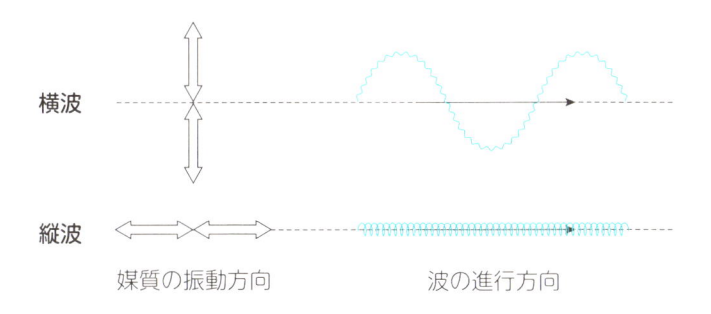

横波

縦波

　媒質の振動方向　　　　　波の進行方向

上図からもわかるように、たとえばロープを伝わる波は横波です。それに対して、太鼓の振動面などを想像すればわかるように、音波は縦波です。

この2つは区別できるようにしましょう。

■ 定常波

同じ波が互いに逆向きに進み、これらが重なると定常波ができます。定常波は、まったく振動しない場所（節という）と、激しく振動する場所（腹という）が交互に並びます。

以下の図を参照してください。互いに逆向きに同じ波を重ね合わせると、図のように節と腹が交互に並ぶことがすぐにわかります。

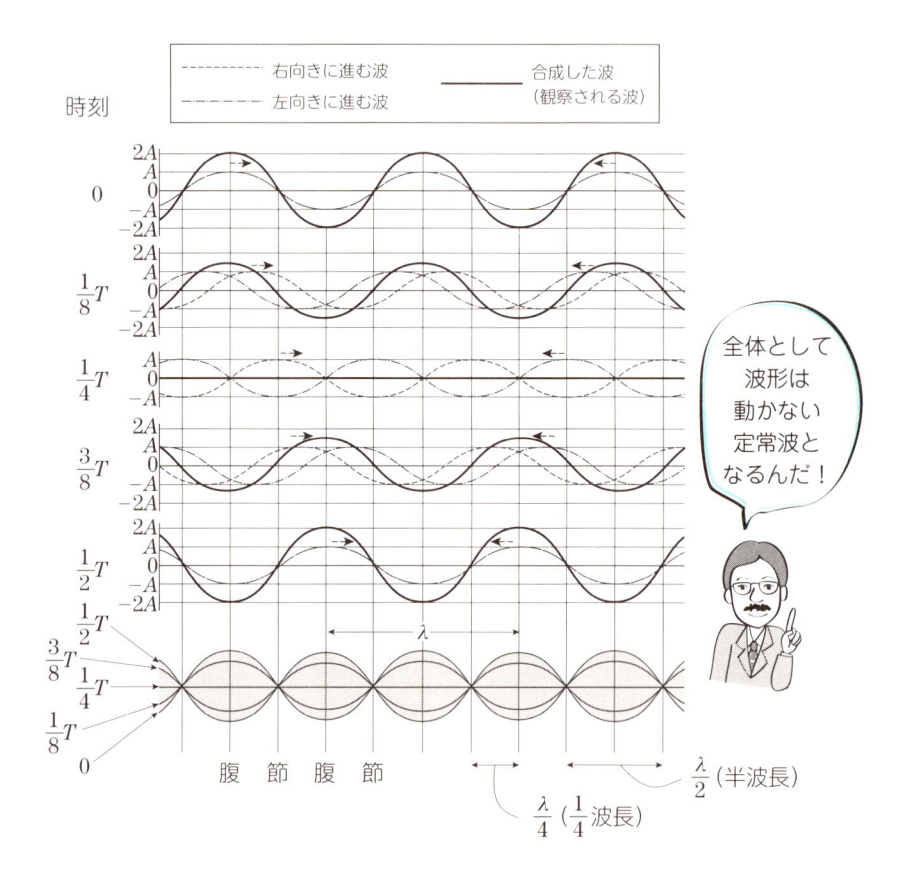

> 全体として波形は動かない定常波となるんだ！

腹と腹の間隔、節と節の間隔はそれぞれともに半波長に等しく、また隣り合う節と腹の間隔は $\frac{1}{4}$ 波長に等しいことがわかります。

■ 弦や気柱にできる定常波

弦や気柱には定常波ができます。このとき、波が反射する場所が固定端か自由端かで定常波の形が決まります。

ここでは、基本振動（波長が最も大きい定常波、振動数が最も小さい定常波）の波について、図示しながら考えてみましょう。

①両端が固定端の場合（弦の場合；横波）

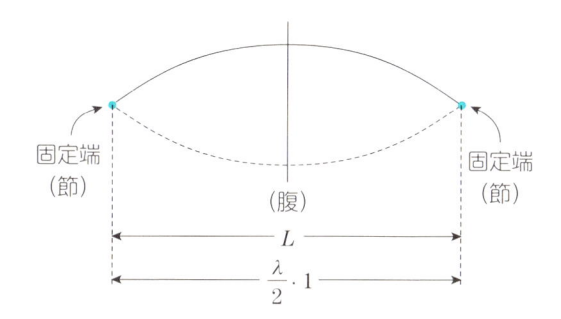

最も波長に長い定常波は上図のようになります。弦の長さを L、基本振動の波長を λ と置くと、上図より、

$$L = \frac{\lambda}{2} \cdot 1 \quad \therefore \quad \lambda = 2L$$

となります。

②両端が自由端の場合（開官気柱の場合；縦波）

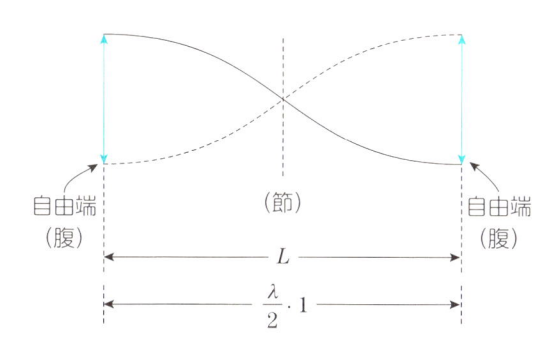

先と同様に考えると、

$$L = \frac{\lambda}{2} \cdot 1 \quad \therefore \quad \lambda = 2L$$

となります。これは、両端が固定端の場合と同じになります。

③ 一方固定端、他方自由端（弦、気柱いずれの場合もあり得る）

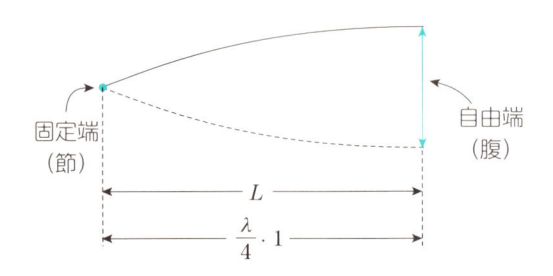

固定端（節） ←→ 自由端（腹）
L
$\frac{\lambda}{4} \cdot 1$

ここでは、

$$L = \frac{\lambda}{4} \cdot 1 \quad \therefore \quad \lambda = 4L$$

となります。

　これまでは、基本振動の場合を考えてきましたが、それでは、2倍振動や3倍振動はどのような波形になるのでしょうか？

　大切なのは**基本振動の形をしっかりと理解し、その形が2個あるのが2倍振動、3個あるのが3倍振動であると考えます。**

　このような振動のことを倍振動と呼び、n個ある場合にはn倍振動の定常波という言い方をします。

　また、このような定常波ができる弦や気柱に対してこれらの振動のことを固有振動（弦や気柱に固有の振動という意味）と呼んでいます。

　このように考えると、一方固定端、他方自由端の場合には偶数倍振動がないこともわかります。

　次にそれぞれの場合について、3倍振動の図を書いておきます。参考にしてください。

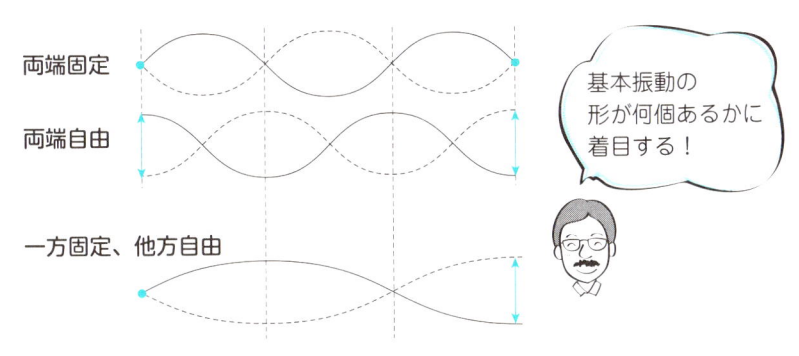

●第4講　弦や気柱の共鳴●

両端固定

両端自由

一方固定、他方自由

> 基本振動の形が何個あるかに着目する！

この場合、2倍振動（偶数倍振動）では両端固定または両端自由になってしまうので、偶数倍振動は存在しない。

例題 4

(1) 両端が固定端の弦をはじいたとき、以下の図のような形の定常波ができた。弦の長さを L として、次の問いに答えなさい。

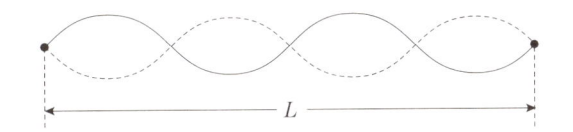

① この定常波は何倍振動か？
② 波長を λ とするとき、λ を L のみを用いて表わしなさい。
③ 弦を伝わる波の速さを v とする。弦の振動数 f はいくらか？
④ 弦の振動数を f' に変化させると、以下の図のような定常波になった。比 $\dfrac{f'}{f}$ を求めなさい。

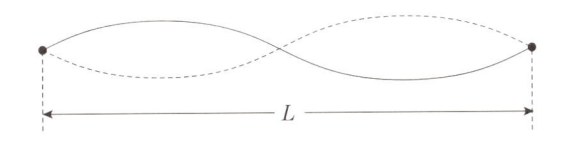

(2) 一方が固定端、他方が自由端の気柱がある。この気柱に音波を送り込んだところ、以下の図のような定常波ができた。気柱の長さを 0.3 [m] として、次の問いに答えなさい。

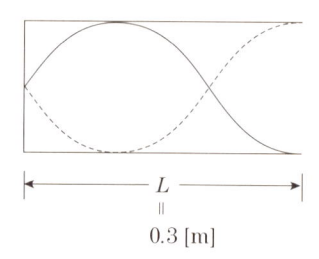

$L = 0.3$ [m]

① この定常波は何倍振動か？
② 波長を求めなさい。
③ 音の振動数は 870 [Hz] であった。音速を求めなさい。
④ 5 倍振動の定常波をつくるためには、振動数をいくらにすればよいか？　ただし、音速は上の③で求めたままであるとする。

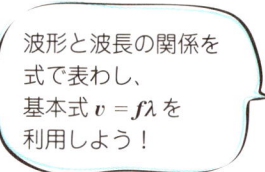

> 波形と波長の関係を式で表わし、基本式 $v = f\lambda$ を利用しよう！

解答

(1)
① 基本振動の形（腹 1 個分）が 4 個あるので、**4 倍振動**
② 例題文の図より、

$$L = \frac{\lambda}{2} \cdot 4 \quad \therefore \ \lambda = \frac{1}{2}L$$

③ $v = f\lambda$ より、

$$f = \frac{v}{\lambda} = \frac{2v}{L}$$

④ 例題文の図より、

$$\lambda' = L \quad \therefore \quad f' = \frac{v}{\lambda'} = \frac{v}{L} \quad \therefore \quad \frac{f'}{f} = \frac{1}{2}$$

> 4倍振動から2倍振動になったので、$\frac{f'}{f} = \frac{2}{4} = \frac{1}{2}$ としても可

(2)

① 基本振動の形が3個あるので、**3倍振動**

② 例題文の図より、

$$0.3 = \frac{\lambda}{4} \cdot 3 \quad \therefore \quad \lambda = \mathbf{0.4\,[m]}$$

③ $v = f\lambda = 870 \times 0.4 = \mathbf{348\,[m/s]}$

④ 5倍振動にするのだから、振動数を $\frac{5}{3}$ 倍にすればよい。

$$\therefore \quad f' = 870 \times \frac{5}{3} = \mathbf{1450\,[Hz]}$$

> ②と同様に
> $$0.3 = \frac{\lambda'}{4} \cdot 5 \quad \therefore \quad \lambda' = \frac{1.2}{5} = 0.24\,[m]$$
> $$\therefore \quad f' = \frac{v}{\lambda'} = \frac{348}{0.24} = 1450\,[Hz] \text{ としても可}$$

> 条件変更の問題においても、変更前と変更後で、それぞれ基本式を立てることが大切！

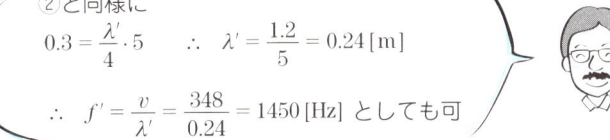

第5講 ドップラー効果
観測振動数の変化

　救急車などがサイレンを鳴らしながら目の前を通り過ぎるとき、サイレンの音が、急激に変化するのを聞いたことがあると思います。このような現象をドップラー効果といいます。

　ドップラー効果は、音源や観測者が運動しているときに、観測者が観測する音の振動数が、音源の出している振動数と異なる現象のことなのです。

　音源が動く場合と、観測者が動く場合を分けて考えてみましょう。

■ 観測者が静止していて、音源が動く場合

　音源が静止しているときは、その音源から同心円状の波が広がっていると考えればよいですが（静かな湖に石を投げたときのような波）、音源が運動しているときには、円の中心が少しずつずれるため、以下の図のように歪んでしまい、音源が進む前方で波長が短くなり、後方では長くなります。

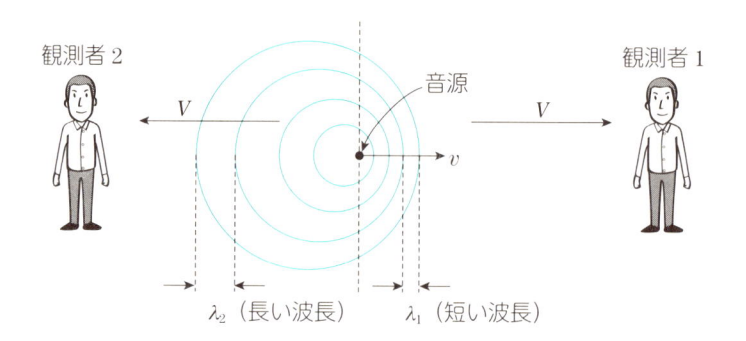

観測者2　　　　　V　　　　音源　　　　V　　　　観測者1
　　　　　　　　　　　　　　　　→v
　　　　　　　λ_2（長い波長）　　λ_1（短い波長）

　まずは、観測者1を考えてみましょう。

　観測者1には波長の短い音が届くので、単位時間当たり観測者に届く波の数は多くなります。すなわち、振動数が大きくなり、観測者には高音で聞こえることになります。

　また、観測者2は、これと逆で、波長の長い波が届くので、振動数が小

さくなり、低音で聞こえることがわかります。

さて、この現象を数式で表わしてみましょう。波長の変化と振動数の関係が必要ですから、基本式 $v = f\lambda$ を考えます。

まずは観測者 1 に届く波の振動数を f_1、波長を λ_1 とします。音速を V とすると、観測者 1 は静止しているのですから、やはり音速は V で観測されます。したがって、**観測者 1 にとっての基本式**は、

$$V = f_1 \lambda_1 \quad \cdots\cdots\cdots\text{(a)式}$$

となります。

一方、音源は振動数 f の音を出しているとしましょう。音源から見ると、音源自信が v で移動しているために、音速は $V - v$ で観測されます。波長は前ページの図より λ_1 ですから、**音源にとっての基本式**は、

$$V - v = f\lambda_1 \quad \cdots\cdots\cdots\text{(b)式}$$

となります。

波長が共通ですから、$\dfrac{\text{(a)}}{\text{(b)}}$ として 2 式の商をとると、λ_1 が消去され、

$$\frac{V}{V-v} = \frac{f_1}{f} \quad \cdots\cdots\cdots\text{(c)式}$$

となり、$f_1 > f$ で振動数が大きくなることがわかります。さらにその倍率は、$\dfrac{V}{V-v}$ 倍であることもわかります。

同様に観測者 2 についても、以下のような式が成立します。

観測者 2 にとっての基本式 $V = f_2 \lambda_2$
音源にとっての基本式 $V + v = f\lambda_2$

2 式の商をとって、

$$\frac{V}{V+v} = \frac{f_2}{f} \quad \cdots\cdots\cdots\text{(d)式}$$

となり、f_2 は f に比べて小さくなって、低音で聞こえることが理解できます。この場合は、振動数の倍率は、$\dfrac{V}{V+v}$ 倍となります。

まとめると、以下のようになります。(c)式、(d)式より、

〈静止している観測者に音源が近づく場合〉

$$f_1 = \frac{V}{V-v} \cdot f$$

〈静止している観測者から音源が遠ざかる場合〉

$$f_2 = \frac{V}{V+v} \cdot f$$

これからもわかるように、音源の速さ v が大きければ大きいほど、振動数の変化が顕著になることがわかります。

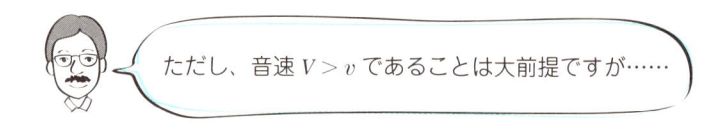

> ただし、音速 $V > v$ であることは大前提ですが……

■ 音源が静止していて、観測者が動く場合

先にも述べたように、この場合は音波は音源から同心円状に広がっていきます。

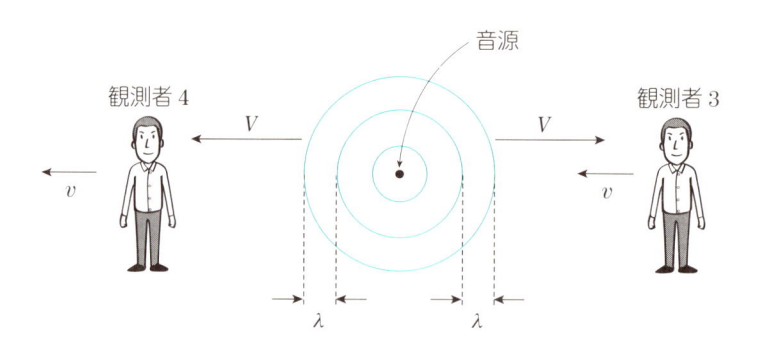

まずは、音源に速さ v で近づく観測者3について考えましょう。

観測者3は一定間隔の波長 λ で近づいてくる音波に自ら速さ v でさらに近づくので、単位時間に多くの波を受け取ります。したがって、振動数は

大きくなり、音は高音で観測されることになります。
　一方、観測者4はこれとは逆に、低音で観測されることになります。
　これを数式で表わすと、やはり基本式 $v = f\lambda$ に着目して、

　　観測者3にとっての基本式　　$V + v = f_3\lambda$
　　音源にとっての基本式　　$V = f\lambda$

2式の商をとって、

$$\frac{V+v}{V} = \frac{f_3}{f} \quad \cdots\cdots\cdots\text{(e)式}$$

この式より、やはり振動数は大きくなり、倍率は、$\dfrac{V+v}{V}$ 倍であることがわかります。
　また、

　　観測者4にとっての基本式　　$V - v = f_4\lambda$
　　音源にとっての基本式　　$V = f\lambda$

2式の商をとって、

$$\frac{V-v}{V} = \frac{f_4}{f} \quad \cdots\cdots\cdots\text{(f)式}$$

この式より、振動数は小さくなり、倍率は、$\dfrac{V-v}{V}$ 倍になっています。
まとめると、以下のようになります。
(e)式、(f)式より、

〈静止している音源に観測者が近づく場合〉

$$f_3 = \frac{V+v}{V} \cdot f$$

〈静止している音源から観測者が遠ざかる場合〉

$$f_4 = \frac{V-v}{V} \cdot f$$

■ ドップラー効果の式

以上の内容を1つの式にまとめて考えることができます。

観測者の速度を v_0、音源の速度を v_s として、以下のように設定します。

音源　　　　　　　観測者

→ v_s　　　　　　→ v_0

f　　音速 V　　f'

音源、観測者をともに動かした場合は図のようになるんだ！

$$f' = \frac{V - v_0}{V - v_s} \cdot f$$

と書けばよいのです。

このとき、v_0 や v_s は速さではなく速度です。したがって、音速 V を基準として、v_0 や v_s が逆向きになる場合には、引き算のところを足し算にしてください。

このように考えると、覚えておく式は1つでも、先に議論した4つの場合をすべて網羅していることになるのです。

とても便利ですね！

たとえば、観測者2の場合について考えると、音速 V に対して音源は逆向きに v ですから $v_s = -v$、また観測者は静止していますから $v_0 = 0$ とします。

すると、観測者が観測する振動数 f' は、

$$f' = \frac{V}{V + v} \cdot f$$

となり、(d)式で、$f' = f_2$ とした式と同じになります。

以上の議論でもわかるように、ドップラー効果は2つの原因で振動数が異なって観測されます。

音源が動く場合には「波長が変化するから」であり、観測者が動く場合には「見かけの音速が変化するから」です。

この違いをしっかりと理解しておきましょう。

また、本文でも述べたように、式を立てる前に、現象から振動数が大きくなるのか小さくなるのかを定性的につかんでから、定量的な式の処理に入るように心がけましょう。

例題 5

(1) 音源と観測者が互いに逆向きに、速さ v_s、v_0 で近づいている場合を考える。音源が静止しているときに出す音波の振動数を f、観測者が観測する振動数を f'、無風状態の音速を V として、次の問いに答えなさい。ただし、V は v_s や v_0 に比べて十分大きいものとする。

① 音源から観測者に向かう音波の波長 λ を、v_s と f を含む式で求めなさい。
② 上の①の λ を、v_0 と f' を含む式で求めなさい。
③ 上の①、②を用いて、観測者が観測する音の振動数を求めなさい。
④ 上図で右向きに風速 w の風が吹いたとする。このとき、音速にとっては追い風となる。音源から観測者に向かう音速はいくらになるか？
⑤ 上の④の場合、観測者が観測する音の振動数 f' を求めなさい。

(2) 音源が速さ v_s で右に移動している。以下の図のように、この音源から出る音を進行方向と角度 θ をなす線上の位置で静止している観測者が観測する場合を考える。風は吹いていないものとし、音速は V とする。次の問いに答えなさい。

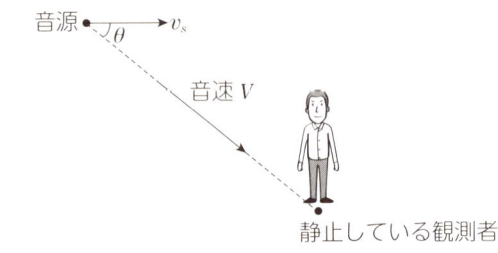

音源 ● θ → v_s

音速 V

静止している観測者

① 観測者にとって、音源はいくらの速さで近づいているか、その速さを求めなさい。
② 音源から観測者に向かう音の波長を求めなさい。
③ 観測者が観測する音の振動数を求めなさい。

> ドップラー効果の式を用いるというよりも、音源や観測者にとっての基本から考えよう！

解 答

(1)

① $V - v_s = f\lambda$ より、$\lambda = \dfrac{V - v_s}{f}$

② $V + v_0 = f'\lambda$ より、$\lambda = \dfrac{V + v_o}{f'}$

③ ① = ② より、$\dfrac{V - v_s}{f} = \dfrac{V + v_o}{f'}$ ∴ $f' = \dfrac{V + v_o}{V - v_s} f$

④ 音速 V を $V+w$ に置き換えればよい。　$V+w$

⑤ $f' = \dfrac{(V+w)+v_o}{(V+w)-v_s}f$

(2)

① 図より、観測者に近づく速さは v_s の成分を考えて、$v_s\cos\theta$

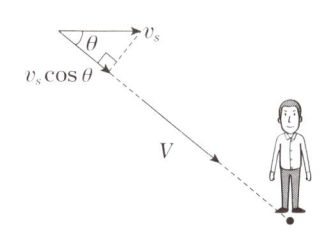

② $V - v_s\cos\theta = f\lambda$　∴　$\lambda = \dfrac{V - v_s\cos\theta}{f}$

③ 観測者が観測する音の振動数を f' とすると、$V = f'\lambda$

∴　$\lambda = \dfrac{V}{f'}$　∴　$\dfrac{V - v_s\cos\theta}{f} = \dfrac{V}{f'}$　∴　$f' = \dfrac{V}{V - v_s\cos\theta}f$

> 音源、観測者にとっての
> v、f、λ をそれぞれ求めることが
> 最も大切で、解答をつくるうえでの
> 第1歩です

第6講

波の干渉
ヤングの干渉実験、光学的距離

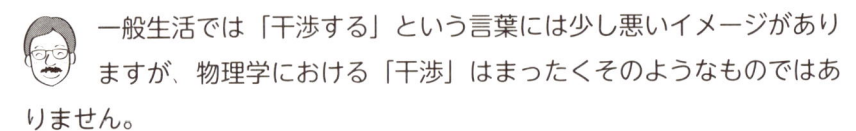

　一般生活では「干渉する」という言葉には少し悪いイメージがありますが、物理学における「干渉」はまったくそのようなものではありません。

　2つ以上の波が重なって起こる現象のことを干渉現象と呼びます。簡単にいってしまえば、たとえば2つの波の山と山（谷と谷）が干渉すれば、大きな山（大きな谷）になり、山と谷が干渉すれば、波が消えてしまうということです。この波が光ならば、前者の場合は明るくなり、後者の場合は暗くなるということになります。このときに成立する式のことを、それぞれ明条件、暗条件などと呼んだりします。

　「光の干渉」現象の中で最も有名なヤングの干渉実験から説明していきましょう。

■ ヤングの干渉実験

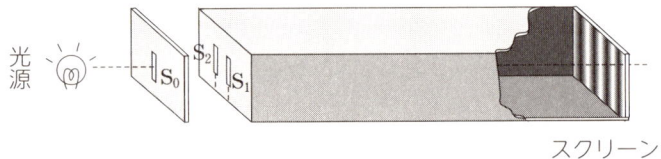

　上図のように、シングルスリットの前方に光源、後方にダブルスリットを置き、スクリーン上に明暗の縞模様が見られる実験を行なった。この縞模様のことを、特に干渉縞といいます。

　干渉縞が見られたことで、ヤングは光が波であることを示しました。当時は、光が波であるか粒子の流れであるかがはっきりとわかっていなかったのです。

　しかし、この実験で干渉が確認されたので、粒子であるという考え方はなくなりました。そういう意味では、物理学にとって非常に大切な実験な

のです。

では、これを理論的に考えてみましょう。

まずは、前ページの図を簡単に模式化して書いてみましょう。

シングルスリットで取り出した1つの波を、後方のダブルスリットで受けることで、以下の図のような波ができることがわかります。

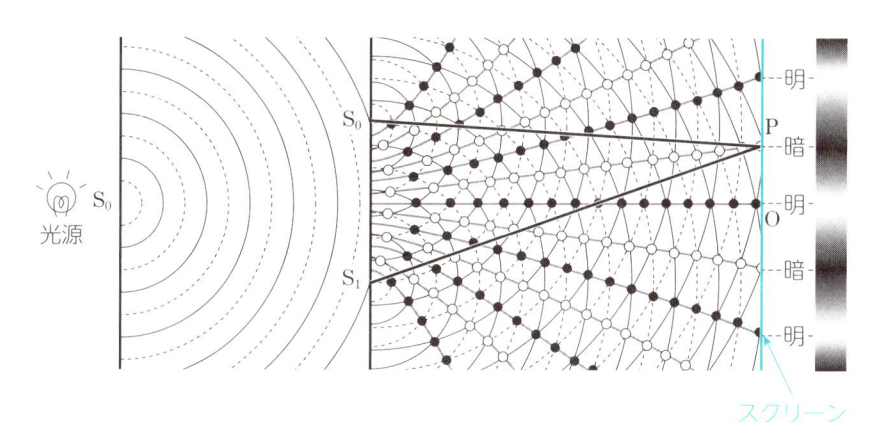

水面波を想像したほうがわかりやすいかもしれませんね。

波の山の位置を実線で、谷の位置を破線で表わしています。

ダブルスリットの後方では、波は互いに重なり、干渉している様子がわかります。

このとき、図の●印で表した場所は波の山と山、谷と谷が重なって大きな波になることがわかります。光では明るくなるということです。

一方、○印で表した位置は、山と谷または谷と山が重なって波が消滅する位置です。光では暗くなる位置ということになります。

この状態でダブルスリットの後方に、スクリーンを置くと、○と●が交互に並び、明暗の縞模様が見えるのです。

さて、上図をさらに模式的にわかりやすく描いてみましょう。

次ページの図を見てください。

スクリーン上のP点で波が強め合って明るくなったと考えます。S_0 がシングルスリット、S_1、S_2 がダブルスリットです。

ここでは、話を簡単にするために、$S_0S_1 = S_0S_2$ としましょう。

S_2P 上に $S_1P = S_2'P$ となるような点 S_2' を決めます。このとき、P で光が強め合うためには、S_1P からの波と $S_2'P$ からの波が同じ形になっていればよいことがすぐにわかります。その例が以下の図に示されています。

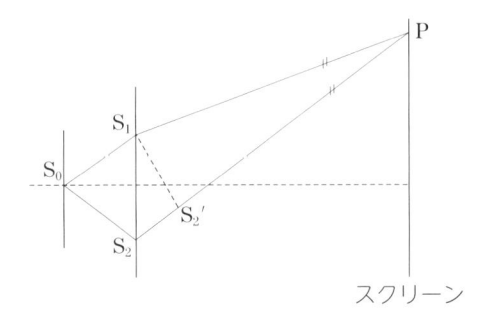

波が、このような状態になるためにはどんな条件が満たされていればよいかを考えましょう。

$S_0S_1 = S_0S_2$ と仮定したので、S_1 での波の状態と S_2 での波の状態は同じになるはずです。すなわち、上図で考えると、S_1 から波の山が始まっていますから、S_2 からも波の山が始まっている状態であればよいことになります。

ということは、S_2S_2' 間が、たとえば以下の図のようになっていれば、P で光が強め合うということになります。

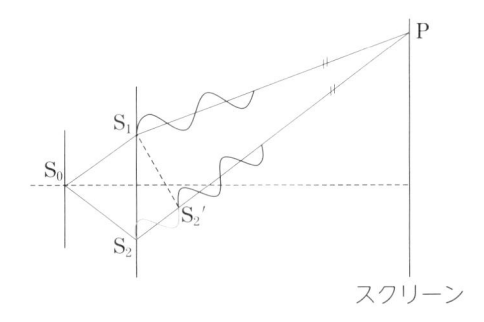

言い換えれば、上図の場合は、S_1 と S_2 それぞれを経由する 2 つの経路中の波の数が、ちょうど 1 個分だけずれて、P で波が同じ状態で重なり強め合ったことになります。

このように考えると、一般的には、経路の差の中に、ちょうど整数個の

波が入っていれば、考えている点が強め合うということがわかります。

経路差を ΔL と置き、波の波長を λ とすると、

明条件　$\Delta L = m\lambda$ 　（m；整数）

となります。

このように考えると、Pで光が弱め合う条件も簡単に導くことができます。

S_1 からの波と S_2 からの波が逆になっていればよいので、S_2S_2' 間に、**（波長の整数個）＋（半波長の状態）** になっていればよいことがわかります。すなわち、

暗条件　$\Delta L = m\lambda + \dfrac{\lambda}{2}$

となります。

結構簡単でしょ！

要は、経路の差の中に何個の波が入っているかを数えて、波が重なる点がどのような状態になるかを見ているだけなのです。

■ 光学的距離

真空中（屈折率 1）の光と屈折率 n のガラス中の光では、進む速さが異なります。

真空中の光の速さを c、屈折率 n のガラス中の光の速さを c' とすると、屈折の法則より、

$$1 \cdot c = n \cdot c' \quad \therefore \quad c' = \dfrac{c}{n} < c$$

となります。

これより、真空中とガラス中では、光が同じ距離を進むのに必要な時間が異なることになります。

$c' < c$ ですから、ガラス中のほうが時間が多く必要になることがわかり

ます。

　以下の図のように、幅 L の真空中と屈折率 n のガラスの中に光を通過させたとき、これに要する時間はそれぞれ、

$$t = \frac{L}{c} \quad t' = \frac{nL}{c}$$

となります。

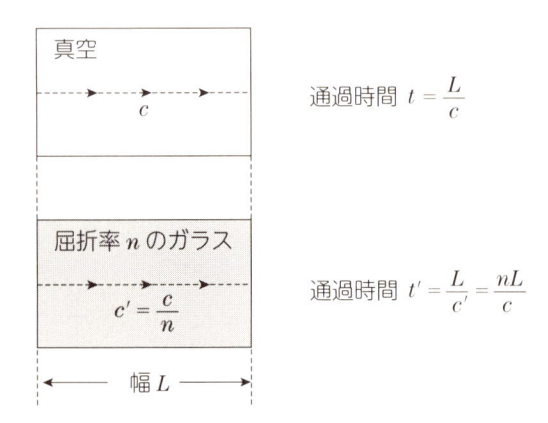

```
┌─────────────────────┐
│ 真空                 │
│     → → →           │    通過時間 $t = \dfrac{L}{c}$
│        $c$          │
└─────────────────────┘

┌─────────────────────┐
│ 屈折率 $n$ のガラス    │
│     → → →           │    通過時間 $t' = \dfrac{L}{c'} = \dfrac{nL}{c}$
│      $c' = \dfrac{c}{n}$ │
└─────────────────────┘
  ←―――― 幅 $L$ ――――→
```

　ここで t' に注目しましょう。$\dfrac{nL}{c}$ ということは、真空中の光で、距離 nL だけ進んだのと同等の時間を要するということがわかります。

　この距離 nL のことを光学的距離と呼びます。その意味は簡単にいうと、真空中の光に換算したときの距離ということです。

　もちろん、計算方法は nL を見てもわかるように、

光学的距離 = 屈折率 × 実際の距離

となり、容易に計算できます。

　この概念も非常に大切になりますので、この式とこの式の意味を確実に理解しておいてください。

　どのように利用するかは、例題 6 の(2)、(3)を参照してください。

例題 6

(1) 以下の図は、ヤングの干渉実験を模式的に描いたものである。S_0、S_1、S_2 はスリットで、$S_0S_1 = S_0S_2$ の関係が成立している。S_0 の手前に波長 λ の光を出す光源を置き、スクリーン上に干渉縞を生じさせる実験を行なった。なお、スクリーン上の O 点は、S_0 を通り、S_1、S_2 の垂直二等分線がスクリーンと交わる点である。装置はすべて真空中にあるものとする。ダブルスリット S_1、S_2 の間隔を d、ダブルスリットとスクリーンの距離を L として、次の問いに答えなさい。

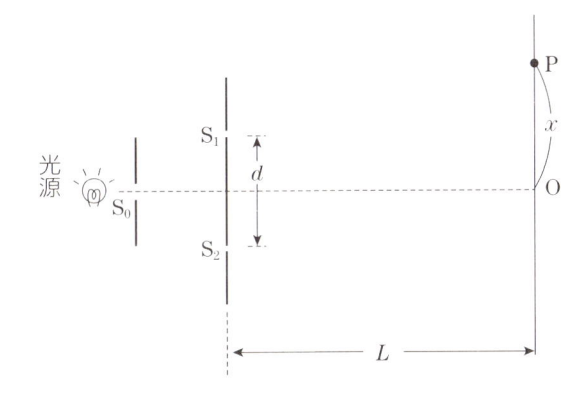

① 三平方の定理を用いて、S_2P、S_1P の距離を L、d および OP $= x$ を用いて表わしなさい。

② α が微少のとき、成立する近似式 $\sqrt{1 \pm \alpha} = 1 \pm \frac{1}{2}\alpha$ を用いて経路差が、$S_2P - S_1P = \dfrac{xd}{L}$ となることを示しなさい。

③ P 点で光が強め合うための条件式を、整数 m を用いて書きなさい。

④ 上の③より、m 番目の明線までの O 点からの距離 x_m を求めなさい。

⑤ 上の④の結果を用いて、スクリーン上の明線が等間隔に並ぶことを示しなさい。

(2) (1)の問題において、装置全体を屈折率 n の水の中に入れた。この場合について、次の問いに答えなさい。

① S_1 および S_2 から P 点までの経路差を光学的距離で表わしなさい。

② 上の①を用いて、P 点で光が強め合う条件を書きなさい。

③ 明線間隔は、(1)の場合の何倍になるか？

(3) (1)の問題において、S_1 の右側に厚さ t、屈折率 n の薄膜を置いた。この場合について、次の問いに答えなさい。

① S_1 および S_2 から P 点までの経路差を光学的距離で表わすと、

$$\frac{xd}{L} - (n-1)t$$

となることを示しなさい。

② m 番目の明線までの O 点からの距離 $x_m{}'$ を求めなさい。

図を用いて、まずは正確に経路差を導き出すことが大切！

解 答

(1)

① 図より、

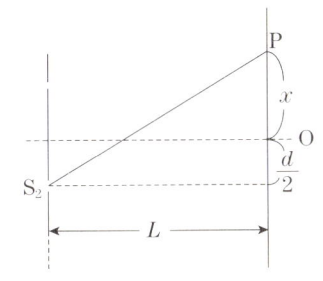

$$S_2P = \sqrt{L^2 + \left(x + \frac{d}{2}\right)^2}$$

同様に、

$$S_1P = \sqrt{L^2 + \left(x - \frac{d}{2}\right)^2}$$

② $$S_2P = L\sqrt{1 + \left(\frac{x + \frac{d}{2}}{L}\right)^2} \fallingdotseq L\left\{1 + \frac{\left(x + \frac{d}{2}\right)^2}{2L^2}\right\}$$

同様に、

$$S_1P \fallingdotseq L\left\{1 + \frac{\left(x + \frac{d}{2}\right)^2}{2L^2}\right\} \quad \therefore \quad S_2P - S_1P = \frac{xd}{L}$$

③ $\dfrac{xd}{L} = m\lambda$

④ ③より、$x_m = \dfrac{L\lambda}{d} \cdot m$

⑤ 間隔を D とすると、 $D = x_{m+1} - x_m = \dfrac{L\lambda}{d}$ （一定）

(2)

① $n \cdot (S_2P - S_1P) = n \cdot \dfrac{xd}{L}$

② $n \cdot \dfrac{xd}{L} = m\lambda$

③ ②より、

$$x_m = \dfrac{L\lambda}{nd} \cdot m$$

∴ $D' = \dfrac{L\lambda}{nd}$ ∴ $\dfrac{D'}{D} = \dfrac{1}{n}$ （倍）

(3)

① 厚さ t の分を考えて、

$$1 \cdot \left(t + \dfrac{xd}{L}\right) - nt = \dfrac{xd}{L} - (n-1)t$$

② 明条件は

$$\dfrac{xd}{L} - (n-1)t = m\lambda$$

$$x_m{}' = x = \dfrac{L\lambda}{d}m + \dfrac{(n-1)tL}{d}$$

> 経路差の中に波長が何個入っていれば、強め合いの条件が成立するかがポイント！

第4章
熱力学

　熱力学では、圧力、体積、温度の関係や、熱のエネルギーで仕事をするときにどのような式が成立するかを考えていきます。
　冷蔵庫やエアコンなどは温度を自由に操ることができます。では、「温度とは何でしょう？　熱とは何でしょう？」と言われると、意外と困ってしまうものです。

・温度と熱の違いは何？
・圧力って何？
・熱が仕事をするってどういうこと？

　このようなことを1つひとつ解決していくことで、温度を自由に操れる理論が生まれてくるのです。
　さっそく、熱力学の世界を学んでいきましょう。

　　　　　　　　第1講　　温度と熱
　　　　　　　　第2講　　ボイル・シャルルの法則
　　　　　　　　第3講　　気体の分子運動論
　　　　　　　　第4講　　熱力学の第一法則
　　　　　　　　第5講　　熱サイクルと熱効率

第1講

温度と熱
比熱、熱容量、$Q = mc\Delta T$

われわれはよく日常会話の中で、風邪を引いたときなど、「熱がある」と言います。温度の高い金属などに触れると、この金属は「熱を持っている」などと表現することもあります。

実は、物理学的にいうとこれらの用法は間違っているのです。熱は「ある」ものでも「持っている」ものでもありません。

われわれは、日常、物体の「温度」が高いときに、「熱」があると表現します。そのため、「温度」と「熱」を混同してしまう傾向にあります。

熱とは、高温物体から低温物体に移動するエネルギー（これを熱量という）のことであり、「ある」とか「持つ」ものではないのです。いってみれば、「温度」を上げるためには「熱」を与えなければならない、などの表現をとらなければならないのです。

風邪のときに、額に手を当てて、「熱があるぞ！」なんて言われたことはありますよね？　これを物理的に正しく言うと、「君の額の温度が高いので、手を当てると額から私の手に熱が移動し、手の温度が上昇したよ」となるのです。ちょっと面倒ですね……。

■ 比熱とは何か？

高温物体から低温物体に移動する熱エネルギー、すなわち熱量の基準となる量を考えます。低温物体に熱量が加えられると温度が上昇します。このとき、

1 gの物体を 1 K（ケルビン）上昇させるのに必要な熱量

を比熱と呼びます。一般に記号は c、単位は定義からわかるように [J/g·K] を用います（K については 281 ページを参照）。

この比熱を用いて、熱量 Q [J] は、

$$Q = mc\Delta T$$

と書くことができます。

ここでの m [g] は質量、ΔT [K] は温度変化です。ΔT が上昇温度を表わすとき、Q は吸収熱量となり、ΔT が下降温度を表わすとき、Q は放出熱量となります。

■ 熱容量とは何か？

もう1つ基準となる量を考えます。

着目物体を1 K 上昇させるのに必要な熱量

このことを**熱容量**と呼びます。基準が比熱のように1 g ではなく、考えている物体全体で考えます。

考えている物体が、単体でなくさまざまな材質で構成されているときなどは、熱容量のほうが便利です。

熱容量を表わす記号は一般に C を用い、単位は定義から [J/K] を用います。

この熱容量 C を用いると、熱量 Q は、

$$Q = C\Delta T$$

と書くことができます。C の定義から明らかですが、

$$C = mc$$

が成立します。

■ 熱平衡状態と熱量保存則

高温物体 A と低温物体 B を接触させた場合を考えましょう。

話を簡単にするために、この2つの物体間以外の熱のやりとりはないも

のとします。

高温物体の質量、比熱、温度をそれぞれ m_A、c_A、T_A、低温物体のそれを m_B、c_B、T_B とします。

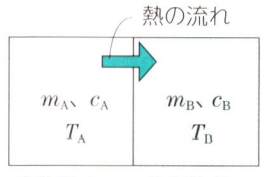

```
         熱の流れ
   ┌──────┬──────┐
   │ $m_A$、$c_A$ │ $m_B$、$c_B$ │
   │  $T_A$   │  $T_B$   │
   └──────┴──────┘
    高温物体A  低温物体A
```

熱は上図のように、高温物体Aから低温物体Bへ移動しますが、この移動は、AとBが同じ温度になったときに止まることになります。この状態を**熱平衡状態**といいます。

いま最終的に、下図のようになったとします。

```
   ┌──────┬──────┐
   │ $m_A$、$c_A$ │ $m_B$、$c_B$ │
   │   $T$    │   $T$    │
   └──────┴──────┘
```

同じ温度で熱平衡状態になった

十分時間が経過して、熱平衡状態になったとき、2つの物体の温度は T になったと仮定します。

このとき、物体Aの温度は T_A から T へ下降したはずです。よって、物体Aが失った（物体Aから出て行った）熱量は、

$$Q_A = m_A c_A (T_A - T)$$

と表わすことができます。

一方、物体Bの温度は T_B から T へ上昇していますから、物体Bが得た（物体Bへ入った）熱量は、

$$Q_B = m_B c_B (T - T_B)$$

と書くことができます。

このとき、AB 間以外に熱のやりとりがないとすれば、物体 A が失った熱量は、物体 B が得た熱量に等しい、すなわち $Q_A = Q_B$ が成立します。よって、

$$m_A c_A (T_A - T) = m_B c_B (T - T_B)$$

となり、これより T を求めると、

$$T = \frac{(m_A c_A T_A + m_B c_B T_B)}{(m_A c_A + m_B c_B)}$$

となります。

これにより、質量や比熱がわかっている物体の場合、熱平衡状態となるときの温度が算出できることになります。

このように、(物体 A が失った熱量) が (物体 B が得た熱量) と等しいことを、**熱量保存則**と呼んでいます。

ここで扱った現象を、温度と時間のグラフで定性的に表わすと、以下のようになります。

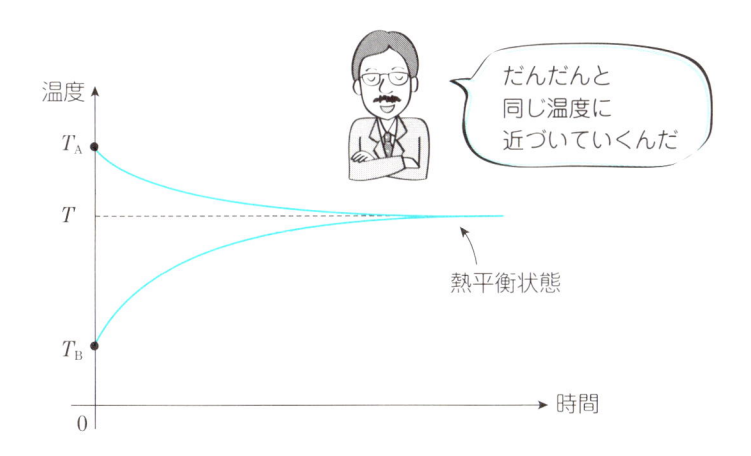

だんだんと同じ温度に近づいていくんだ

グラフを見てもわかるように、高温物体 A は徐々に温度が下降し、低温物体 B は徐々に温度が上昇します。

次第に熱平衡の温度 T に近づいていく様子がわかります。

また、熱平衡後の温度については、熱容量を用いて表わすこともできます。

物体 A、B の熱容量を C_A、C_B とすると、定義より、

$$C_A = m_A c_A \qquad C_B = m_B c_B$$

となります。これを用いると、

$$T = \frac{(C_A T_A + C_B T_B)}{(C_A + C_B)}$$

と簡潔に表わすことができます。

前ページのグラフのように、熱平衡後の温度が T_A 側に近い場合は、物体 A の熱容量が、物体 B の熱容量よりも大きいということになります。このような判断をする場合は、熱容量を用いた式は簡潔で便利になります。また、グラフの意味もよく理解できるようになります。

温度の変化や熱量の移動を考えるときには、まずはじめに、温度と熱の違いをしっかりと理解することが大切です。

次に、熱量の基準となる量、すなわち比熱や熱容量の定義を明確にし、それによってつくられる、

$$Q = mc\Delta T \qquad C = mc$$

を覚えるのではなく、理解することが大切です。

さらに、ΔT が上昇温度なのか、下降温度なのかを判断し、Q が吸収熱量を表わすのか、放出熱量を表わすのかを正確に判断してください。

例題 1

(1) 質量がそれぞれ m_A、m_B の物体 A、B がある。物体 A の比熱は c_A であるが、物体 B の比熱は未知である。最初物体 A、B は異なる温度であったが、接触させることで 2 物体を熱平衡状態にした。このとき、物体 A は温度が T_1 だけ上昇し、物体 B は温度が T_2 だけ下降

した。熱のやりとりは 2 物体間だけで行なわれるとして、次の問いに答えなさい。

① 物体 A が吸収した熱量はいくらか？
② 物体 B の比熱 c_B を求めなさい。
③ 物体 A、B の熱容量をそれぞれ C_A、C_B とするとき、比 $\dfrac{C_A}{C_B}$ を T_1、T_2 だけを用いて表わしなさい。

(2) 物体 A（50 ℃）、物体 B（60 ℃）、物体 C（200 ℃）の 3 物体がある。これらを以下の手順で接触させたときの実験結果が示されている。

・B と C を接触させると温度が 100 ℃ になった。
・次に B と C を離して、A と B を接触させると温度が 80 ℃ になった。

この結果を用いて、次の問いに答えなさい。ただし、熱のやりとりは物体間だけとする。

① 最初の実験から、物体 B と物体 C の熱容量の比を求めなさい。
② 2 番目の実験から、物体 A と物体 B の熱容量の比を求めなさい。
③ 上の①、②より、物体 A、B、C の熱容量の比を求めなさい。

(3) ある固体を一定の割合で加熱したところ、温度と時間の関係が以下のグラフのようになった。このグラフについて、次の問いに答えなさい。

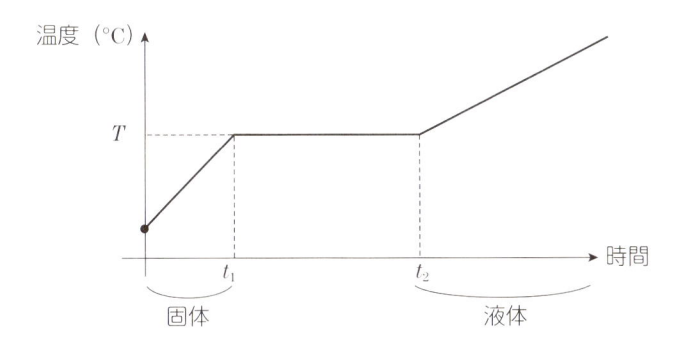

① 時間 $t_1 \sim t_2$ の間では何が起こっているのか、文章で説明しなさい。
② 固体のときと液体のときで比熱が大きいのはどちらか？

> まずはそれぞれの物体の温度変化を正確に捉えることが大切！

解 答

(1)
① 温度が T_1 上昇したので、$Q_A = m_A c_A T_1$
② B は温度が T_2 下降したので、B が放出した熱量 Q_B は

$$Q_B = m_B c_B T_2$$

ここで、$Q_A = Q_B$ であるから、

$$m_A c_A T_1 = m_B c_B T_2 \quad \therefore \quad c_B = \frac{m_A T_1}{m_B T_2} c_A$$

③ $C_A = m_A c_A$, $C_B = m_B c_B$ であるから、②より、

$$C_A T_1 = C_B T_2 \quad \therefore \quad \frac{C_A}{C_B} = \frac{T_2}{T_1}$$

(2)
① 熱量保存則より、

$$C_B(100 - 60) = C_C(200 - 100) \quad \therefore \quad 40 C_B = 100 C_C$$
$$\therefore \quad C_B : C_C = 100 : 40 = 5 : 2$$

B 60°C　C 200°C　→　B 100°C　C 100°C

② 同様に考えて、

$$C_A(80-50) = C_B(100-80) \quad \therefore \quad 30C_A = 20C_B$$
$$\therefore \quad C_A : C_B = 20 : 30 = \mathbf{2 : 3}$$

A 50°C、B 100°C → A 80°C、B 80°C

③ ①、②より、

$$C_A : C_B : C_C = \mathbf{10 : 15 : 6}$$

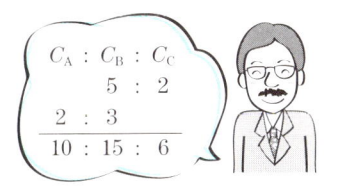

$$\begin{array}{c} C_A : C_B : C_C \\ 5 : 2 \\ 2 : 3 \\ \hline 10 : 15 : 6 \end{array}$$

(3)

① 固体と液体の共存状態で、固体が融けて液体になっている状態。

② 275 ページのグラフの傾きより、固体のほうが少ない熱量で温度が上昇するので、比熱が大きいのは液体。

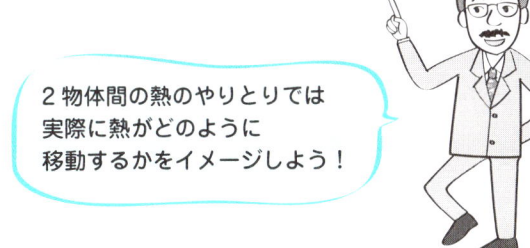

2物体間の熱のやりとりでは実際に熱がどのように移動するかをイメージしよう！

第2講
ボイル・シャルルの法則
理想気体の状態方程式

今度は気体について考えてみましょう。高校課程の物理で扱う気体は、理想気体と呼ばれます。

どんな気体であるかは、のちに（第3講）詳しく説明しますが、ここでは、ボイルやシャルルたちの実験から、圧力 P、体積 V、温度 T の間に成立する関係式を考えてみましょう。

■ ボイルの法則

ボイルの法則は、**気体の圧力と体積の関係式**です。そこで、まずはじめに、圧力から説明しましょう。

気体の圧力とは、気体が接触する面に対して単位面積当たりの力の大きさのことをいいます。すなわち、断面積 $S\ [\text{m}^2]$ に垂直に働く力を $F\ [\text{N}]$ とすると、圧力 P は、

$$P = \frac{F}{S}\ [\text{N/m}^2]$$

と定義されます。このとき、単位として [Pa]（パスカル）を用いることもあります。

ここで、封入気体（容器に閉じ込められた気体）を考えてみましょう。

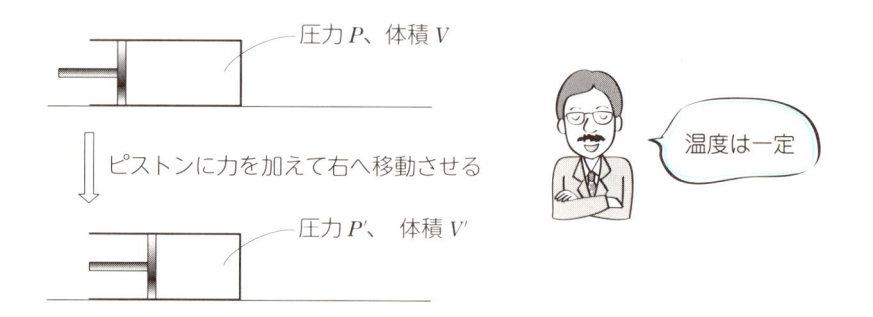

― 圧力 P、体積 V

ピストンに力を加えて右へ移動させる

― 圧力 P'、体積 V'

温度は一定

水平面に、ピストン付きシリンダーを固定します。ここでピストンをゆっくりと右側に移動させ、気体を圧縮します。このとき、封入気体と外部と

●第2講 ボイル・シャルルの法則●

の熱の出入りが自由にできるようにして、気体の温度を一定に保ちます。

この変化において、最初の状態の気体の圧力を P、体積を V、変化後の圧力を P'、体積を V' とすると、

$$PV = P'V' \quad (温度一定)$$

が成立します。このことを「ボイルの法則」と呼んでいます。

ボイルの法則は、$PV = (一定)$ と表記することもあります。

ここで大切なのは成立条件です。

上記の内容でおわかりだと思いますが、第一に、封入気体に対して成立するということで、気体の量が不変であるという条件が必要です。第二に、温度が一定であるということです。温度が変化の前後で変わる場合にはボイルの法則は成立しないので、注意が必要です。

この法則を簡単に、定性的に述べると以下のようになります。

封入気体を、温度一定の元で、力を加えて圧力を上昇させると上昇量に反比例して気体の体積は減少する

これを圧力 P と体積 V の関係としてグラフで表わすと、以下のようになります。

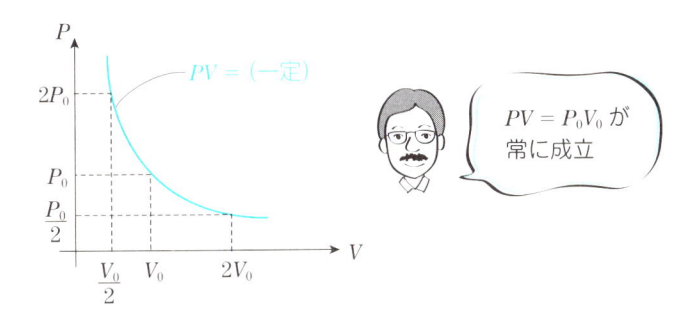

$PV = P_0V_0$ が常に成立

温度が一定の元でのグラフですから、このグラフのことを等温曲線と呼んでいます。

■ シャルルの法則

シャルルの法則は、**体積と温度の関係式**です。

圧力一定のもとで温度を上昇させると、気体は膨張して体積が増加します。逆に、圧力一定の元で、温度を下降させると気体の体積は減少します。

今度は、先のピストン付きシリンダーにヒーターを取り付けて加熱できるようにし、ピストンには力を加えず自由に動けるようにします。この状態でヒーターに通電して、気体に熱を与えた場合を考えましょう。

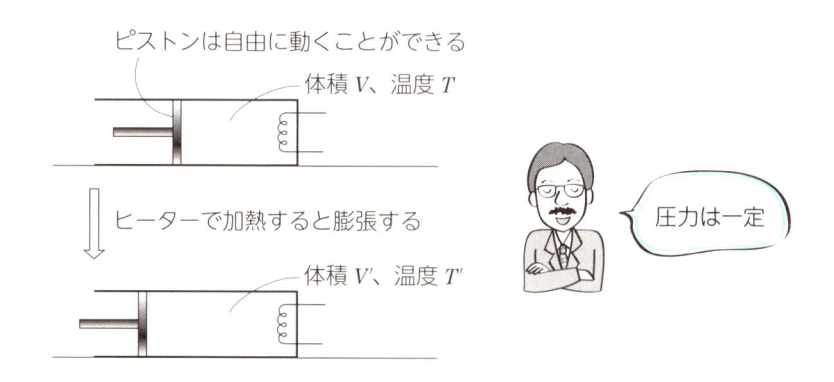

ピストンは自由に動くことができる
体積 V、温度 T

ヒーターで加熱すると膨張する
体積 V'、温度 T'

圧力は一定

このとき、圧力は一定となり、この変化に対しては、温度を絶対温度 [K] の単位で考えると、

$$\frac{V}{T} = \frac{V'}{T'} \quad (圧力一定)$$

が成立します。このことを「シャルルの法則」といいます。

ここでの成立条件は、一定量の気体であることと、圧力一定であることです。

また、これを体積 V と絶対温度 T（摂氏温度 t）の関係としてグラフに表わすと、次ページのようになります。

実は、このグラフから、摂氏温度 t と絶対温度 T の関係がわかり、

$T = 273 + t\,[K]$

となるのです。これは実験から得られたものですから、必ず覚えておきましょう。

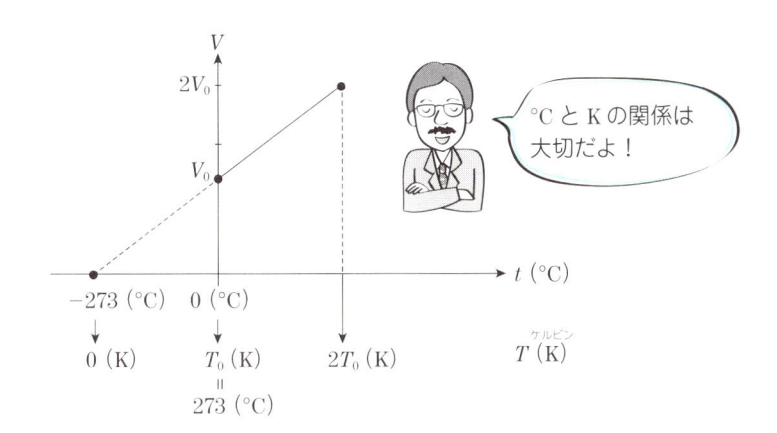

°C と K の関係は大切だよ！

■ ボイル・シャルルの法則

ボイルの法則とシャルルの法則を1つの法則として表わしたものが**ボイル・シャルルの法則**です。

封入気体に対して、（圧力、体積、温度）が、ある状態（P、V、T）から別の状態（P'、V'、T'）に変化したとします。これらの間には、先の2法則からもわかるように、

$$\frac{PV}{T} = \frac{P'V'}{T'}$$

が成立します。このことを「ボイル・シャルルの法則」といいます。

この法則の成立条件は、封入気体であるということだけなので、非常に便利な法則で、気体の状態変化に対しては重要な式です。

■ 理想気体の状態方程式

実験によると、273 K（0 ℃）、1.013×10^5 Pa（1気圧）では、1 mol の理想気体の体積は 2.24×10^{-2} m³ であることがわかっています。

したがって、これらの値を $\dfrac{PV}{T}$ に代入すると、

$$\dfrac{PV}{T} = \dfrac{1.013 \times 10^5 \cdot 2.24 \times 10^{-2}}{273} = 8.31\,[\mathrm{J/mol \cdot K}]$$

となり、定数となります。

これを記号 R で表わし、気体定数と呼びます。すなわち、1 mol の気体に対しては、

$$PV = RT$$

が成立することになります。

一般的に n mol の気体では、体積は n 倍になります。したがって、上式は、

$$PV = nRT$$

と書くことができ、この式のことを状態方程式と呼んでいます。

実際の気体では、気体分子の大きさや、分子同士に働く力などがあるために、圧力、体積、絶対温度の関係は、この式からわずかにずれてしまいます。

この式が成立する、すなわち**ボイル・シャルルの法則が成立する気体のことを「理想気体」と呼び**、$PV = nRT$ のことを特別に**「理想気体の状態方程式」と呼んでいます。**

しかし、実際にはこのずれは小さく、大まかな値を求めるときなど、実在気体や混合気体（空気など）に対しても、この式はよく用いられます。

例題 2

(1) 圧力 1.0×10^5 Pa、温度 0 ℃ で 20 m³ の理想気体がある。この理想気体が、圧力 3.0×10^5 Pa、温度 27 ℃ になったとき、体積はいくらになるか？ 有効数字 2 桁で求めなさい。

(2) 以下の図のように、水平面上に固定された2つのシリンダー間に、自由に動くことのできるピストンが入っている。シリンダーの断面積はともに S であるとする。最初の状態は、図に示すように左側の体積が aS、右側の体積が bS であり、左側の絶対温度は T であるとする。右側にも左側にも同量の理想気体が封入されているとして、次の問いに答えなさい。

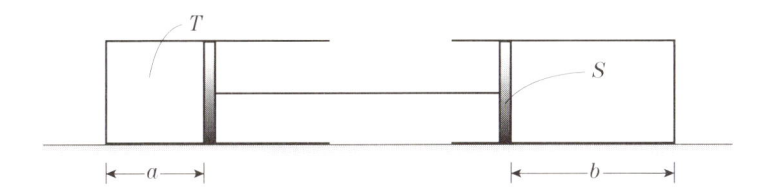

① 右側の気体の絶対温度は T の何倍になっているか？
② 右側の絶対温度はそのままに保ち、左側の絶対温度を α 倍にしたら、ピストンが右側に c だけ移動した。α を求めなさい。

(3) 以下の図のように、ピストン付きシリンダーを鉛直に立て、n mol の理想気体を封入した。このとき、ピストンの断面積は S、ピストンの質量は M、シリンダーの底面からピストンまでの距離は d であった。

大気圧を P_0、重力加速度を g、気体定数を R として、次の問いに答えなさい。

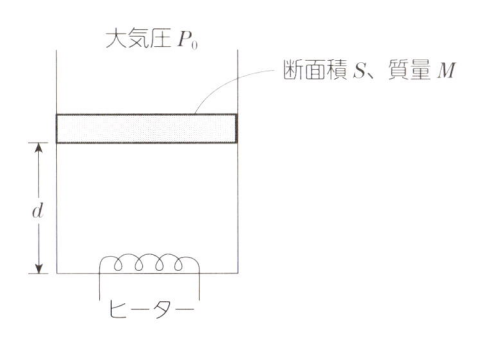

① 力のつり合いを用いて、気体の圧力を求めなさい。
② 気体の絶対温度を求めなさい。
③ ヒーターを用いて加熱したところ、ピストンが上昇し、ピストンの位置が、シリンダーの底面からの距離が d' になった。このときの気体の絶対温度を求めなさい。

> 与えられた状態の P、V、T を図中に書き込んでみると、どんな式を立てるのかが容易にわかります

解 答

(1) ボイル・シャルルの法則より、

$$\frac{1.0 \times 10^5 \cdot 20}{273} = \frac{3.0 \times 10^5 \cdot V}{273 + 27} \quad \therefore \quad V \fallingdotseq \mathbf{7.3\,[m^3]}$$

(2)
① 左側の気体の状態方程式は

$$P \cdot aS = nRT$$

右側の気体の状態方程式は

$$P \cdot bS = nRT'$$

$$\therefore \quad \frac{a}{b} = \frac{T}{T'} \quad \therefore \quad T' = \mathbf{\frac{b}{a} \cdot T}$$

② 圧力を P' として状態方程式を考える。

左側；$P' \cdot (a+c)S = nR \cdot \alpha T$

右側；$P' \cdot (b-c)S = nR \cdot \dfrac{b}{a} T$

$$\therefore\ \frac{a+c}{b-c} = \frac{\alpha}{\dfrac{b}{a}} \qquad \therefore\ \alpha = \frac{b(a+c)}{a(b-c)}$$

(3)
① 力のつり合いより、

$$PS = P_0 S + Mg \qquad \therefore\ P = P_0 + \frac{Mg}{S}$$

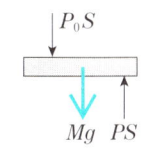

② 状態方程式より、

$$P \cdot Sd = nRT \qquad \therefore\ T = \frac{(P_0 S + Mg)d}{nR}$$

③ ボイル・シャルルの法則より、

$$\frac{P \cdot Sd}{T} = \frac{P \cdot Sd'}{T'} \qquad \therefore\ T' = \frac{d'}{d} T = \frac{(P_0 S + Mg)d'}{nR}$$

> 状態方程式とボイル・シャルルの法則は、どちらも同じ意味と考えてかまいません。どちらからでも解けるようにしておくのがベストです

第3講
気体の分子運動論
理想気体の圧力・温度・内部エネルギー

容器の中に閉じ込められた封入気体を考えます。このとき、気体の分子は、絶え間なく激しく運動しており、容器の壁に衝突したり、分子同士が衝突したりしています。

ここでは、話を簡単にするために、分子同士の衝突が無視できるほど希薄な気体を考え、また、壁との衝突は弾性衝突であるとします。

このように考えると、分子同士間に働く力は無視でき、分子間の位置エネルギーも0と近似できて計算が容易になります。

このような気体のことを<u>理想気体</u>と呼びます。

この理想気体について、分子運動論の立場から、気体の圧力や温度、状態方程式を考えてみましょう。

■ 理論上の状態方程式

一辺の長さが L の立方体容器に n mol の理想気体が封入されている場合を考えましょう。

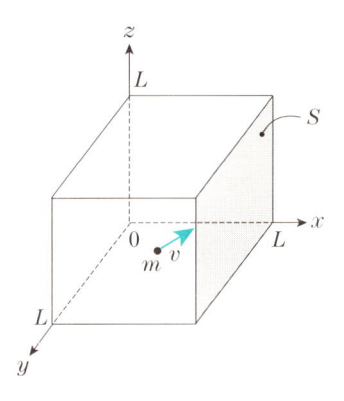

<u>気体分子</u>（ここでは分子という）1個の質量を m、気体分子の速さを v、その x、y、z 成分の大きさを v_x、v_y、v_z と置きます。

いま、$x = L$ の位置にある壁 S（断面積 L^2）に衝突する分子に着目します。壁 S と分子の衝突は弾性衝突なので、分子は、壁 S に速さ v_x で垂直に衝突し、速さ v_x で跳ね返されます。

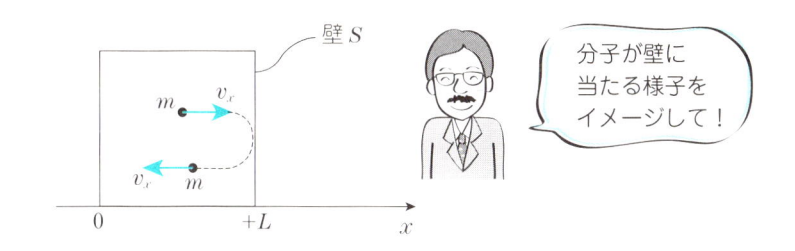

このとき、分子が壁から受ける力積 i_x は、力積と運動量の関係より、

$$+mv_x + i_x = -mv_x \quad \therefore \quad i_x = -2mv_x$$

となり、作用・反作用の法則より、壁 S は、$-i_x = +2mv_x$ の力積を受けることになります。

これは、分子 1 個が、壁に 1 回衝突するときに壁に与える衝撃なので、気体の圧力が原因と考えることができます。

また、単位時間にこの分子は x 方向に距離 v_x 進むことができ、壁 S とは往復で距離 $2L$ ごとに衝突するので、単位時間当たりの壁 S への衝突回数は、$\dfrac{v_x}{2L}$ 回となります。

したがって、分子 1 個が、単位時間に壁に与える力積は、

$$I_x = +2mv_x \cdot \frac{v_x}{2L} = \frac{mv_x^2}{L}$$

となります。

しかし、単位時間当たりの力積は、壁 S が受ける力の大きさに等しいので（∵ **力積 = 力 × 時間 = 力 × 1 = 力**）、これは分子 1 個が、壁 S に与える力に等しいことになります。

アボガドロ数（1 mol の分子の数）を N_A とすると、n mol の気体では、nN_A 個の分子が存在します。これら多くの分子の v_x^2 の平均値を $\langle v_x^2 \rangle$ と書くと、壁 S が分子から受ける力 F は、

$$F = \frac{nN_A \cdot m\langle v_x^2 \rangle}{L}$$

と書くことができます。

　分子の運動は個々に乱雑に運動しており、平均すれば x、y、z 方向に関係なく、どの方向にも運動の違いはありません。したがって、

$$\langle v_x^2 \rangle = \langle v_y^2 \rangle = \langle v_z^2 \rangle$$

が成立するはずです。

　また、三平方の定理より、$v^2 = v_x^2 + v_y^2 + v_z^2$ が成り立つので、

$$\langle v^2 \rangle = \langle v_x^2 \rangle + \langle v_y^2 \rangle + \langle v_z^2 \rangle$$

となります。

　この2式から、$\langle v_x^2 \rangle = \dfrac{\langle v^2 \rangle}{3}$ が成り立つことがわかるので、壁 S が分子から受ける力 F は、

$$F = \frac{nN_A \cdot m\langle v^2 \rangle}{3L}$$

と書き直すことができます。

　したがって、この封入気体の圧力 P は、圧力の定義（単位面積当たりの力）より、

$$P = \frac{F}{S} = \frac{F}{L^2} = \frac{nN_A \cdot m\langle v^2 \rangle}{3L^3}$$

ここで、$L^3 = V$（体積）と置くと、状態方程式と同様の表記ができて、

$$PV = \frac{nN_A m\langle v^2 \rangle}{3}$$

と書くことができます。

　この式は、理論的に導き出されたものですから、比例定数などが含まれず、理論上の状態方程式と呼ばれ、とても大切な式です。

■ 気体分子の平均運動エネルギー

理論上の状態方程式と、ボイル・シャルルの実験から導かれた状態方程式を比較してみましょう。

2式を並べて書くと、

$$PV = \frac{nN_A m\langle v^2 \rangle}{3}$$

$$PV = nRT$$

となり、この左辺は互いに等しいので、n で割って、

$$\frac{N_A m\langle v^2 \rangle}{3} = RT$$

と書くことができます。この式から、気体分子の平均運動エネルギー $\frac{m\langle v^2 \rangle}{2}$ を求めてみましょう。

$$\frac{m\langle v^2 \rangle}{2} = \frac{3}{2} \cdot \frac{R}{N_A} \cdot T$$

となります。ここで、$\frac{R}{N_A}$ は定数ですから、これを k と置くと、

$$\frac{m\langle v^2 \rangle}{2} = \frac{3}{2} \cdot kT$$

となり、この定数 k のことを**ボルツマン定数**と呼んでいます。

この式は何を意味しているのでしょうか？

右辺の $\frac{3}{2}k$ を比例定数とみなすと、

気体分子の平均運動エネルギーは絶対温度（T）に比例する

ということがわかります。

すなわち、気温が高いということは、気体分子の運動エネルギーが大きいことを意味し、気温が低いということは、気体分子の運動エネルギーが小さいことを意味しているのです。

■ 理想気体の内部エネルギー

内部エネルギーとは、物体を構成する原子や分子が持っているエネルギーの総和のことをいいます。

しかし、理想気体では、分子間の位置エネルギーが無視できるので、気体分子の運動エネルギーの和で計算することができます。

したがって、

$$\text{内部エネルギー} \quad U = nN_A \cdot \frac{1}{2} m \langle v^2 \rangle = \frac{3}{2} \cdot nRT$$

となります。

気体分子の運動エネルギーが絶対温度 T だけで決まるのですから、当然のことですが、

理想気体の内部エネルギーは、気体の mol 数と絶対温度のみで決まり、気体の圧力や体積には依存しない

ということがわかります。

なお、この内部エネルギーの式は、ヘリウムやネオンのような**単原子分子**（1 つの原子が 1 つの分子となっている気体）のときにだけ成立する式であることに注意してください。

例題 3

半径が r の球形容器を考える。この容器内に、n mol の単原子分子の理想気体が封入されており、気体分子 1 個の質量は m とする。分子どうしの衝突は無視できるものとし、容器壁と分子の衝突は弾性衝突するものとする。また、重力の影響も無視できるものとする。

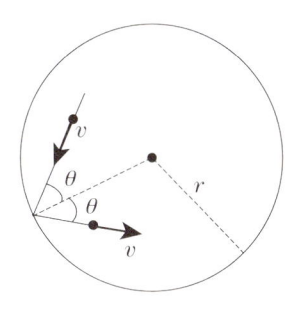

① 気体分子1個の速さを v とする。上図のように、角度 θ で容器壁に衝突し、角度 θ で跳ね返される気体分子に着目すると、この気体分子が容器壁に衝突するときの、容器壁に垂直な運動量の大きさはいくらか？
② 気体分子が1回の衝突で容器壁に与える力積の大きさはいくらか？
③ 気体分子が単位時間に容器壁と衝突する回数を求めなさい。
④ 気体分子が単位時間に容器壁に与える力積の大きさを求めなさい。
⑤ アボガドロ数を N_A とする。容器内の気体分子の数は何個か？
⑥ 気体分子全体の2乗平均速度を $\langle v^2 \rangle$ と置く。このとき、気体分子全体が容器に与える力の大きさの総和はいくらか？
⑦ 容器内の圧力 P はいくらか？
⑧ 容器内の体積を V と置くとき、上の⑦で求めた圧力 P を V を用いて表わしなさい（このとき、r を用いてはならない）。
⑨ 気体分子の平均運動エネルギーを求めなさい。
⑩ 容器内の気体の内部エネルギーを P と V を用いて表わしなさい。
⑪ 気体の絶対温度を T と置く。上の⑩で求めた内部エネルギーを、T を含む式で表わしなさい。ただし、気体定数を R とする。

分子が壁に与える力積、分子の運動エネルギーと熱力学量との関係を明確にしよう！

解 答

① 壁に垂直な速度成分は $v\cos\theta$ であるから、$mv\cos\theta$

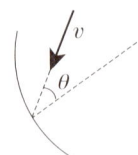

② 気体分子が受ける力積の大きさは $2mv\cos\theta$ である。
作用・反作用の法則より、$2mv\cos\theta$

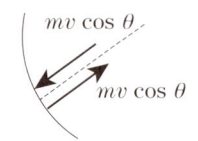

③ 次に衝突するまでの距離は $2r\cos\theta$ であるから、

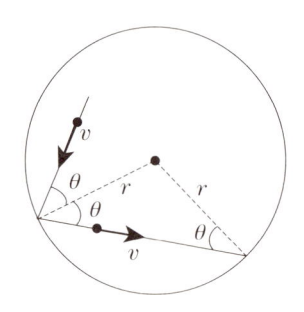

$$\frac{v}{2r\cos\theta} \quad (回)$$

④ $2mv\cos\theta \cdot \dfrac{v}{2r\cos\theta} = \dfrac{mv^2}{r}$

⑤ nN_A（個）

⑥ 単位時間当たりの力積の大きさは、力の大きさに等しいので、

$$F = nN_A \cdot \frac{m\langle v^2\rangle}{r}$$

⑦ 圧力の定義および球の表面積が $4\pi r^2$ であることより、

$$P = \frac{F}{4\pi r^2} = \frac{nN_A \cdot m\langle v^2\rangle}{4\pi r^3}$$

⑧ 体積 V は $V = \frac{4}{3}\pi r^3$ であるから、⑦より、

$$P = \frac{nN_A \cdot m\langle v^2\rangle}{3V}$$

⑨ ⑧より、

$$\frac{1}{2}m\langle v^2\rangle = \frac{3PV}{2nN_A}$$

⑩ $U = nN_A \cdot \frac{1}{2}m\langle v^2\rangle = \frac{3}{2}PV$

⑪ $U = \frac{3}{2}PV = \frac{3}{2}nRT$

> 単原子分子では、内部エネルギーは必ず $U = \frac{3}{2}nRT$ と書けることを確認しよう

第4講

熱力学の第一法則
熱量、気体のした仕事、内部エネルギーの増加量

熱力学の第一法則とは、簡単にいえば、熱が関係する「仕事とエネルギーの関係」のことです。

第1章の力学の分野ですでに学んでいますので、そんなにむずかしくはありませんが、熱力学特有の物理量が出てくるのでそこだけ注意すればよいでしょう。

さっそく詳しく説明していきましょう。

■ 熱力学の第一法則

気体を封入した風船を想像してください。この風船を暖かい部屋へ移動させしばらく待ちましょう。

すると、風船内の気体の温度が上がり、風船は膨張することが予想できますね。これは、暖かい部屋へ移動させたために、風船内に熱量が移動したからだと考えられます。

この移動した熱量を Q と置きましょう。風船内の温度が上昇したと考えられますから、風船内の気体の内部エネルギーは大きくなったはずです。

この内部エネルギーの増加量を ΔU と置きます。さらに、風船の体積は大きくなっていますから、風船内の気体が外部に対して仕事をしています。この仕事を W とします。

図で描くと、以下のようになります。

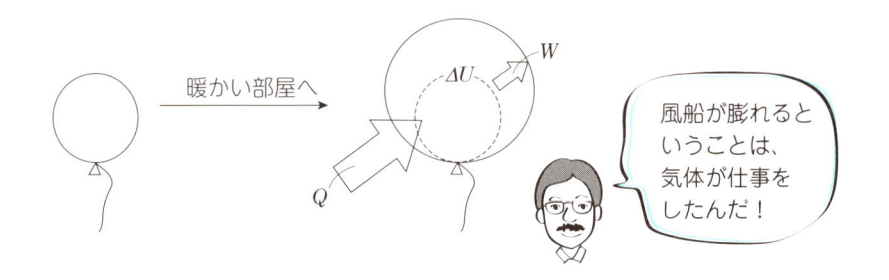

風船が膨れるということは、気体が仕事をしたんだ！

294

このように考えると、内部エネルギーの増加 ΔU と気体がした仕事 W の原因は、吸収した熱量 Q によるものだと考えられます。

これを式で表わすと、

$$Q = \Delta U + W$$

と書くことができます。これが「熱力学の第一法則」です。

> 教科書によっては、気体がされた仕事を W と置いて、
> $$\Delta U = Q + W$$
> と表記されているものもあります。
> 仕事が、気体のした仕事なのか、された仕事なのかの違いによるもので、式としてはまったく同じ意味です

■ 熱量 Q

理想気体 1 mol を 1 K 上昇させるのに必要な熱量のことを**モル比熱**と呼びます。

圧力一定のもとでは**定圧モル比熱**、体積一定のもとでは**定積モル比熱**といい、それぞれ記号で C_P、C_V で表わし、単位は定義から **[J/mol·K]** となります。

これらの量はあくまでも、1 mol 当たり、1 K 当たりですから、n mol で温度変化が ΔT の場合で考えると、

定圧変化；$Q = n C_P \Delta T$
定積変化；$Q = n C_V \Delta T$

と書くことができます。

断熱変化では、熱の出入りがない変化なので、

断熱変化；$Q = 0$

となります。

■ 気体のした仕事 W

仕事は、「力の距離的効果」を考えることで定義できます。

これは、力学のところで学んだように、F（力）〜x（距離）グラフの面積で表わすことができます。

これを熱力学用に考え直してみましょう。

ピストン付きシリンダー内に封入された理想気体を考えましょう。

この気体に何らかの変化を与えて、気体からピストンに力Fが働き、ピストンが距離x移動したと考えましょう。当然、この場合、気体のした仕事は、F〜xグラフの面積で表わすことができます。

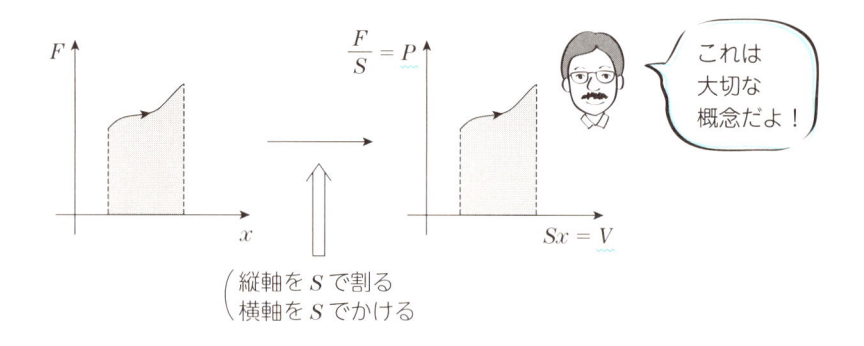

（縦軸をSで割る
横軸をSでかける）

$\dfrac{F}{S} = P$

$Sx = V$

これは大切な概念だよ！

ここで、ピストンの断面積をSとしましょう。縦軸の力Fを断面積Sで割ると定義より、圧力Pとなります。また、横軸の距離xを断面積Sでかけると、体積Vとなります。

ピストンの断面積Sは一定なので、このようにしてもグラフの形、面積は変わりません。このように考えると、**気体のした仕事の大きさWは、P（圧力）〜V（体積）グラフの面積で表わされる**ことが理解できます。

このとき、面積は必ず正ですから、Wの正負を別に判断する必要があるのですが、これは容易です。

気体の体積が増加していれば、封入気体が外に対して仕事をした（$W > 0$）はずです。逆に気体の体積が減少していれば、封入気体が外から仕事をされた（$W < 0$）はずです。

■ 内部エネルギーの増加量 ΔU

内部エネルギーは、290 ページで述べたように、単原子分子では、

$$U = \frac{3}{2} \cdot nRT$$

と書くことができます。

したがって、ΔU は、

$$\Delta U = \frac{3}{2} nR\Delta T$$

となります。

さてここで、定積変化を考えてみましょう。

この変化では体積が一定なので、気体は仕事をしません。すなわち $W = 0$ です。

また、熱量 Q は定積モル比熱 C_V を利用して、$Q = nC_V\Delta T$ と表わすことができます。

したがって、熱力学の第一法則より、

$$nC_V\Delta T = \Delta U + 0$$

となり、内部エネルギーの増加量 ΔU は、

$$\Delta U = nC_V\Delta T$$

と書けることがわかります。

上式と比較すると、定積モル比熱は、単原子分子では、

$$C_V = \frac{3}{2} R$$

で表わされることが導かれます。

■ 定圧モル比熱 C_P を求める

定圧モル比熱 C_P を求めるために、定圧変化に対する熱力学の第一法則を考えましょう。

定圧変化では、$Q = nC_P\Delta T$ です。また、前述のとおり、内部エネルギーの増加量は、$\Delta U = nC_V\Delta T$ でした。

気体のした仕事は、定圧変化において、$P \sim V$ グラフは以下のようになるので、

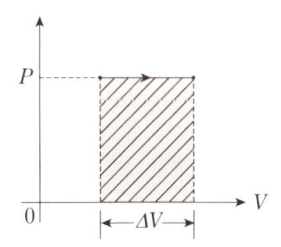

グラフの斜線部分の面積を考えて、

$$W = P\Delta V$$

と書くことができます。

したがって、熱力学の第一法則より、

$$nC_P\Delta T = nC_V\Delta T + P\Delta V = nC_V\Delta T + nR\Delta T \quad (\because \text{ 状態方程式})$$

$$\therefore \quad C_P = C_V + R$$

となります。

これはマイヤーの公式と呼ばれ、定圧モル比熱と定積モル比熱の関係を表わす重要な式です。

単原子分子では、$C_V = \dfrac{3}{2}R$ ですから、

$$C_P = \dfrac{3}{2}R + R = \dfrac{5}{2}R$$

となります。

以上の結果を整理すると、次ページのようになります。

熱力学の第一法則	$Q = \Delta U + W$
熱量 Q	$nC_P\Delta T$（定圧変化）
	$nC_V\Delta T$（定積変化）
	0（断熱変化）
気体のした仕事	$|W| = (P \sim V\text{グラフの面積})$
体積増加のとき	$W > 0$
体積減少のとき	$W < 0$
内部エネルギー増加量 ΔU	$\Delta U = nC_V\Delta T$
マイヤーの公式	$C_P = C_V + R$

単原子分子では、

$$C_P = \frac{5}{2}R \qquad C_V = \frac{3}{2}R$$

例題 4

(1) 断熱材でできたピストン付きシリンダー内に 1 mol の単原子理想気体が封入されている。ピストンの断面積は S、質量は M である。また、シリンダーにはストッパーが付いており、ピストンはシリンダーの底面から h の距離にあり、これより下には下がらないようになっている。また、シリンダーの下部にはヒーターが取り付けられており、加熱できるようになっている。気体定数を R、大気圧を P_0、重力加速度の大きさを g として、次の問いに答えなさい。

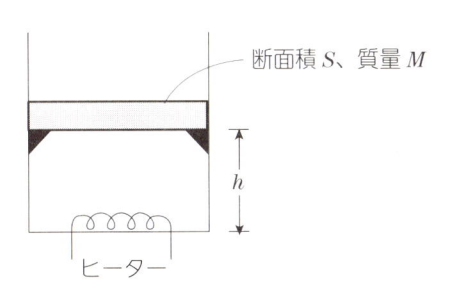

① 最初の状態で、気体の絶対温度は T_1 であった。気体の圧力 P_1 はいくらか？

② ヒーターでゆっくり加熱したところ、ピストンが動き始めた。このとき気体の圧力 P_2 はいくらか？

③ 上の②のとき、気体の絶対温度 T_2 はいくらか？

④ 上記の過程で、ヒーターが気体に与えた熱量はいくらか？ T_1、T_2 を用いて表わしなさい。

⑤ さらに、加熱を続けるとピストンは、シリンダーの底面から $2h$ の位置まで上がった。このときの気体の絶対温度 T_3 はいくらか？また、T_3 は T_2 の何倍か？

⑥ 上の⑤の過程でヒーターが気体に与えた熱量はいくらか？ R と T_2 だけを用いて表わしなさい。

(2) 断熱圧縮では、気体の絶対温度は上昇する。このことを、熱力学の第一法則を用いて以下の手順で説明したい。次の各問いに答えなさい。

① 断熱変化において、気体が吸収した熱量はいくらか？

② 気体を圧縮したとき、気体のした仕事は正か？ 負か？

③ 内部エネルギーの増加量 ΔU は正か？ 負か？

④ 絶対温度が上昇することを示しなさい。

前ページを見ながら用いるべき式を探すようにしよう

解 答

(1)

① 状態方程式より、

$$P_1 \cdot Sh = RT_1 \quad \therefore \quad P_1 = \frac{RT_1}{Sh}$$

② ピストンに対する力のつり合いより、

$$P_2 S = P_0 S + Mg \quad \therefore \quad P_2 = P_0 + \frac{Mg}{S}$$

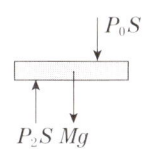

```
          │P_0 S
       ┌─────┐
       └─────┘
        ↑   ↓
       P_2 S  Mg
```

③ 状態方程式より、

$$P_2 \cdot Sh = RT_2 \quad \therefore \quad T_2 = \frac{P_2 Sh}{R} = \frac{(P_0 S + Mg)h}{R}$$

④ 定積変化であるから、

$$Q = nC_V \Delta T = 1 \cdot \frac{3}{2} R(T_2 - T_1) = \frac{3}{2} R(T_2 - T_1)$$

⑤ 状態方程式より、

$$P_2 \cdot S(2h) = RT_3 \quad \therefore \quad T_3 = \frac{2P_2 Sh}{R} = \frac{2(P_0 S + Mg)h}{R}$$

$$T_3 = 2T_2$$

⑥ 定圧変化であるから、

$$Q = nC_P \Delta T = 1 \cdot \frac{5}{2} R(T_3 - T_2) = \frac{5}{2} RT_2$$

(2)
- ① 断熱であるから、$Q = 0$
- ② 体積減少であるから、気体は仕事をされる。
  よって、W は**負**。
- ③ 熱力学の第一法則より、

$$0 = \Delta U + W \quad \therefore \quad \Delta U = -W > 0$$

  よって、ΔU は**正**。
- ④ 内部エネルギーは温度にのみ依存する。$\Delta U > 0$ であるから、温度は上昇している。

> P、V、T の求め方は
> 第3講をヒントにして考えよう。
> Q、ΔU、W については
> 第4講の内容を理解したうえで
> 式を立てよう

第5講 熱サイクルと熱効率
$P 〜 V$ グラフ、熱機関の熱効率

　自動車のエンジンは最も身近な熱機関です。「ガソリンを燃やして熱量を供給し、エンジンを駆動させてタイヤを回す」という仕事をしています。

　「この車は燃費がいいね」なんて言葉を時々耳にしますね。簡単に言ってしまえば、少ないガソリンで、長い距離を走れるということです。

　燃費のよい自動車もあれば、それほどでもない車もあります。これが熱効率なのです。これは、どのくらいの熱量でどのくらいの仕事ができるかを表わすものですから、熱機関にとっては重要なものです。

　これらを学ぶためには、まず $P 〜 V$ グラフ、熱サイクルが理解できなければなりません。熱力学最後の章です。ゆっくり読み進めてください。

■ $P 〜 V$ グラフ

　次ページのグラフ（$P 〜 V$ グラフ）を見ながら説明します。

〈定圧変化〉

　圧力一定なので、①のようになります。

〈定積変化〉

　体積一定なので、②のようになります。

〈等温変化〉

　状態方程式において、定温なので、

$$PV = nRT = （一定） \quad \therefore \quad P = \frac{（一定）}{V}$$

となり、③のように双曲線となります。

〈断熱変化〉

断熱変化では、$PV^\gamma =$（一定）が成立し、双曲線となります。このとき $\gamma > 1$ なので、等温変化よりも④のように急傾斜になります。

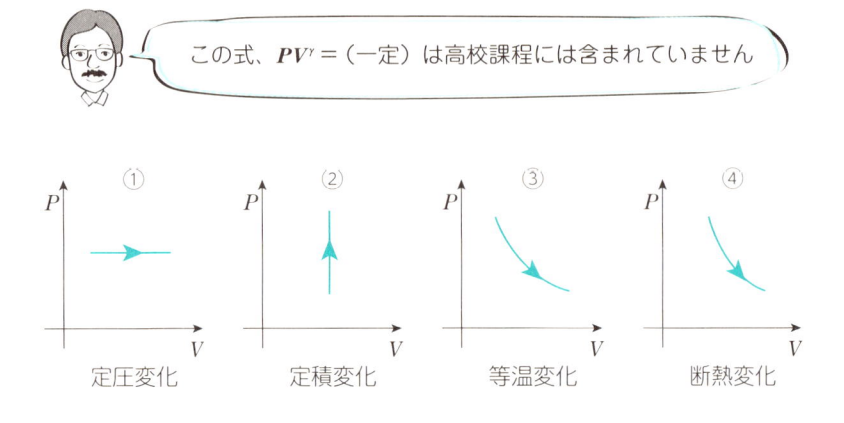

> この式、$PV^\gamma =$（一定）は高校課程には含まれていません

① 定圧変化
② 定積変化
③ 等温変化
④ 断熱変化

■ 熱サイクル

ここでは、$P \sim V$ グラフを用いて1つの例を挙げましょう。

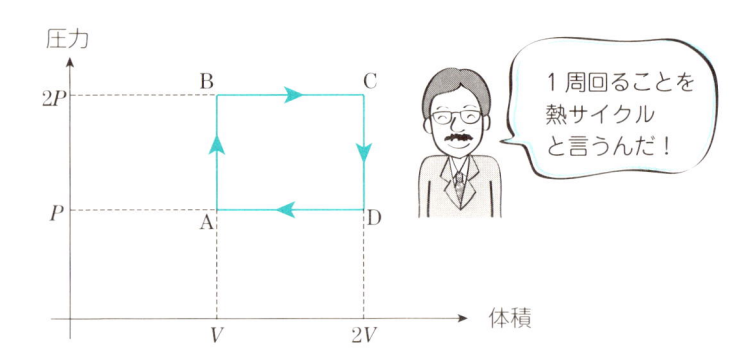

> 1周回ることを熱サイクルと言うんだ！

上図は、定圧変化と定積変化だけで構成される熱サイクルです。簡単にいってしまえば、何らかの変化をして最初の状態に戻ることを熱サイクルと呼んでいるのです。

封入気体が単原子分子の理想気体であるとして、この例を用いて、熱量や内部エネルギー、仕事について議論してみましょう。

状態 A →状態 B　定積変化

$$Q_{AB} = nC_V \Delta T = \frac{3}{2} nR\Delta T = \frac{3}{2} \Delta PV = \frac{3}{2}(2P-P)V = \frac{3}{2}PV$$

$$U_{AB} = nC_V \Delta T = \frac{3}{2} PV$$

$$W_{AB} = 0$$

状態 B →状態 C　定圧変化

$$Q_{BC} = nC_P \Delta T = \frac{5}{2} nR\Delta T = \frac{5}{2}\cdot 2P\Delta V = \frac{5}{2}\cdot 2P(2V-V) = 5PV$$

$$U_{BC} = nC_V \Delta T = 3PV$$

$$W_{BC} = 2P\Delta V = 2P(2V-V) = 2PV$$

状態 C →状態 D　定積変化

$$Q_{CD} = nC_V \Delta T = \frac{3}{2} nR\Delta T = \frac{3}{2} \Delta PV = \frac{3}{2}(P-2P)2V = -3PV$$

$$\Delta U_{CD} = nC_V \Delta T = -3PV$$

$$W_{CD} = 0$$

状態 D →状態 A　定圧変化

$$Q_{DA} = nC_P \Delta T = \frac{5}{2} nR\Delta T = \frac{5}{2} P\Delta V = \frac{5}{2} P(V-2V) = -\frac{5}{2}PV$$

$$U_{DA} = nC_V \Delta T = -\frac{3}{2}PV$$

$$W_{DA} = p\Delta V = P(V-2V) = -PV$$

　各過程では、上記のようになります。
　では、1サイクルでは熱量、内部エネルギー、仕事はどのように表記できるでしょうか？
　さっそく計算してみましょう。

1 サイクル

$$Q_{サイクル} = Q_{AB} + Q_{BC} + Q_{CD} + Q_{DA} = \left(\frac{3}{2} + 5 - 3 - \frac{5}{2}\right)PV = PV$$

$$\Delta U_{サイクル} = \Delta U_{AB} + \Delta U_{BC} + \Delta U_{CD} + \Delta U_{DA} = \left(\frac{3}{2} + 3 - 3 - \frac{3}{2}\right)PV = 0$$

$$W_{サイクル} = W_{AB} + W_{BC} + W_{CD} + W_{DA} = (0 + 2PV + 0 - PV) = PV$$

となります。

$\Delta U_{サイクル} = 0$ となるのは当然ですね。元の状態に戻ったのですから、温度にだけ依存する内部エネルギーには変化がないはずです。

また、$W_{サイクル}$は、304 ページの図の四角形の面積に等しくなっています。これも当たり前のことです。状態 B →状態 C では気体が仕事をしていますが、状態 D →状態 A では気体は仕事をされています。差し引きは、この四角形の面積となるはずです。

さらに、**熱力学の第一法則 $Q_{サイクル} = \Delta U_{サイクル} + W_{サイクル}$ が成立している**こともわかりますね。

ここでは、例として、定圧変化と定積変化だけで構成される熱サイクルを考えましたが、もちろんさまざまな熱サイクルがあります。ぜひ、308 ページの例題 5 にもチャレンジしてみてください。

■ 熱効率

1 つの熱サイクルに対して、

どれだけの熱量を吸収してどれだけの仕事を行なうことができるか

を表わすのが熱効率と呼ばれるものです。

熱効率が大きければ、それだけ効率がよい熱機関といえるのです。

「**効率がよい**」とは、**少ないエネルギーで大きな仕事ができる**と言い換えることもできます。それを示してくれるのが熱効率なのです。

では、前述の熱サイクルで、この熱効率を考えてみましょう。

まずは、吸収熱量を考えます。

それぞれの過程で熱量 Q を計算しましたが、その結果は以下のとおりです。

$$Q_{AB} = \frac{3}{2} \cdot PV > 0$$

$$Q_{BC} = 5PV > 0$$

$$Q_{CD} = -3PV < 0$$

$$Q_{DA} = \frac{-5}{2} \cdot PV < 0$$

熱効率の計算で重要になるのは吸収熱量ですから、$Q > 0$ の過程、すなわち A → B と B → C の過程です。

ここで吸収した全熱量 Q_{in} は、

$$Q_{in} = Q_{AB} + Q_{BC} = \left(\frac{3}{2} + 5\right)PV = \frac{13}{2} \cdot PV$$

となります。

この熱サイクルでした仕事は、差し引き $W_{サイクル}$ ですから、

$$W_{サイクル} = PV$$

です。

したがって、熱効率を η（イータ）と置くと、

$$\eta = \frac{W_{サイクル}}{Q_{in}} = \frac{2}{13}$$

となります。

百分率で表わすと、およそ 15％程度ということになります。

このように、**熱効率を計算するときには、必ず吸収熱量だけを考えることが大切です。**

$Q_{サイクル}$ ではなく、Q_{in} で計算しなければ意味がありません。 くれぐれも気をつけてください。$Q_{サイクル}$ で計算すると、熱効率が全部 100％になってしまいますからね！

ちなみに、いろいろな熱機関の熱効率のおよその値は次ページのとおりです。

蒸気機関（ピストン式）…………10%〜20%
蒸気機関（タービン式）…………30%〜45%
ガソリン機関…………25%〜30%
ディーゼル機関（自動車）…………30%〜35%
ディーゼル機関（大型船舶）…………35%〜40%

このような例を見ると、実際の熱機関では、60%〜80%程度の熱が仕事に使われず無駄になり、地球を暖めてしまっていることがわかりますね。

例題 5

ピストン付きシリンダー内に単原子分子の理想気体が封入されている。この気体の圧力と体積の関係が以下の図のように変化した。すなわち、最初の状態 A（体積 V_A、絶対温度 T_A）から、状態 B、状態 C を経て、状態 A に戻る熱サイクルを考える。封入気体のモル数を n mol、気体定数を R として、次の問いに答えなさい。

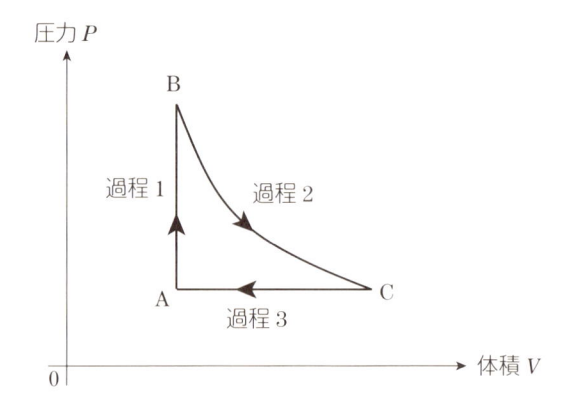

過程 1（状態 A → 状態 B）では、定積変化で圧力を 3 倍にした。
① 状態 B での絶対温度を求めなさい。
② 過程 1 で気体に与えた熱量、気体が外部にした仕事、内部エネ

ルギーの増加量を求めなさい。

過程 2（状態 B →状態 C）では、温度一定の元で圧力が状態 A と同じになるまで膨張させた。
③ 状態 C の体積を求めなさい。
④ 過程 2 で気体のした仕事を W_2 と置く。このとき、W_2 と等しい面積をグラフに斜線で示しなさい。
⑤ 過程 2 で気体が吸収した熱量を求めなさい。

過程 3（状態 B →状態 C）では、定圧変化で状態 A に戻した。
⑥ 過程 1 で気体に与えた熱量、気体が外部にした仕事、内部エネルギーの増加量を求めなさい。
⑦ この熱機関の熱効率を求めなさい。

それぞれの過程で Q、ΔU、W がどんな式を満足するかを考えよう！

解答

① ボイル・シャルルの法則より、

$$\frac{P_A V_A}{T_A} = \frac{3P_A \cdot V_A}{T_B} \quad \therefore \ T_B = 3T_A$$

② 定積変化であるから、

$$Q_1 = nC_V \Delta T = \frac{3}{2}nR\Delta T = \frac{3}{2}nR(3T_A - T_A) = 3nRT_A$$

$$W_1 = 0$$

$$\Delta U_1 = nC_V \Delta T = 3nRT_A$$

③ ボイル・シャルルの法則より、

$$\frac{P_A V_A}{T_A} = \frac{P_A V_C}{T_C}$$

ここで、$T_C = T_B = 3T_A$ なので、

$$V_C = 3V_A$$

④

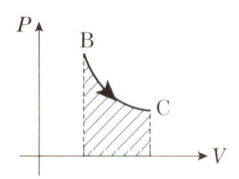

⑤ 熱力学の第一法則において、等温変化なので、

$$\Delta U_2 = 0 \quad \therefore \quad Q_2 = \Delta U_2 + W_2 = W_2$$

⑥ 定圧変化であるから、

$$Q_3 = nC_P\Delta T = \frac{5}{2}nR\Delta T = \frac{5}{2}nR(T_A - 3T_A) = -5nRT_A$$

$$W_3 = P\Delta V = nR\Delta T = nR(T_A - 3T_A) = -2nRT_A$$

$$\Delta U_3 = nC_V\Delta T = \frac{3}{2}nR\Delta T = \frac{3}{2}nR(T_A - 3T_A) = -3nRT_A$$

⑦ 全仕事は

$$W_{サイクル} = W_1 + W_2 + W_3 = W_2 - 2nRT_A$$

吸収熱量は

$$Q_{in} = Q_1 + Q_2 = 3nRT_A + W_2$$

$$\therefore \quad \eta = \frac{W_{サイクル}}{Q_{in}} = \frac{W_2 - 2nRT_A}{3nRT_A + W_2}$$

> 熱サイクルの計算では吸収熱量に注目することが大切です

第 5 章
原子物理学

　原子物理学では、常識では考えにくい内容が多く含まれます。想像しにくい現象も多く登場します。なるべく多くの例を挙げて説明しますが、常識にとらわれずに、新しい物理学を感じとってください。

　ここでは、前期相対論や前期量子論を取り扱います。アインシュタインも出てきます。なかなかおもしろい分野なのですよ。

・光の粒って何？
・原子はどういう構造なの？
・質量保存則が成り立たなくなる？
・電子はどんな運動している？
　なんだか謎めいているでしょ？

　上記のようなことを考えながら、じっくり読み進めてみてください。
　ほんの少しだけですが、不思議な世界に足を踏み入れましょう。

第 1 講　光電効果
第 2 講　X 線とコンプトン効果
第 3 講　電子線回折
第 4 講　原子の構造
第 5 講　原子核崩壊と原子核反応

第1講

光電効果
光量子仮説、検証実験

　金属板に紫外線のような波長の短い光を当てると、金属表面から電子が飛び出す現象を光電効果といい、光によって飛び出す電子のことを光電子と呼びます。

　この現象は、光のエネルギーを金属内の自由電子が受け取って飛び出したと考えられますが、そう簡単に説明できる現象ではないことが、実験で明らかになったのです。

　まずは、その実験結果から説明していきましょう。

■ 光電効果の重要な実験結果

実験結果(a)
照射する光の振動数がある値 ν_0 以下の振動数のとき、光電効果は起こらず、ν_0 以上のときにのみ起こる。ちなみに、この ν_0 のことを限界振動数、そのときの波長のことを限界波長という。

　限界振動数が存在しても何の不思議もないように感じますが、そうではありません。かなり不思議なことなのです。

　限界振動数 ν_0 より小さい光でも、強い光を当てれば電子の1個や2個は飛び出してきても何の不思議もないはずです。

　しかし実際には、ν_0 より小さい振動数の光では1個たりとも飛び出してきません。逆に、ν_0 より大きい振動数の光を当てると、たとえ弱い光でも照射するとただちに光電子が飛び出してくるのです。

　光を波と考え、波のエネルギーを受け取って電子が飛び出すのであれば、強い光を当てたり、長時間光を当てたりすれば、光電子が飛び出しそうですが、そうならないのです。

実験結果(b)
光電子の最大運動エネルギーは、照射した光の振動数にのみ依存し、振動数が大きいほど最大運動エネルギーも大きい。

この実験結果も、不思議がないように感じられますね。

光の振動数が大きいほど、大きな運動エネルギーを受け取ったと考えられそうですね。

しかし、振動数にだけ依存し、光の強さ（後述する光子の数）や照射時間には一切関与しないのはどういうわけでしょう？　単に波のエネルギーを受け取ったということだけでは説明がつきません。

実験結果(c)
照射する光の振動数が一定のとき、光電子の数が光の強さに比例する

強い光であればそれだけ多くの光電子が飛び出すと考えれば、説明がつきそうですが、光を波と考えると光電子の個数が多くなるのではなく、光電子の運動エネルギーが大きくなるはずです。

以上のように、光を波（電磁波）と考えたのでは説明がつかない実験結果が得られたのです。

光の正体は、「ヤングの干渉実験」で、波であるという結論が出ています。このため、多くの科学者が頭を抱えることになったのです。

そこに登場したのが、ご存じ20世紀最大の物理学者、アインシュタインなのです。

■ アインシュタインの光量子仮説

量子とは、小さい粒という意味を持ちます。アインシュタインの光量子仮説とは、光を小さな粒の流れであるという考え方です。

アインシュタインは、光をエネルギー $E = h\nu$（h；プランク定数という）を持つ粒子の流れであるとみなし、先の光電効果の実験結果を説明しました。

この光の小さな粒のことを光子（または光量子）といいます。

アインシュタインは、

1個の光子が、金属内の自由電子に衝突してエネルギーをすべて与えて消える

と考えました。

彼の光量子仮説を箇条書きにしてまとめてみましょう。

(イ) 光を粒子の流れと考え、この粒子（光子）のエネルギー E と運動量 p は、

$$E = h\nu = \frac{hc}{\lambda} \qquad p = \frac{h\nu}{c} = \frac{h}{\lambda}$$

で与えられる。（c；光速、λ；波長）

(ロ) 光子と電子の衝突は、1対1の衝突である。

(ハ) 光電効果においては、以下のエネルギー保存則が成立する。

$$1 \cdot h\nu = W + 1 \cdot \frac{1}{2} m v_{\max}^2$$

W；金属を飛び出すのに必要な最小のエネルギー（仕事関数）
m；電子の質量
$v_{\max}$；飛び出す光電子の最大の速さ

ここで、重要なのは(ハ)です。(イ)と(ロ)は、(ハ)を述べるための準備と考えてかまいません。

次の項で、(ハ)について詳しく説明します。

■ 光電効果の理論的説明

(ハ)の式について説明しましょう。

まず、W は仕事関数と呼ばれ、光電子が金属を飛び出すのに必要な最小のエネルギーで定義されます。したがって、金属の種類によって決まる定数です。

●第1講 光電効果●

W が最小値を表わすのですから、光電子の運動エネルギーは最大値を表わします。このため、v には max の添え字がつけてあります。

また、$h\nu$ と $\frac{1}{2}mv_{max}^2$ の前にある（1・）は、それぞれ光子と光電子の個数を表わし、1個の光子が、1個の電子を飛び出させていることを示します。

このように考えると、(ハ)の式、

$$1 \cdot h\nu = W + 1 \cdot \frac{1}{2}mv_{max}^2$$

> 1個の光子が
> 1個の電子と
> 衝突するんだ！

は、重要な実験結果である(a)～(c)
(312～313ページ参照)をすべて説明していることになります。

$v_{max} = 0$ と考えると、電子がぎりぎり飛び出せない状態を表わしています。

このときの振動数が限界振動数 ν_0 であり、W が定数なので、必ず限界振動数が存在することを示しています（$1 \cdot h\nu_0 = W + 0$）。これは、(a)を説明していることになります。

次に、（1・）の意味を考えると、(c)は説明できます。

また、W が定数なので、光電子の最大運動エネルギーは、ν にだけ依存していることも容易に理解できます。これは(b)の説明に当たります。

このように、(ハ)を受け入れるとすべてが説明できるのです。

■ 光量子仮説の検証実験

アメリカの実験物理学者ミリカンは、以下の図のような光電管をつくり、光電効果の検証実験を行ないました。

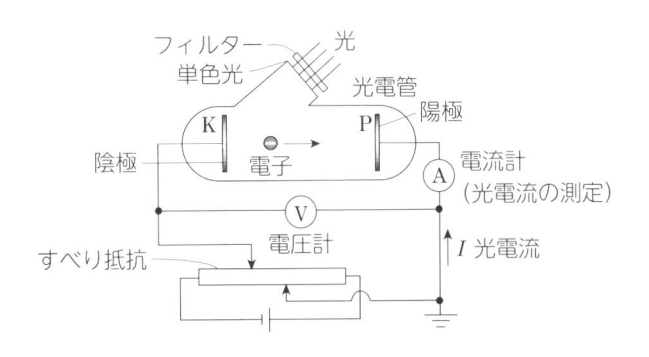

前ページの図の装置で得られた電流（光電流という）と電圧の関係をグラフにすると、強い光でも弱い光でも振動数が同じであれば、V_0（電流が0となる電圧）は変わらないことがわかりました。

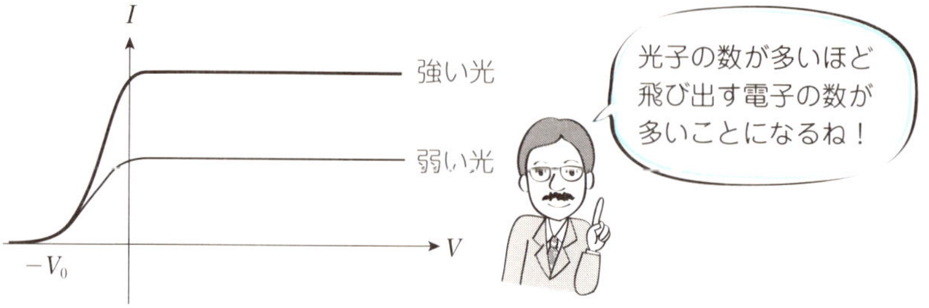
I
強い光
弱い光
V
−V0
光子の数が多いほど飛び出す電子の数が多いことになるね！

このグラフは、飛び出す電子の最大運動エネルギーが光の振動数だけで決まることを示しています（313ページの実験結果(b)の説明）。また、強い光を当てると多くの電流が流れ、電子がたくさん飛び出していることも検証されました（同様に実験結果(c)の説明）。

振動数をいろいろ変えて、光電子の最大運動エネルギーを測定してグラフを描くと、以下のようになりました。

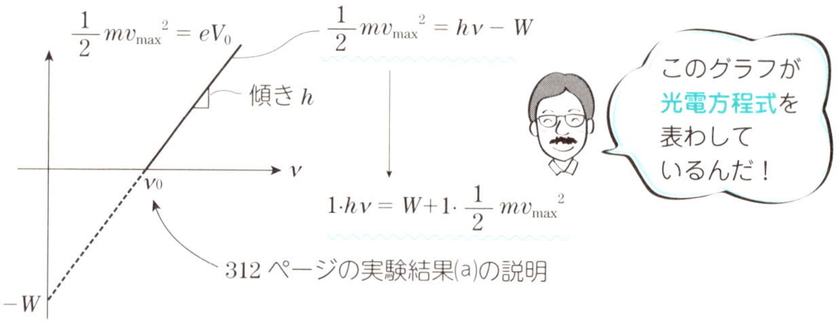
1/2 mv_max^2 = eV0
1/2 mv_max^2 = hν − W
傾き h
ν
ν0
1·hν = W+1· 1/2 mv_max^2
312ページの実験結果(a)の説明
−W
このグラフが光電方程式を表わしているんだ！

グラフの縦軸の$\frac{1}{2}mv_{max}{}^2 = eV_0$の式はエネルギー保存則を示し、$e$は電子の電気量の大きさ、$V$は電圧計の読みを示します。

この直線の傾きを測定してみると、なんとプランク定数hに一致していたのです。

この直線の方程式が、まさに(ハ)の式になっているのです。

●第1講 光電効果●

　このことから、縦軸の切片が $-W$ を示し、横軸との切片が限界振動数である ν_0 を示していることになります。

　陽極に用いている金属を別の金属に変えて実験をすると、このグラフは平行移動しました。すなわち、仕事関数 W や限界振動数 ν_0 は金属によって決まりますが、プランク定数は常に一定値なことも説明できるのです。

　このようにして、アインシュタインがつくり上げた光量子仮説の理論は、実験により実証され、広く認められることになりました。

　(ハ)の式（$1\cdot h\nu = W + 1\cdot \dfrac{1}{2}mv_{\max}{}^2$）はエネルギー保存則の式ですが、特別に光電方程式と呼ばれることもあります。

　これらの結果から、われわれは、光の二重性（波動性と粒子性）を受け入れたのです（329 ページ参照）。

5 章　原子物理学

例題 1

(1) 次の（　）内に適切な語句、数式、数値を入れなさい。数値で答える場合は、有効数字 2 桁とする。また、プランク定数は h とする。

> 　金属から光電子を放出させるためには、照射光の振動数をその金属固有の限界振動数よりも（　①　）する必要がある。また、光電子の最大運動エネルギーは、照射光の（　②　）によって決まり、光の強さには関与しない。照射光の振動数が一定であれば、単位時間当たりの光電子の数は、照射光の（　③　）に比例する。
> 　アインシュタインは、振動数 ν の光はエネルギー $E =$（　④　）を持つ（　⑤　）の流れであると考え、光電効果を説明した。仕事関数を W、照射光の振動数を ν、光電子の最大運動エネルギーを $K_{\max}$ とすると、アインシュタインの光電方程式は、$h\nu =$（　⑥　）と書ける。限界振動数を ν_0 とすると、$h\nu_0 =$（　⑦　）と書け、$\nu_0 = 5.6 \times 10^{14}$ Hz、$W = 6\,eV = 6\cdot 1.6 \times 10^{-19}$ J とすると、プランク定数 h は、$h =$（　⑧　）J・s となる。

317

(2) 光電効果を調べるために、左下の図のような装置を用いて、実験を行ない、以下のような2つのグラフを得た。グラフ中の文字も用いて、次の問いに答えなさい。ただし、電子の電荷を $-e$ とする。

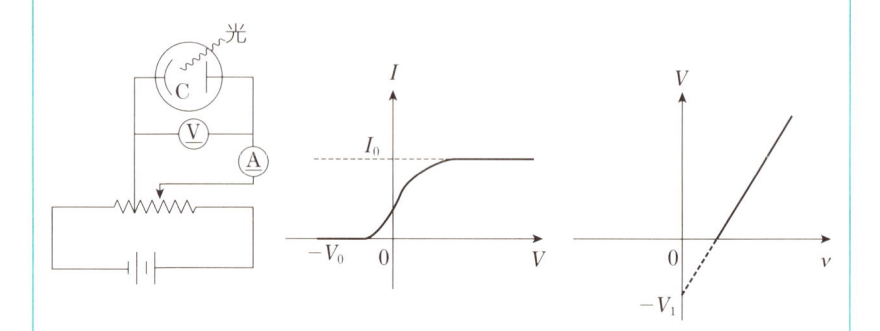

① 十分大きい V のとき、単位時間当たりの光電子の数を求めなさい。
② 光電子の最大運動エネルギーを求めなさい。
③ 光の強度を半分にしたときの光電流のグラフを描きなさい。
④ $V \sim \nu$ グラフの傾きは何を表わしているか？
⑤ V_1 は何を表わしているか？

> グラフの意味をしっかりと考え、何を表わしているのかを具体化しよう！

解 答

(1)

① 大きく

② 振動数（波長でも可）

③ 強さ（光子の数でも可）

④ $h\nu$

⑤ 光子（光量子、粒子でも可）

⑥ $W + K_{\max}$

⑦ $K_{\max} = 0$ として、$h\nu_0 = W + 0 = W$

⑧ $h = \dfrac{W}{\nu_0} = \dfrac{6 \cdot 1.6 \times 10^{-19}}{5.6 \times 10^{14}} ≒ 6.6 \times 10^{-34}\ [\text{J·s}]$

(2)

① 流れる電流は I_0 である。電流の定義より、

$$n = \dfrac{I_0}{|-e|} = \dfrac{I_0}{e}$$

② V_0 は最大運動エネルギーで飛び出した電子の阻止電圧なので、エネルギー保存則より、単位電荷当たりの位置エネルギーが V_0 なので、

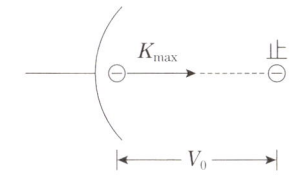

$$K_{\max} = eV_0$$

③ 光電子の数が半分となる。

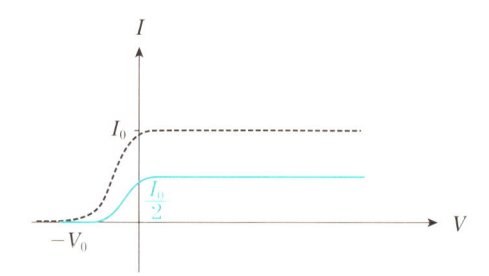

④ 光電方程式より、

$$h\nu = W + eV_0 \quad \therefore \quad V_0 = \frac{h}{e}\nu - \frac{W}{e}$$

これより傾きは、$\dfrac{h}{e}$ ；プランク定数を e で割った値

⑤ ④より、$V_1 = \dfrac{W}{e}$ ；仕事関数を e で割った値

> グラフと光電方程式を比較することで
> どんな物理量に対するグラフなのか、
> 現象として何を表わすグラフなのかを
> 正確に捉えよう

第2講

X線とコンプトン効果
X線の発生、光子と電子の衝突

アメリカの物理学者**コンプトン**は、**X線（レントゲン線）**を用いて、光の粒子性、光子の運動量の表記の正しさを実証しました。

コンプトンは、石墨（炭素の固まりと考えてかまいません）にX線を照射したとき、散乱X線（石墨内を通り抜けた後のX線）の中に、入射X線よりも波長の長いX線が含まれていることを発見しました。この現象を**コンプトン効果**といいます。

X線を波と考えたならば、媒質が共通であれば波長は同じにならなくてはなりません。しかし、石墨を通過したX線の中には、同じ媒質に散乱されたX線であるにもかかわらず、波長の異なるX線が含まれていたのです。これは、X線を波と考えたのでは説明がつきません。

そこでコンプトンは、アインシュタインの光量子仮説に基づいて、「X線光子と電子の衝突論」を提唱し、この現象を理論的に解明しました。

最初にX線について説明し、次にコンプトン効果を考えましょう。

■ X線の発生

X線は以下の図のような装置で発生させます。

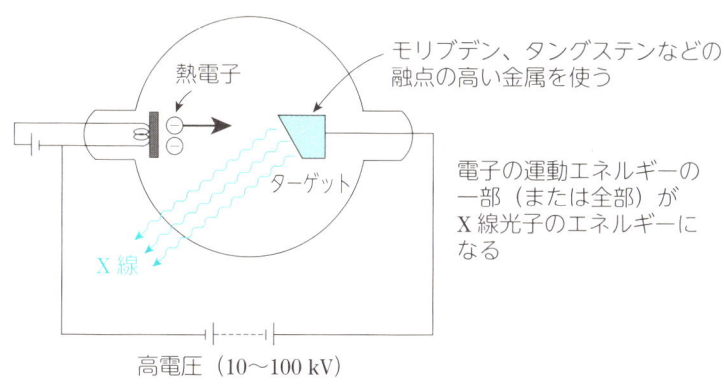

高速の電子が、ターゲットに衝突する際に、電子の運動エネルギーの一部がX線のエネルギーとなるのです。したがって、X線のエネルギーは、電子の運動エネルギーを超えることはありません。

　いま、電子の電気量を $-e$、電子の加速電圧を V とすると、電子がターゲットに衝突するときの運動エネルギー K は、電子の初速度を0と考えると、

$$K = eV$$

となります。

　もし、このエネルギーがすべてX線のエネルギーになったと考えると、光量子説より、X線のエネルギーは、$\dfrac{hc}{\lambda}$ と書くことができるので、

$$eV = \dfrac{hc}{\lambda} \quad \therefore \quad \lambda = \dfrac{hc}{eV}$$

となります。

> 波長が短いほどエネルギーが大きい

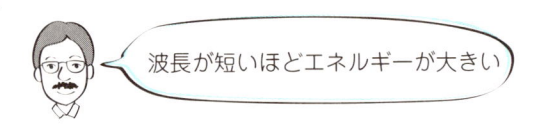

　この波長のときが、X線のエネルギーが最大のときということになります。

　したがって、これ以上短い波長のX線は存在しないことになり、この波長のことをX線の<u>最短波長</u>といい、このようにして得られるX線を<u>連続X線</u>といいます。

　一方、ターゲットに高速の電子が衝突することで、ターゲット自体のエネルギーが大きくなり、ターゲットの金属特有のX線も現われます。これは、ターゲットの電子の軌道の遷移によるものなのですが、詳しくは第4講（335ページ参照）でお話しします。

　このX線は、ターゲットの種類によって決まった波長を持つので、<u>固有（特性）X線</u>といいます。

　以上、2種類のX線が、このX線発生装置から放出されることになります。

このX線の波長分布の概形は以下のようになります。

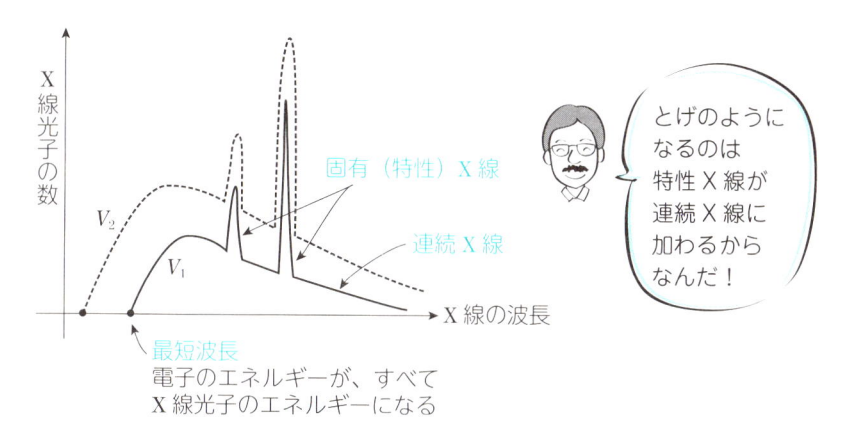

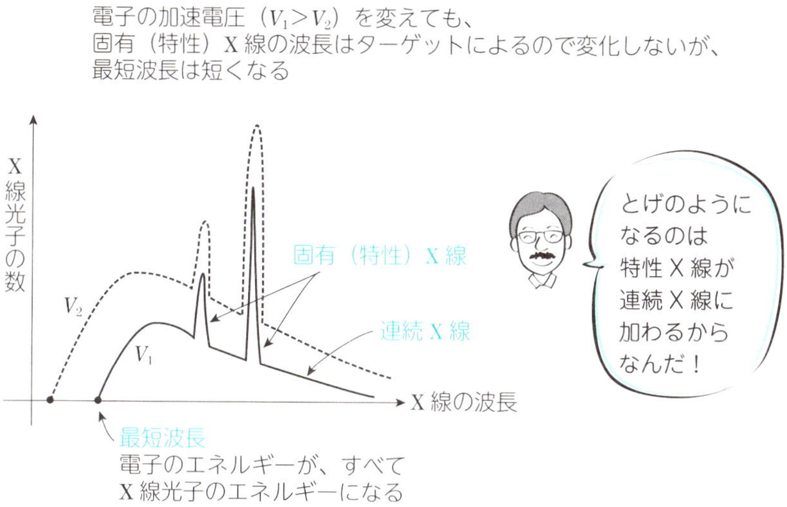

電子の加速電圧（$V_1 > V_2$）を変えても、
固有（特性）X線の波長はターゲットによるので変化しないが、
最短波長は短くなる

とげのようになるのは特性X線が連続X線に加わるからなんだ！

最短波長
電子のエネルギーが、すべて
X線光子のエネルギーになる

■ コンプトン効果

コンプトンは、X線を試料に照射し、散乱X線の波長を調べました。

このとき、入射X線よりも波長の長いものが散乱X線に含まれることを発見し、さらに散乱角 θ が大きくなるほど波長が長くなることも見いだしました。

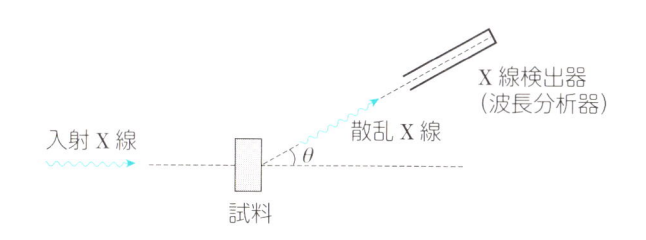

コンプトンは、X線を粒子（X線光子）と考え、試料内電子との衝突論からこの現象を説明することに成功しました。

以下、この理論を追いかけてみましょう。

以下の図から、運動量保存則とエネルギー保存則を立ててみましょう。

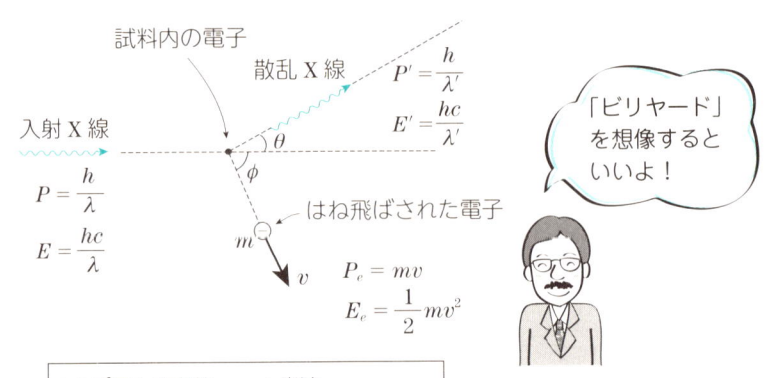

試料内の電子／散乱X線 $P' = \dfrac{h}{\lambda'}$, $E' = \dfrac{hc}{\lambda'}$

入射X線 $P = \dfrac{h}{\lambda}$, $E = \dfrac{hc}{\lambda}$

はね飛ばされた電子 $P_e = mv$, $E_e = \dfrac{1}{2}mv^2$

「ビリヤード」を想像するといいよ！

h；プランク定数　c；光速
λ；入射X線の波長　λ'；散乱X線の波長
m；電子の質量　v；電子の速さ

入射方向の運動量保存則

$$\frac{h}{\lambda} = \frac{h}{\lambda'}\cos\theta + mv\cos\phi$$

入射方向に垂直な方向の運動量保存則

$$0 = \frac{h}{\lambda'}\sin\theta - mv\sin\phi$$

エネルギー保存則

$$\frac{hc}{\lambda} = \frac{hc}{\lambda'} + \frac{1}{2}mv^2$$

この3式に対して、$\lambda ≒ \lambda'$ のときに成立する近似式、

$$\frac{\lambda'}{\lambda} + \frac{\lambda}{\lambda'} = 2$$

を用いると、

$$\lambda' - \lambda = \frac{h}{mc}(1 - \cos\theta)$$

を導くことができます（計算は326ページの例題2を参照）。

この式は、実験の測定値ともよく一致していることが確認され、理論の正当性が裏付けられました。

この式中の$\dfrac{h}{mc}$のことをコンプトン波長と呼んでいます。

以上のことから、X線の粒子性が確認されたことになります。

■ X線の波動性

X線は波長の短い光（電磁波）であり、X線の波動性は早くから確認されていました。ここでは参考のために、X線の波動性に関する重要な実験・理論の例を挙げておきます。

①ラウエ斑点

ラウエは、薄い単結晶にX線を当てると斑点状の干渉縞ができることを発見しました。これは、規則正しく並んだ結晶の原子が、X線を回折させ、干渉したために起きた現象なのです。

このようにX線の波動性を利用して、結晶の内部構造を探ることができるようになったのです。

②ブラッグの条件

ブラッグ父子は、散乱X線に対して干渉条件式をつくり上げ、これを実験で確認しました。規則正しく並んだ結晶面に対して、任意の角度でX線を入射させたときの反射X線に対する干渉条件式（X線が強め合う条件式）を、以下のようにしてつくり上げました。

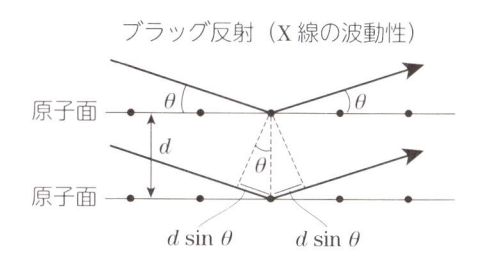

ブラッグ反射（X線の波動性）

間隔 d の結晶格子面に角度 θ で入射した X 線が角度 θ で反射するとき、各格子面で反射された X 線が強め合う条件は、経路差が $2d\sin\theta$ であることから、X 線の波長を λ とすると、

$$2d\sin\theta = m\lambda \quad (m = 1, 2, 3, \cdots)$$

となります。

　λ が既知である X 線を用いると、この式から d を実験的に求めることができ、結晶の構造を知る有力な手がかりとなります。

例題 2

(1) コンプトン効果における波長のずれ $\lambda' - \lambda$ は、

$$\lambda' - \lambda = \frac{h}{mc}(1 - \cos\theta)$$

と書くことができる（324 ページ参照）。これを、以下の設定のもとで証明しなさい。

　入射 X 線の振動数を ν、散乱 X 線の振動数を ν'、入射方向に対する散乱 X 線の向きを θ、はね飛ばされた電子の向きを逆側に ϕ（角度は 323 〜 325 ページの説明のときと同じ）、電子の質量を m、電子の運動量を p とする。

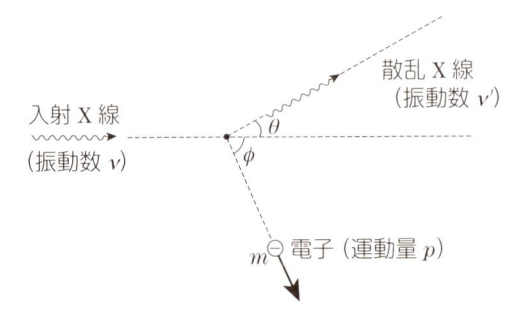

① 入射方向の運動量保存則を、光速 c を含む式で書きなさい。
② 入射方向に垂直な方向の運動量保存則を書きなさい。

③ エネルギー保存則の式を書きなさい

④ 光子の運動量が、$\dfrac{h}{\lambda}$ で表わされることを示しなさい。

⑤ 上の④を用いて前の①、②の式を、入射X線の波長 λ、散乱X線の波長 λ' を含む式で書き直しなさい。

⑥ 上の⑤の2式から、ϕ を消去しなさい。

⑦ 上の⑥の式と前の③の式から、電子の運動量 p を消去しなさい。

⑧ 近似式 $\dfrac{\lambda}{\lambda'}+\dfrac{\lambda'}{\lambda}=2$ を用いて、与えられた式を示しなさい。

(2) X線の発生について、電子の電気量を $-e$、光速を c として、次の問いに答えなさい。

① 電子の加速電圧を V とする。電子の初速が0のとき、ターゲットに衝突するときの電子の速さを、エネルギー保存則より求めなさい。

② 上の①で求めた速さでターゲットに衝突した電子によって発生するX線の最大振動数を求めなさい。

③ 上の②の最大振動数の波長を求めなさい。

> アインシュタインの光量子説における
> エネルギーと運動量の式は
> 必ず覚えておこう！

解 答

(1)

① $\dfrac{h\nu}{c}=\dfrac{h\nu'}{c}\cos\theta+p\cdot\cos\phi$

② $0=\dfrac{h\nu'}{c}\sin\theta-p\cdot\sin\phi$

③ $h\nu=h\nu'+\dfrac{p^2}{2m}$

④ $p = \dfrac{h\nu}{c}$　　$c = \nu\lambda$ より、$\dfrac{\nu}{c} = \dfrac{1}{\lambda}$　　$\therefore\ p = \dfrac{h}{\lambda}$

⑤ $\dfrac{h}{\lambda} = \dfrac{h}{\lambda'}\cos\theta + p \cdot \cos\phi$　　　$0 = \dfrac{h}{\lambda}\sin\theta - p \cdot \sin\phi$

⑥ ⑤より、$p \cdot \cos\phi = \dfrac{h}{\lambda} - \dfrac{h}{\lambda'}\cos\theta$　　$p \cdot \sin\phi = \dfrac{h}{\lambda}\sin\theta$

2乗して和をとると、$\cos^2\phi + \sin^2\phi = 1$　　$\cos^2\theta + \sin^2\theta = 1$

これより、$p^2 = \left(\dfrac{h}{\lambda}\right)^2 + \left(\dfrac{h}{\lambda'}\right)^2 - 2\left(\dfrac{h}{\lambda}\right)\left(\dfrac{h}{\lambda'}\right)\cos\theta$

⑦ ③より、
$$p^2 = 2mhc\left(\dfrac{1}{\lambda} - \dfrac{1}{\lambda'}\right)$$
$$\therefore\ 2mhc\left(\dfrac{1}{\lambda} - \dfrac{1}{\lambda'}\right) = h^2\left(\dfrac{1}{\lambda^2} + \dfrac{1}{\lambda'^2}\right) - \dfrac{2h^2}{\lambda\lambda'}\cos\theta$$

⑧ ⑦の式の両辺に $\lambda\lambda'$ をかけると、
$$2mc(\lambda' - \lambda) = h\left(\dfrac{\lambda'}{\lambda} + \dfrac{\lambda}{\lambda'} - 2\cos\theta\right)$$

与えられた近似式 $\left(\dfrac{\lambda}{\lambda'} + \dfrac{\lambda'}{\lambda} = 2\right)$ より、
$$mc(\lambda' - \lambda) = h(1 - \cos\theta)\quad \therefore\ \lambda' - \lambda = \dfrac{h}{mc}(1 - \cos\theta)$$

(2)

① $\dfrac{1}{2}mv^2 = eV$　　$\therefore\ v = \sqrt{\dfrac{2eV}{m}}$

② $eV = h\nu$ より、$\nu = \dfrac{eV}{h}$

③ $c = \nu\lambda$ より、$\lambda = \dfrac{c}{\nu} = \dfrac{hc}{eV}$

> この種の問題では、運動量保存則、エネルギー保存則の2つの保存則が大切なんだ！

第3講 電子線回折
物質波、電子の波動性

これまで述べてきたように、光や X 線などの波（電磁波）は回折や干渉といった波動性に加えて、光電効果やコンプトン効果といった粒子性を示すことがわかりました。

そこで、フランスの物理学者**ド・ブロイ**は、これまで粒子と考えられてきた物質にも波動性があるのではないかと考え、**物質波**と呼ばれる波を提唱したのです。

■ 物質波（ド・ブロイ波）

波に粒子性があるように、粒子にも波動性があり、**すべてのものには「波動と粒子の二重性」がある**のではないかと考えたド・ブロイは、コンプトンが実験と理論で証明した光子の運動量の表記 $p = \dfrac{h}{\lambda}$ の式から、物質波の波長を、

$$\lambda = \frac{h}{p} = \frac{h}{mv} \quad \text{（ド・ブロイの式）}$$

であると提唱しました。

ここでの m は粒子の質量、v は粒子の速さです。

この大胆な仮説は、1923 年に提唱されましたが、すぐには受け入れられませんでした。

しかし、1927 〜 1928 年に多くの科学者（**ダビソン**、**ガーマー**、**G. P. トムソン**など）によって実験で確認されたのです。

ここで用いられた粒子は電子であり、これによって電子の波動性が示されたのです。

■ 電子の波動性の証明

　電子を電場で加速し、電子の流れをつくります。ド・ブロイの仮説が正しければ、これは波長 $\lambda = \dfrac{h}{mv}$ の波とも考えることができるわけです。

　そこで、この電子の流れを、ブラッグの実験（325ページ参照）と同様に、結晶面に照射することで干渉が現われるかどうかの実験を行ないました。この実験のことを電子線回折といいます。

　詳しい計算によると（例題3を参照）、1000V程度の加速電圧で加速した電子は、ド・ブロイの式に当てはめると、X線の波長領域になります。これを、結晶面に照射したのです。

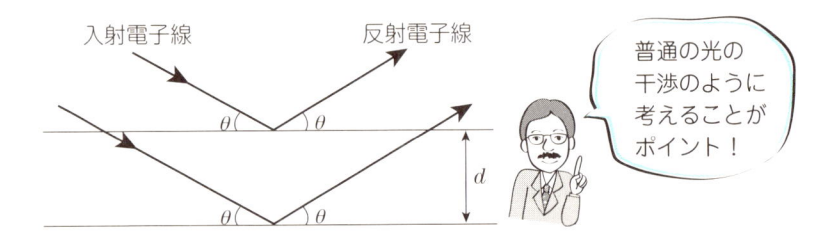

（図：入射電子線と反射電子線、角度θ、間隔d。「普通の光の干渉のように考えることがポイント！」）

　ブラッグの実験とまったく同じ図ですね！
　ただし、X線ではなく、図のとおり入射電子線と反射電子線です。
　もちろん、ブラッグの条件と同様に、電子線が強め合う条件は、

$$2d\sin\theta = n\lambda \quad (n = 1, 2, 3, \cdots)$$

となります。ここで $\lambda = \dfrac{h}{mv}$ ですから、これを代入すると、

$$2d\sin\theta = n \cdot \dfrac{h}{mv}$$

です。
　実験でこの式が成立することが確かめられ、ド・ブロイの主張が正しいことが証明されたのです。
　また、電子が金属結晶に入るときには、金属内部の内部電位によって屈折するということも、ダビソン、ガーマーらによって確認され、その屈折の法則は、光学における屈折の法則と同様であることも実証されたのです

（これも**例題3**を参照）。

ちなみに、電子の加速は、X線の発生のときと同様に行ないます。少し詳しく述べておきましょう。

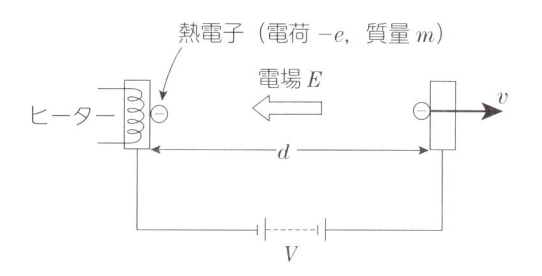

ヒーターによって飛び出した熱電子（初速度0）を、加速電極によってできた電場で加速します。すなわち、

$$eE \cdot L = eV = \frac{1}{2}mv^2$$

となります。

> $F = eE$ であるから、電場のした仕事は $W = F \cdot x = eE \cdot L$
> ここで、$V = E \cdot L$ より、$W = eV$
> この仕事によって、運動エネルギー $\frac{1}{2}mv^2$ を得る

例題3

格子間隔が d の金属結晶の表面に電子線を照射し、反射してくる電子線の干渉を考える。電子の質量を m、電気量を $-e$、プランク定数を h として、次の問いに答えなさい。

① 初速度0の電子を加速電圧 V で加速したとき、電子の速さはいくらになるか？

② 上の①の電子線の波長 λ はいくらか？

③ 次ページの図のように、結晶面に対して角 θ で入射し、角 θ で反射した電子線を考える。隣り合う電子線の経路差はいくらか？

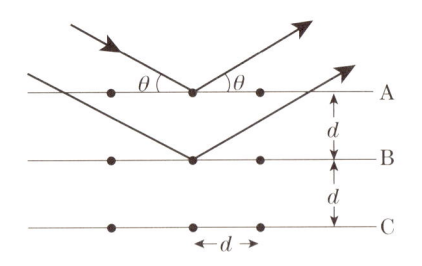

④ 上の③のとき、電子線が強め合うための条件式から、このときの加速電圧 V を求めなさい。正の整数 n を用いてよい。

⑤ 実際には、金属内部は外部に対して正の内部電位 V_0 を持っているため、金属に入るときに屈折現象が見られる。以下の図のような場合、屈折率を μ として、μ と θ と θ' の関係を答えなさい。

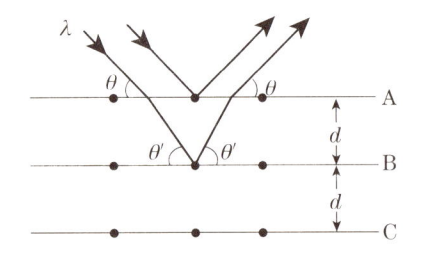

⑥ 金属内では加速電圧が $V + V_0$ で加速されたのと同等の波長となる。このときの波長を λ' とするとき、λ' を λ と μ で表わしなさい。

⑦ 屈折率 μ を V と V_0 を使って示しなさい。

⑧ 反射電子線が強め合う条件式を書きなさい。

⑨ 上の⑧より、内部電位 V_0 を求めなさい。

第3章の波動学の干渉と
まったく同じように考えることが
ポイント！

解答

① エネルギー保存則より、
$$eV = \frac{1}{2}mv^2 \quad \therefore \quad v = \sqrt{\frac{2eV}{m}}$$

② ド・ブロイの式より、
$$\lambda = \frac{h}{mv} = \frac{h}{\sqrt{2meV}}$$

③ 図より、**$2d\sin\theta$**

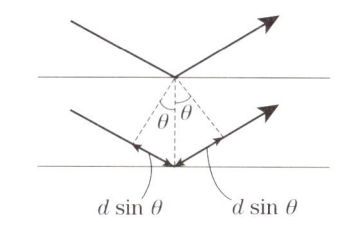

④ 強め合いの条件は
$$2d\sin\theta = n\lambda$$
$$\therefore \quad 2d\sin\theta = n\cdot\frac{h}{\sqrt{2meV}} \quad \therefore \quad V = \frac{n^2h^2}{8d^2me\sin^2\theta}$$

⑤ 屈折の法則より、
$$1\cdot\sin(90°-\theta) = \mu\cdot\sin(90°-\theta') \quad \therefore \quad \cos\theta' = \frac{\cos\theta}{\mu}$$

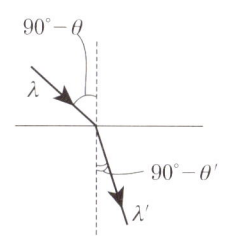

⑥ ⑤と同様に、屈折の法則より、
$$1\cdot\lambda = \mu\cdot\lambda' \quad \therefore \quad \lambda' = \frac{\lambda}{\mu}$$

⑦ ②と同様に、ド・ブロイの式より、

$$\lambda' = \frac{h}{\sqrt{2me(V+V_0)}} \quad \therefore \quad \mu = \frac{\lambda}{\lambda'} = \sqrt{\frac{V+V_0}{V}}$$

⑧ $2d\sin\theta' = n \cdot \lambda' = n \cdot \dfrac{\lambda}{\mu}$

⑨ ⑧の式に λ、μ を代入して、

$$V_0 = \frac{n^2 h^2}{8d^2 me} - V\sin^2\theta$$

> ド・ブロイの物質波の波長
> $\lambda = \dfrac{h}{mv}$ を用いることを除けば、
> 第3章の波動学の屈折や干渉の理論ばかりですね

第4講

原子の構造
量子条件と振動数条件

　1897 年、イギリスの物理学者 J. J. トムソンによって電子が発見されました。このことから、それまで最小の粒子であると考えられていた原子が、構造を持つのではないかという議論が始まります。

　さまざまな模型が考え出されましたが、そのとき注目を浴びたのが、1904 年、長岡半太郎によって提唱された、長岡模型（土星型模型）でした。これは、正の電荷の周りを、負の電荷を持った電子が回っているという模型でした。しかしこのとき、正の電荷が中心に集まる理由など、わかるはずもなかったのです（核力の存在が発見されていなかったため）。

　ところが、ラザフォードは長岡を支持し、正の電荷が中心に集まっていることを実験で確認します。ラザフォードは、「α線」と呼ばれる正の電荷の流れである放射線（343 ページ参照）を用いて、原子核のおよその大きさも測定し、長岡が考えていたものよりはるかに小さい原子核が存在することを発見します。

　このようにして、ラザフォード－長岡模型が完成しますが、この模型にも大きな欠点がありました……。

　ここから話を具体化していきましょう。

■ ラザフォード－長岡模型の欠点

　正の電荷の周りを、負の電荷を持っている電子が回ると考えたラザフォード－長岡模型には、2 つの欠点がありました。

　1 つ目は、この模型では原子は安定して存在することができないことです。電子が円運動するということは、円電流が流れていることと同等です。

　円電流は磁場を発生させ、エネルギーを外部に放出してしまいます。すると、電子の円軌道は次第に小さくなり、やがては原子核に落ち込んでしまい、原子の大きさはなくなります。これでは、われわれの身の回りにあるすべてのものが、一瞬にして大きさのないものになってしまいます。こ

5章 原子物理学

れは、あまりにも現実からかけ離れた模型です。

2つ目は、原子から出てくる光の波長が説明できないことです。実は、電子が見つかる以前に、バルマーという科学者が、水素原子から飛び出してくる光の波長が飛び飛びの値しかとらないことを、実験で確認していました。

この離散的な波長 λ は、

$$\frac{1}{\lambda} = R\left(\frac{1}{n^2} - \frac{1}{m^2}\right) \quad (n、m は正の整数で n < m)$$

と書くことができます。

これは、バルマーの式をリュードベリがつくり直した式で、R のことをリュードベリ定数と呼んでいます。

ラザフォード－長岡模型では、エネルギーの放出は連続的であり、離散的な波長になることが説明できません。すなわち、この実験結果が説明できないのです。

■ ボーアの要請（量子条件と振動数条件）

ボーアは、先に述べた欠点を克服するために以下の2つの要請をしました。この要請は非常に大胆なものです。

量子条件

原子内の電子は、ある特定の条件を満足する軌道しかとることができず、その軌道上ではエネルギーを失わない。このとき、以下の条件式を満足する。

$$mvr = \frac{h}{2\pi} \cdot n \quad (n = 1, 2, 3, \cdots)$$

m；電子の質量　v；電子の速さ　r；軌道半径

振動数条件

原子内の電子がある軌道から、別の軌道へ遷移するとき、1個の光子を放出したり吸収したりする。

●第4講 原子の構造●

1つずつ説明しましょう。

最初の、ボーアの量子条件は、大変都合のいい仮説に見えます。ボーアが提唱したときには、この条件は必ずしも根拠のはっきりしたものではありませんでした。

しかし、ド・ブロイの物質波の仮説により、この要請の意味がはっきりとしたのです。

量子条件の式を書き直して、

$$2\pi r = n \cdot \frac{h}{mv}$$

とすると、左辺は電子の軌道の円周の長さになります。

一方、右辺は電子の波長 $\frac{h}{mv}$ の整数倍です。すなわち、

円運動の円周の長さ ＝ 電子の波長の整数倍

と解釈され、この式が成り立っているときには、電子は粒子としてではなく、波として存在していると解釈できるのです。

電子を波と考えれば、円電流の議論はできなくなり、安定して原子が存在できることになります。

以下は、$n = 4$ の場合の図です。

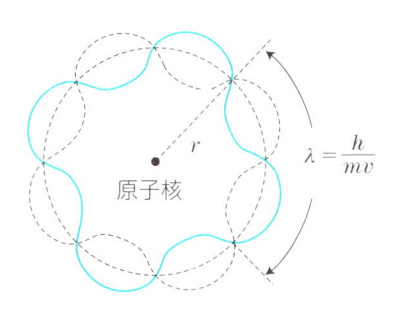

次は、ボーアの振動数条件です。飛び飛びの軌道を持つ電子は、別の軌道に移るときに光子を放出したり、吸収したりするということを、式で表わしてみましょう。

m 番目の軌道（エネルギー E_m）から n 番目の軌道（エネルギー E_n）へ遷移するとき、この条件式は、$m > n$ として、

$$1 \cdot h\nu = E_m - E_n$$

と書けることを意味します。

これを図で描くと、以下のようになります。

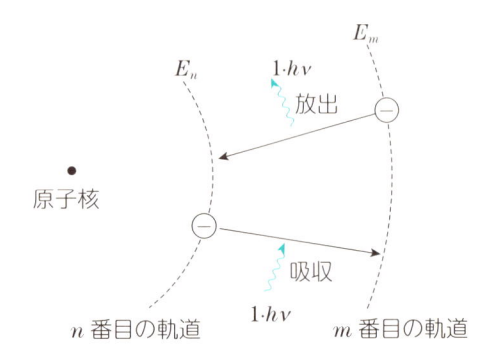

■ ボーアの水素模型

具体的に水素模型を考えてみましょう。

ここでは、計算手順だけを示し、内容を理解することを優先してください。詳しい計算は、例題 4 を参考にしてください（340 ページ参照）。

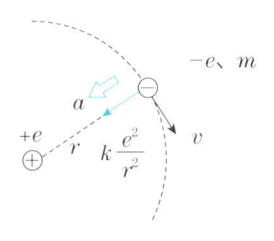

$+e$ の電荷を持つ原子核の周りを回る電荷 $-e$、質量 m の電子の運動方程式は、半径を r、電子の速さを v とすると、

$$ma = \frac{k \cdot e^2}{r^2} \qquad a = \frac{v^2}{r}$$

となります。

これと、量子条件を連立させると、r は n の関数となり、

$$r = r_n = \frac{h^2}{4\pi^2 kme^2} \cdot n^2$$

と計算でき、半径が、n^2 に比例する飛び飛びの値であることがわかります。

これを図で描くと、以下のようになります。

水素原子の電子軌道

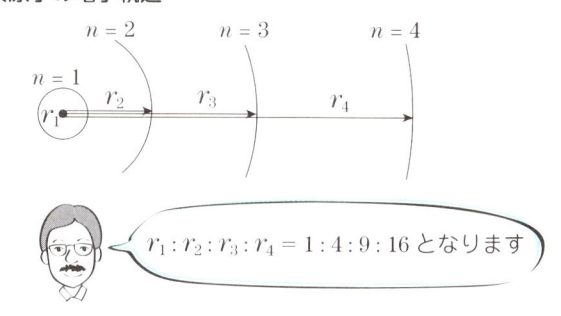

$r_1 : r_2 : r_3 : r_4 = 1 : 4 : 9 : 16$ となります

また、電子の持つエネルギーは運動エネルギーと位置エネルギーの和なので、

$$E = \frac{1}{2}mv^2 + \left(\frac{-k \cdot e^2}{r}\right) = \frac{-k \cdot e^2}{2r} \quad (\because \ \text{運動方程式})$$

この式に r を代入すると、E は n の関数となり、

$$E = E_n = \frac{-2\pi^2 k^2 me^4}{h^2 n^2}$$

と書くことができ、エネルギーも飛び飛びの値になります。

これを振動数条件に代入すると、

$$1 \cdot h\nu = \frac{-2\pi^2 k^2 me^4}{h^2}\left(\frac{1}{m^2} - \frac{1}{n^2}\right)$$

ここで、$h\nu = \dfrac{hc}{\lambda}$ より、この式は、比例定数を R と置いて、

$$\frac{1}{\lambda} = R\left(\frac{1}{n^2} - \frac{1}{m^2}\right)$$

と書くことができます。

これは、まさにバルマーの式（336 ページ参照）に一致します。

このように、ボーアは 2 つの大胆な仮説を要請することで、この難題を解決しました。

この分野では独特の用語を使うので、以下に挙げておきます。

まず、いま求めた E_n のことを**エネルギー準位**といいます。「順位」ではないので気をつけてください。

また、整数として n、m が出てきましたが、これを**量子数**と呼び、$n = 1$ の状態を**基底状態**、$n = 2$ 以上の状態を**励起状態**といいます。

さらに、電子が波として振る舞い、安定な状態となっているときを**定常状態**といいます。

例題 4

ボーアの水素モデルについて、以下の図を見て、次の問いに答えなさい。ただし、電子の質量を m、電子の電気量を $-e$、プランク定数を h、光速を c、クーロン定数を k とする。

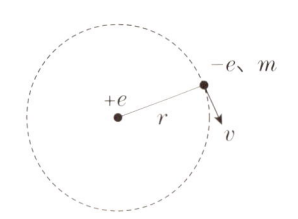

① 電子が半径 r の円運動していると仮定します。電子に働くクーロン力はいくらか？
② 電子の運動方程式を立て、電子の速さ v を半径 r を用いて表わしなさい。
③ ボーアの量子条件を、整数 n を用いて書きなさい。
④ 上の②、③より、電子の速さ v を消去して、電子の軌道半径 r を n の関数として求めなさい。

⑤ 電子の、クーロン力による位置エネルギーはいくらか？

⑥ 電子の力学的エネルギーを、r の関数として求めなさい。

⑦ 先の④、⑥を用いて、電子の力学的エネルギーを n の関数として求めなさい。

⑧ 電子が、量子数 m の軌道から量子数 n の軌道に遷移するときに光を放出する。このときの光の波長 λ とするとき、$\dfrac{1}{\lambda}$ を E_n、E_m、h、c を用いて表わしなさい。

⑨ リュードベリ定数 R を求めなさい。

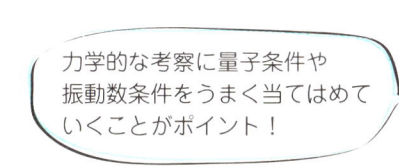

> 力学的な考察に量子条件や振動数条件をうまく当てはめていくことがポイント！

解 答

① $F = k\dfrac{e \cdot e}{r^2} = \boldsymbol{k\dfrac{e^2}{r^2}}$

② 運動方程式は

$$ma = k\dfrac{e^2}{r^2} \quad a = \dfrac{v^2}{r} \quad \therefore\ v = \boldsymbol{\sqrt{\dfrac{ke^2}{mr}}}$$

③ $2\pi r = \boldsymbol{n \cdot \dfrac{h}{mv}}$

④ ③を2乗すると

$$4\pi^2 r^2 = n^2 \cdot \dfrac{h^2}{m^2 \cdot \dfrac{ke^2}{mr}} \quad \therefore\ r = \boldsymbol{\dfrac{n^2 h^2}{4\pi^2 kme^2}}$$

⑤ $U = k\dfrac{(-e) \cdot (+e)}{r} = \boldsymbol{-k\dfrac{e^2}{r}}$

⑥ $E = \dfrac{1}{2}mv^2 + U = \dfrac{1}{2}m \cdot \dfrac{ke^2}{mr} - k\dfrac{e^2}{r} = \boldsymbol{-\dfrac{ke^2}{2r}}$

⑦ r を代入して、
$$E = -\frac{ke^2}{2} \cdot \frac{4\pi^2 kme^2}{n^2 h^2} = -\frac{2\pi^2 k^2 me^4}{n^2 h^2}$$

⑧ $\dfrac{hc}{\lambda} = E_m - E_n \qquad \therefore \quad \dfrac{1}{\lambda} = \dfrac{1}{hc}(E_m - E_n)$

⑨ ⑦を代入すると、
$$\frac{1}{\lambda} = \frac{1}{hc} \cdot \frac{2\pi^2 k^2 me^4}{h^2}\left(\frac{1}{n^2} - \frac{1}{m^2}\right)$$
$$= \frac{2\pi^2 k^2 me^4}{h^3 c}\left(\frac{1}{n^2} - \frac{1}{m^2}\right)$$

これを $\dfrac{1}{\lambda} = R\left(\dfrac{1}{n^2} - \dfrac{1}{m^2}\right)$ と比較して、

$$R = \frac{2\pi^2 k^2 me^4}{h^3 c}$$

> 単に式を連立するだけでなく337ページと339ページの図をイメージし、水素原子模型を正確に捉えられるようにしよう

第5講
原子核崩壊と原子核反応
半減期、$E = mc^2$

ここでは、自然放射性崩壊および原子核反応を扱います。放射線の種類、半減期、質量欠損など、重要な内容を扱いますので、じっくり読み進めてください。

自然界には、放射線を放出することで、より安定な物質になるものが多く存在します。放射線を出す性質を放射能、放射能を持つ物質を放射性物質といいます。

■ 自然放射性崩壊

放射性物質が出す放射線には3種類あることが知られています。

この3種類の放射線は、α 線、β 線、γ 線と呼ばれており、それぞれ性質が異なります。

以下の表にこれをまとめておきましょう。

放射線	崩壊名	正体	電荷	透過力	電離作用
α 線	α 崩壊	^4_2He	$+2e$	小	大
β 線	β 崩壊	$^{\ \ 0}_{-1}\text{e}$	$-e$	中	中
γ 線	γ 崩壊	電磁波	0	大	小

α 線の正体はヘリウムの原子核、β 線の正体は電子です。また、電離作用とは、簡単にいって、照射される相手に与えるダメージと考えてもかまいません。

質量数 A、陽子数 Z の物質 X が α 崩壊して、物質 Y になったとすると、そのときの反応式は、

反応式 1　　$^A_Z\text{X} \rightarrow\ ^{A-4}_{Z-2}\text{Y} + ^4_2\text{He}$

となります。

また、β崩壊した場合には、以下のようになります。すなわち、これらの反応では、原子核そのものが変わるということを意味しています。

反応式2 $\quad {}^A_Z X \rightarrow {}^A_{Z+1} Y + {}^0_{-1} e$

γ崩壊では、原子核そのものは変化しませんが、エネルギーを電磁波として放出しているのです。

陽子数 Z で元素が決まります。中性子の数は、質量数 A から陽子数 Z を引いた数、すなわち (A − Z) 個となります。また、電子は非常に軽いので質量数が 0、電荷が −e なので陽子数を −1 として ${}^0_{-1} e$ と表わします。

■ 半減期

放射能を持った原子核は、崩壊によってその数を減少させます。

はじめの数の半分になるまでの時間を半減期と呼び、この半減期は原子核によって異なる値を持ちます。

半減期を T、経過時間を t、はじめの原子核の数を N_0、崩壊せずに残っている（経過時間 t 後の）原子核の数を N とすると、

$$N = N_0 \cdot \left(\frac{1}{2}\right)^{\frac{t}{T}}$$

が成立します。

代表的な放射性物質の半減期を以下に示します。この半減期は、考古学における年代測定などにも利用されています（例題5を参照）。

放射性物質	半減期
ウラン 239	23.5 日（β崩壊）
ヨウ素 131	8.04 日（β崩壊）
セシウム 134	2.06 年（β崩壊）
プルトニウム 239	2.41×10^4 年（α崩壊）
ウラン 238	4.47×10^9 年（α崩壊）

■ 質量・エネルギー等価式

$E = mc^2$ という式は、どこかで聞かれたことがあると思います。これは詳しく言うと、アインシュタインの特殊相対性理論から導かれる式ですが、内容は簡単で、質量とエネルギーは等価であり、その換算式が、$E = mc^2$ であるということです。

いってみれば、**単位の [kg] を [J] に換算するときには、c^2（光速の2乗）をかけなさい**という意味です。

すなわち、[kg] を [g] に換算するときに、1000 をかけるのと同じ意味なのです。簡単ですよね！

例題 5

(1) 次の原子核反応式を書きなさい。
① $^{232}_{90}$Th（トリウム）が α 崩壊して Ra（ラジウム）になる
② $^{210}_{82}$Pb（鉛）が β 崩壊して Bi（ビスマス）になる
③ $^{238}_{92}$U（ウラン）が α 崩壊して Th（トリウム）になる
④ $^{226}_{88}$Ra（ラジウム）が α 崩壊して Rn（ラドン）になる

(2) ある古墳から発見された木片を調べたところ、炭素 ^{14}C の量が、現在生えている木の $\frac{1}{4}$ であった。この古墳で発見された木は、何年前に伐採された木であると推定できるか？ 有効数字3桁で答えよ。ただし、^{14}C の半減期を 5730 年とする。

(3) 中性子 2 個、陽子 2 個（すなわち、質量数 4）で構成されるヘリウムの原子核を考える。中性子の質量を m_n、陽子の質量を m_p として、次の問いに答えなさい。
① 中性子 2 個と陽子 2 個の全質量はいくらか？
② このヘリウムの原子核の質量を M としたとき、この M と上の

①で求めた質量が等しくないことが実験でわかった。実験によると、Mのほうが軽くなっていた。これは、ヘリウムの原子核をばらばらにするためには、エネルギー（エネルギーは質量と等価）を加えなければならないからである。質量の差 Δm（**質量欠損**という）を求めなさい。

③ このヘリウムの原子核をばらばらにするのに要するエネルギー（**結合エネルギー**という）E を求めなさい。ただし、光速を c とする。

④ 一般的に、陽子数 Z、中性子数 N の場合で考える。この原子核の質量を M とするとき、質量欠損 Δm を求めなさい。

⑤ 結合エネルギー E を求めなさい。

> 反応の前後で質量数や陽子数が不変であることを考えよう

解 答

(1) α 崩壊では $^{4}_{2}\text{He}$、β 崩壊では $^{0}_{-1}\text{e}$ が放出される。

① $^{232}_{90}\text{Th} \to {}^{228}_{88}\text{Ra} + {}^{4}_{2}\text{He}$

② $^{210}_{82}\text{Pb} \to {}^{210}_{83}\text{Bi} + {}^{0}_{-1}\text{e}$

③ $^{238}_{92}\text{U} \to {}^{234}_{90}\text{Th} + {}^{4}_{2}\text{He}$

④ $^{226}_{88}\text{Ra} \to {}^{222}_{86}\text{Rn} + {}^{4}_{2}\text{He}$

(2) 現在生えている木の $\dfrac{1}{4}$ 倍であることから、半減期は2回分の年月が経過していることになる。

$$\therefore\ 5730 \times 2 = 11460\ 年 \quad 約\ 1.15 \times 10^{4}\ 年$$

(3)

① $2m_n + 2m_p$

② $\Delta m = (2m_n + 2m_p) - M$

③ $E = \Delta mc^2 = \{(2m_n + 2m_p) - M\}c^2$

④ ②にならって、$\Delta m = (N \cdot m_n + Zm_p) - M$

⑤ $E = \Delta mc^2 = \{(N \cdot m_n + Zm_p) - M\}c^2$

質量欠損の問題では「ばらばらにするのにエネルギーが必要である」と考えて、質量の大小関係を考えよう！

さくいん

英数字

G. P. トムソン	329
J. J. トムソン	335
$P \sim V$ グラフ	296, 303
v-i グラフ	166
v-t グラフ	51
X 線	321
y-t グラフ	237
y-x グラフ	236

あ行

アインシュタイン	313
アインシュタインの光量子仮説	313
アインシュタインの特殊相対性理論	345
α 線	343
α 線崩壊	343
位置エネルギー	69
因果関係	36
引力	127
運動エネルギー	70
運動エネルギーと仕事の関係式	75
運動の第一法則	20
運動方程式	34
運動量	85
運動量保存則	92
エネルギー	68
エネルギー準位	340
エネルギー保存則	78
円運動	99
遠心力	013, 102
鉛直投げ上げ	59
鉛直投げ下ろし	58
円電流	182

か行

オーム	166
オーム抵抗	166
オームの法則	166
温度依存性	170
温度係数	170
ガーマー	329
ガウスの法則	142
角周波数	203
角振動数	102, 203
角速度	99
核力	335
加速度	49
加速度運動	34
荷電粒子	196
干渉	260
干渉縞	260
慣性の法則	19
慣性力	012, 041
完全弾性衝突	95
完全非弾性衝突	95
γ 線	343
γ 線崩壊	343
気体定数	282
気体分子	286
気柱	247
基底状態	340
基本振動	247
クーロン	126
クーロンの法則	126
クーロン力	127
屈折	218
屈折の法則	221
屈折率	221
結合エネルギー	346
ケプラー	107

ケプラーの法則	107
弦	247
限界振動数	312
限界波長	312
原子核	335
光学的距離	264
光子	314
剛体	26
光電効果	312
光電子	312
光電方程式	316
光電流	316
交流	203
光量子	314
固定端反射	239
固有振動	248
固有（特性）X 線	322
コンデンサー	149, 157
コンデンサーの基本式	153
コンプトン	321
コンプトン効果	321
コンプトン波長	325

さ行

最大摩擦力	15
最短波長	322
作用線	13
作用点	13
作用・反作用の法則	92
三角比の定義	22
試験電荷	133
自己インダクタンス	205
仕事	66
仕事関数	314
仕事とエネルギーの関係	66
磁束	184

磁束線	184		**た行**		電子	168, 335
磁束密度	183				電子線回折	330
実効電圧	205	帯電	126	電磁誘導	188
実効電流	205	縦波	245	点電荷	126
質点	18	ダビソン	329	電場	133
質量欠損	346	単原子分子	290	電流	168, 181
磁場	181	単振動	116	電流保存則	175
射影	61	弾性エネルギー	69	等温曲線	279
写像公式	227	弾性衝突	95	等温変化	303
シャルル	278	弾性力	14	等速円運動	99
シャルルの法則	280	断熱変化	295, 303	等加速度運動	49
周期	99	力	10	透磁率	184
自由端反射	240	力の大きさ	13	等速度運動	26, 50
周波数	203	力の距離的効果	66	動摩擦力	15
自由落下	57	力の時間的効果	84	ドップラー効果	252
重力	11	力のつり合い	18	ド・ブロイ	329
ジュール熱	159, 174	力の向き	13	ド・ブロイの式	329
状態方程式	282	力のモーメント	26	ド・ブロイ波	329
衝突	92	張力	14		
消費電力	174	直流	203		**な行**	
消費電力量	174	定圧変化	295, 303	内部エネルギー	290
初期条件	20	定圧モル比熱	295	長岡半太郎	335
磁力	11	抵抗	157, 166	波の基本式	238
真空透磁率	184	抵抗値	166	ニュートン	10, 107
真空誘電率	153	抵抗率	167	熱エネルギー	71
振動	116	ティコ・ブラーエ	108	熱機関	307
振動数	203	定常状態	340	熱効率	306
振動数条件	337	定常波	246	熱サイクル	306
振幅	116	定積変化	295, 303	熱平衡	272
垂直抗力	14	定積モル比熱	295	熱容量	271
スカラー量	84	てこの原理	28	熱力学の第一法則	294
静止摩擦力	14	テストチャージ	133	熱量	270
静電気力	11	電位	135	熱量保存則	273
静電容量	150	電位の式	159	ノイマン	188
成立条件	279	電荷	126		
斥力	126	電界	133		**は行**	
接触力	12	電荷保存則	159	倍振動	248
絶対屈折率	222	電気振動	210	倍率公式	230
全反射	223	電気振動回路	210	波源	219
相対屈折率	222	電気的慣性	191	波長	237
速度	49	電気容量	150	跳ね返り係数	94
素元波	219	電気力線	141	バネ定数	70
		電磁石	181	波面	219

349

速さ	49	ホイヘンス	218	容量リアクタンス	207
腹	246	ホイヘンスの原理	218	横波	245
バルマー	336	ボイル	278		
半減期	344	ボイル・シャルルの法則		**ら行**	
反射	218		281	ラウエ	325
反射の法則	220	ボイルの法則	278	ラウエ斑点	325
万有引力定数	109	放射性物質	343	落体の運動	57
万有引力の法則	109	放射能	343	ラザフォード	335
非オーム抵抗	169	放物運動	60	ラザフォード−長岡模型	
非線形抵抗	169	ボーア	338		335
非弾性衝突	95	ボルタ	137	力学的エネルギー	79
比熱	270	ボルツマン定数	289	力学的エネルギー保存則	
比誘電率	153				79
ファラデー	153	**ま行**		力積	84
ファラデーの電磁誘導の法則	188	マイヤーの公式	298	力積と運動量の関係	84
		摩擦力	14	理想気体	278, 286
節	246	右ねじの法則	182	理想気体の状態方程式	283
フックの法則	70	ミリカン	315	リュードベリ	336
物質波	329	無限遠	111	リュードベリ定数	336
ブラッグ	325	面積速度一定の法則	108	量子	313
ブラッグの条件	325	モル比熱	295	量子条件	336
プランク定数	313			量子数	340
浮力	14	**や行**		理論上の状態方程式	288
フレミング左手の法則	183	ヤング	260	励起状態	340
平行平板コンデンサー	149	ヤングの干渉実験	260	連続 X 線	322
β 線	343	誘電率	153	レンズの法則	189
β 線崩壊	343	誘導起電力	188	レントゲン線	321
ベクトル	13	誘導電流	190	ローレンツ力	198
ベクトル量	49, 84	誘導リアクタンス	206		

為近和彦（ためちか　かずひこ）
1958年生まれ。山口県出身。東京理科大学大学院修士課程修了。私立高校教諭を経て、96年より代々木ゼミナール物理講師となる。授業では、問題文からヒントを導くための「解法の必然性」を説く。昨今の教育界にはびこる"実験偏重主義"を、「物理は大道芸ではない」と強く批判。著書に『忘れてしまった高校の物理を復習する本』（中経出版）、『為近の物理講義ノート最頻出問題50』（代々木ライブラリー）、『為近の物理I・II 解法の発想とルール』（学習研究社）などがある。

もう一度 高校物理

2011年8月20日　初版発行
2012年5月1日　第2刷発行

著　者　為近和彦　©K.Tamechika 2011
発行者　杉本淳一
発行所　株式会社 日本実業出版社　東京都文京区本郷3-2-12　〒113-0033
　　　　　　　　　　　　　　　　　大阪市北区西天満6-8-1　〒530-0047
　　　編集部　☎03-3814-5651
　　　営業部　☎03-3814-5161　振替　00170-1-25349
　　　　　　　　　　　　　　　　http://www.njg.co.jp/
　　　　　　　　　　　　　　印刷／厚徳社　　製本／共栄社

この本の内容についてのお問合せは、書面かFAX（03-3818-2723）にてお願い致します。
落丁・乱丁本は、送料小社負担にて、お取り替え致します。

ISBN 978-4-534-04858-5　Printed in JAPAN

下記の価格は消費税（5%）を含む金額です。

日本実業出版社の本
もう一度 学び直したい！

好評既刊！

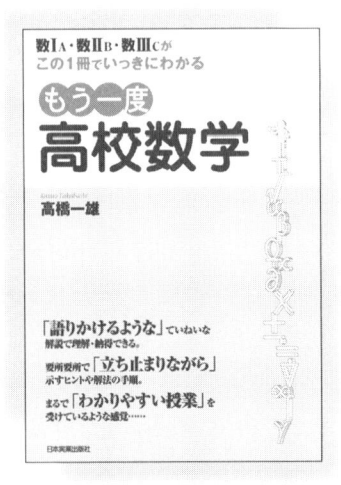

数ⅠA・数ⅡB・数ⅢCが　この1冊でいっきにわかる

もう一度 高校数学

高橋一雄＝著
定価 2940円（税込）

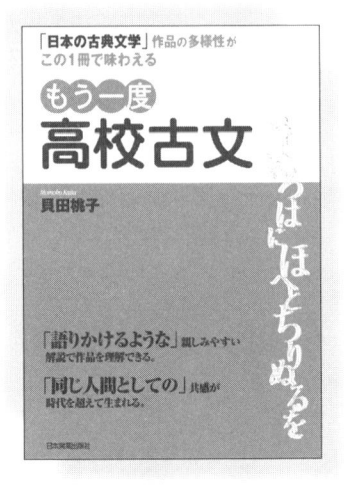

「日本の古典文学」作品の多様性が　この1冊で味わえる

もう一度 高校古文

貝田桃子＝著
定価 2310円（税込）

化学Ⅰ・化学Ⅱが　この1冊でいっきにわかる

もう一度 高校化学

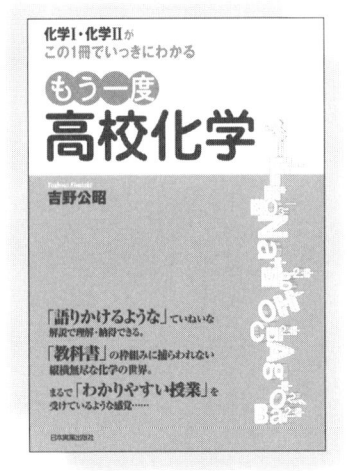

吉野公昭＝著
定価 2730円（税込）

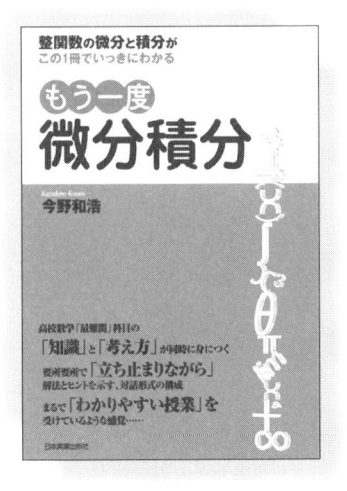

整関数の微分と積分が　この1冊でいっきにわかる

もう一度 微分積分

今野和浩＝著
定価 2310円（税込）

定価変更の場合はご了承ください。